Die technische Mechanik des Maschineningenieurs

mit besonderer Berücksichtigung der Anwendungen

Von

Dipl.-Ing. **P. Stephan**
Regierungs-Baumeister, Professor

Fünfter Band

Die Statik der Fachwerke

Mit 198 Textfiguren

Springer-Verlag Berlin Heidelberg GmbH

ISBN 978-3-662-42850-4 ISBN 978-3-662-43133-7 (eBook)
DOI 10.1007/978-3-662-43133-7

Ursprünglich erschienen bei Julius Springer in Berlin 1926.
Softcover reprint of the hardcover 1st edition 1926

Vorwort.

Nachdem das Gesamtwerk im Jahre 1922 mit dem vierten Bande vorläufig abgeschlossen war, wurden mehrfach Wünsche geäußert, es durch eine Statik der gewöhnlich von Maschineningenieuren konstruierten und berechneten eisernen Kranbauten usw. zu ergänzen. Bei der Durchsicht der bekannteren Werke über die Baustatik ergab sich, daß tatsächlich noch eine Lücke vorhanden war insofern, als die meisten einschlägigen Bücher hauptsächlich die Berechnung von Brücken der verschiedensten Bauarten oder von Hochbauten u. dgl. lehrten. Die wichtigste Ausnahme hiervon bilden eigentlich nur die Bücher von Andrée, dem erfahrenen Krankonstrukteur, deren Darstellungsweise allerdings ganz von der des Verfassers abweicht.

Während in den vorhergehenden vier Bänden versucht wurde, mindestens bei den Anwendungsbeispielen der gebrachten Lehrsätze möglichst vielseitige und umfassende Angaben zu machen, erschien es richtiger, in diesem Bande sich auf einige wenige, aber typische Beispiele zu beschränken, die bei der Berechnung von Kranen, Transportanlagen und einfacheren eisernen Dächern immer wiederkehren. Es gelang auf die Weise, den Stoff in einem dünnen Bändchen unterzubringen und doch gerade die neuzeitlichen Berechnungsverfahren der statisch unbestimmten Systeme ziemlich ausführlich darzulegen. Selbstverständlich wurde der Knickung gegliederter Stäbe ein besonderer Abschnitt gewidmet, dessen theoretischer Teil eine Weiterentwicklung der bisherigen, freilich noch immer nicht allgemein angewandten Berechnungsweise ist.

Der Verfasser hofft, daß auch dieser Band dasselbe Interesse der Fachwelt findet wie die vorhergegangenen, und daß er dazu beitragen wird, die modernen, in Zeitschriften und Sonderbroschüren verstreuten Berechnungsverfahren der Statik allgemeiner einzubürgern. Es ist ihm ferner Bedürfnis, der Verlagsbuchhandlung Julius Springer auch an dieser Stelle seinen Dank für die flotte und sachgemäße Durchführung der Druckarbeiten usw. auszusprechen.

Altona, im April 1926.

P. Stephan.

Inhaltsverzeichnis.

I. Statisch bestimmte Fachwerke.

1. Die Grundlagen der Berechnung.

Als Fachwerk bezeichnet man eine Tragkonstruktion, die aus einzelnen Stäben zusammengesetzt ist. Die Stäbe sind meistens gerade oder weichen wenigstens von der geraden Form nur in Ausnahmefällen stark ab.

Gefordert wird von diesen Fachwerken stets, daß sie unter den einwirkenden Kräften nur möglichst geringe Formänderungen der einzelnen Stäbe erfahren bzw. Verschiebungen der Knotenpunkte, in denen die Stäbe zusammenstoßen. Das kann auf zwei Wegen erreicht werden.

Entweder werden die als Gelenke ausgebildeten Knotenpunkte durch die Stäbe so aneinander angeschlossen, daß jeder Knotenpunkt unverschieblich mit den benachbarten verbunden ist, solange wenigstens die Stablängen unverändert bleiben. So wird z. B. das bewegliche ebene Gelenkviereck $ABCD$ der Fig. 1 mit den festen Knotenpunkten A und B durch eine Diagonale, etwa AC, starr gemacht; zum Überfluß kann auch die zweite Diagonale BD noch eingefügt werden. Es ergibt sich hieraus sofort, daß die Beweglichkeit ausgeschlossen wird, wenn das Fachwerk, von zwei festen Punkten ausgehend, aus lauter Dreiecken zusammengesetzt wird. Da bei hinreichend kräftiger Ausführung aller Einzelteile in dem Fachwerk nur noch geringe elastische Verschiebungen eintreten können, so ändert sich an dem Verhalten nicht viel, wenn statt der Gelenke feste Nietverbindungen angeordnet werden. Die je nach dem Grade der Nachgiebigkeit mehr oder weniger großen Nebenspannungen, die durch die Vernietung hinzukommen, können häufig als geringfügig außer acht gelassen werden.

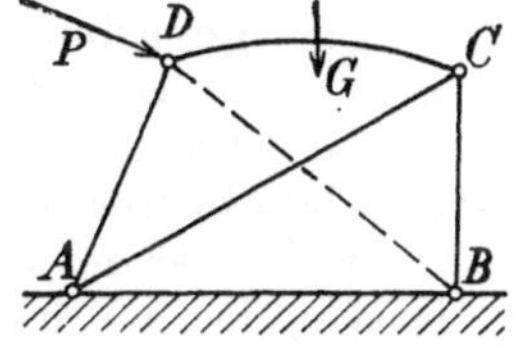

Fig. 1.

Man kann aber auch, wo die Diagonalen etwa hinderlich sind, die Knotenpunkte durch besonders sorgfältige Ausbildung an sich starr machen und die Stäbe so fest ausführen, daß nur unwesentliche Verbiegungen eintreten können, wie Fig. 2 darstellt. Ein derartiges Gebilde wird als Rahmen bezeichnet.

Die auf hinreichend biegungsfeste Stäbe an gegebener Stelle einwirkenden Kräfte, wie z. B. P_2 in Fig. 2, werden in den Knotenpunkten von den Auflagerkräften des betreffenden Stabes auf-

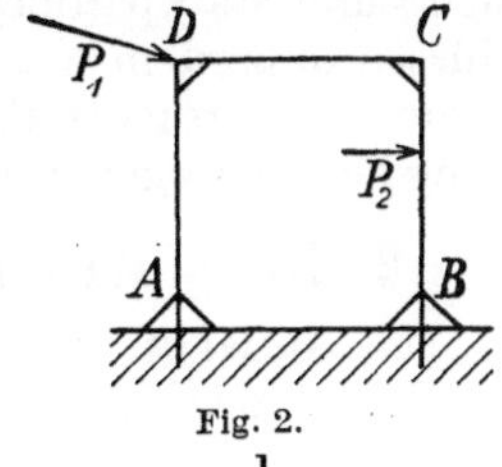

Fig. 2.

genommen. Umgekehrt kann man sagen, die an irgendeiner Stelle zwischen den Knotenpunkten auf den Stab wirkenden Kräfte, wozu auch das im Stabschwerpunkt vereinigt gedachte Eigengewicht G (Fig. 1) gehört, ergeben bestimmte Knotenpunktbelastungen, die nach den Angaben in Bd. I bzw. Bd. IV ermittelt werden können. Für die weitere Untersuchung des Fachwerkes, als Ganzes genommen, kommen dann *nur Knotenpunktlasten* in Frage, während die Stäbe sämtlich als unbelastet und gewichtslos gelten. Wenn möglich, läßt man die Nutzlasten von vornherein nur auf Knotenpunkte wirken.

Wird ein *unbelasteter Stab* aus dem Fachwerk herausgegriffen, so befindet er sich nur dann im Gleichgewicht, führt also entsprechend der oben gestellten Forderung keine Bewegungen irgendwelcher Art aus, wenn die in den beiden Knotenpunkten auf ihn ausgeübten Kräfte untereinander im Gleichgewicht sind. Das ist bei Fachwerken, die als gelenkig angesehen werden können, offensichtlich (Fig. 3) nur der Fall, wenn die auf den Stab einwirkenden Knotenpunktkräfte dieselbe Wirkungslinie haben, die gerade Verbindungslinie der beiden Knotenpunkte, mag auch der Stab selbst gekrümmt sein, und gleich groß, aber entgegengesetzt gerichtet sind: Die unbelasteten Fachwerkstäbe übertragen nur Kräfte, die in der geraden Verbindungslinie ihrer Knotenpunkte wirken. Bei reiner Knotenpunktbelastung des Gelenkfachwerkes treten also in den *geraden Stäben nur Druck- oder Zugspannungen* auf.

Fig. 3.

Zur Berechnung der Fachwerke werden immer die in Bd. I entwickelten *Gleichgewichtsbedingungen* benutzt. Bei *ebenen* Fachwerken lassen sie sich, je nachdem die Lösung rechnerisch oder zeichnerisch gesucht wird, wie folgt ausdrücken:

Kräfte, deren Wirkungslinien in einer Ebene liegen und durch denselben Punkt (Knotenpunkt) gehen, sind im Gleichgewicht, wenn sowohl die Summe der wagerechten als auch die Summe der senkrechten Seitenkräfte je Null beträgt bzw. wenn das aus ihnen mit Berücksichtigung der Größe und Richtung gebildete Krafteck geschlossen ist. (1)

Kräfte mit beliebig in derselben Ebene verlaufenden Wirkungslinien sind im Gleichgewicht, wenn außer den vorstehenden Bedingungen noch die erfüllt ist, daß die Summe der Drehmomente in bezug auf einen beliebigen Punkt der Ebene Null beträgt bzw. daß das Seileck ebenfalls geschlossen ist. (2)

Genügen die Gleichgewichtsbedingungen zur Berechnung aller Auflager- und Stabspannkräfte, so heißt das Fachwerk *statisch bestimmt*. Müssen außerdem noch die elastischen Formänderungen der Stäbe und dadurch verursachte kleine Verschiebungen der Knotenpunkte zur Berechnung herangezogen werden, so ist das Fachwerk *statisch unbestimmt*.

2. Die statische Bestimmtheit ebener Fachwerke.

Die Auflagerkraft eines Fachwerkes ist an einem festen Auflager, wie bei A der Fig. 4, von vornherein nach Größe und Richtung unbekannt, bei einem verschiebbaren Auflager, wie bei B der Fig. 4, nur der Größe nach, wenn beliebig gerichtete und verteilte Lasten P vor-

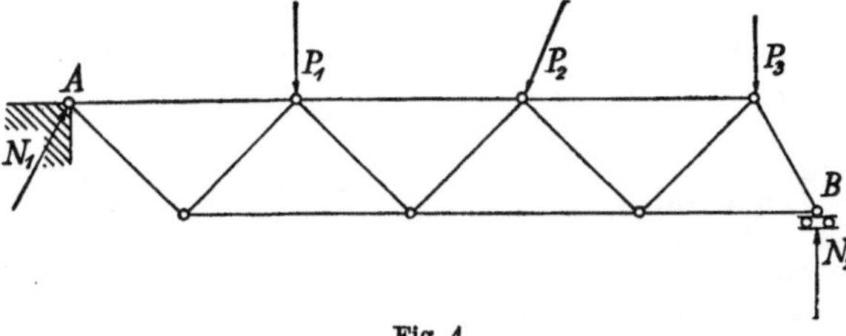

Fig. 4.

ausgesetzt werden. Denn die Auflagerkraft muß stets senkrecht zur Auflagerfläche wirken (Bd. I, S. 33); etwaige Reibung ist entgegengesetzt zur Richtung der möglichen Bewegung in der Reibungsfläche hinzuzufügen (Bd. II, S. 28).

Hat also ein durch gegebene Kräfte belastetes ebenes Fachwerk von s Stäben und k Knotenpunkten f feste und b bewegliche Auflager, so sind vorläufig unbekannt s Stabkräfte, b Auflagerkräfte, f Auflagerkräfte und f Kraftrichtungen, insgesamt $s + b + 2f$ Unbekannte. An jedem Knotenpunkt können nun nach Satz (1) zwei Bedingungsgleichungen für das Gleichgewicht aufgestellt werden, insgesamt also $2k$ Gleichungen. Da man so viele voneinander unabhängige Gleichungen braucht, wie Unbekannte vorhanden sind, so muß demnach, damit das Fachwerk statisch bestimmt ist, der Zusammenhang bestehen

$$s + b + 2f = 2k. \tag{3}$$

Hierin sind allerdings nur zugfeste Gegendiagonalenpaare (S. 50) bloß einfach zu zählen.

Außerdem ist aber noch die Starrheitsbedingung innezuhalten, daß jeder Knotenpunkt durch zwei Stäbe, die nicht in dieselbe Gerade fallen, an vorhergehende Knotenpunkte angeschlossen ist (S. 1). Ferner müssen selbstverständlich alle Stäbe so ausgeführt sein, daß nur geringe, im allgemeinen durch bestimmte Vorschriften festgelegte elastische Formänderungen in ihnen auftreten, so daß sie in erster Annäherung als starr angesehen werden können.

Die vorstehenden Bedingungen sind noch nicht erschöpfend; es können noch Ausnahmefachwerke gebildet werden, die eine zu große Beweglichkeit besitzen und deshalb für Tragbauten unbrauchbar sind. Ihre Kennzeichen[1]) sind folgende:

Die Gelenkpunkte, um die sich einzelne Stäbe bei der geringsten, auch nur gedachten Bewegung drehen, liegen auf derselben Geraden.

Etwa nach den Regeln für statisch bestimmte Systeme durchgeführte Untersuchungen des unbelasteten und gewichtslosen Fachwerkes ergeben in den Stäben bestimmte Spannkräfte, wenn in einem Stab eine beliebige Eigenspannkraft angenommen wird.

---

[1]) Mohr, Zivilingenieur, 1885.

Jeder Stab hat die größte oder kleinste Länge, die mit den Längen der übrigen Stäbe aus Gründen des geometrischen Zusammenhanges verträglich ist.

Beispiel 1. Anzugeben ist, ob das in Fig. 5 skizzierte ebene Fachwerk mit druckfesten Schrägen statisch bestimmt ist[2]).

Die Auszählung ergibt:

$s = 21$ Stäbe,
$b = 1$ bewegliches Auflager,
$f = 1$ festes Auflager,
$k = 12$ Knotenpunkte.

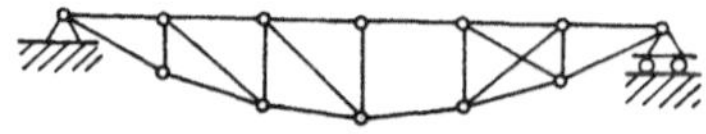

Fig. 5.

Die Gleichung (3) ist also erfüllt:

$$21 + 1 + 2 \cdot 1 = 24 .$$

Trotzdem ist das Gelenkfachwerk nicht starr, weil in dem einen Trägerfeld die Schräge fehlt, die die folgenden Knotenpunkte mit je zwei Stäben an die vorhergehenden anschließen hilft. Dagegen ist in dem benachbarten Feld ein Punkt durch drei Stäbe angeschlossen.

Welche von den beiden Schrägen des letzteren Feldes herausgenommen und in das leere Feld eingesetzt wird, ist für die statische Bestimmtheit gleichgültig.

Würde man die Ecken des bei Gelenkknotenpunkten unstarren Feldes starr ausbilden, so wäre das Fachwerk statisch unbestimmt.

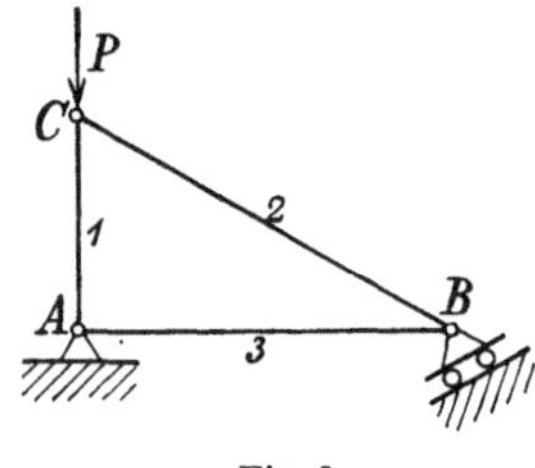

Fig. 6.

Beispiel 2. Das Stabgebilde der Fig. 6 ist nach der Abzählformel (3) statisch bestimmt. Es entspricht auch der Forderung, daß jeder Knotenpunkt durch zwei Stäbe an die benachbarten Knotenpunkte angeschlossen wird. Trotzdem ist es nur dann statisch bestimmt, wenn der Stab 1 so stark ausgeführt wird, daß er die in seine Richtung fallende Kraft P ohne wesentliche Formänderung aufnehmen kann. Wäre er etwa aus einer nachgebenden Schraubenfeder gebildet, so würde Stab 2 bei einer gewissen Verschiebung des Knotenpunktes C einen Teil der Kraft P übernehmen, der nur mit Heranziehung der elastischen Formänderungen zu ermitteln ist.

Beispiel 3. Festzustellen ist, ob das ebene Fachwerk der Fig. 7 statisch bestimmt ist[3]).

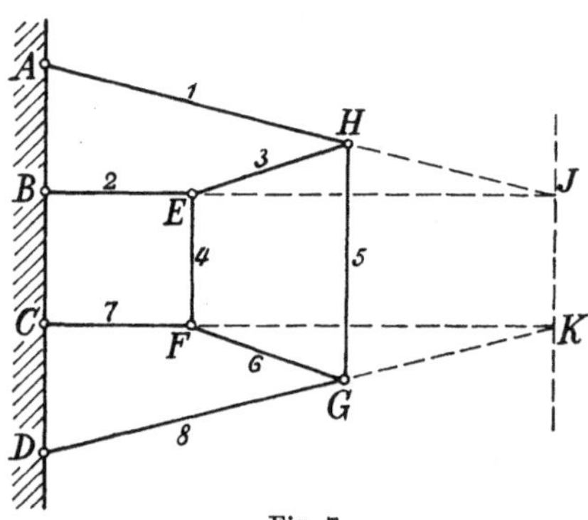

Fig. 7.

Es ist:

die Stabzahl $s = 8$,
die Zahl der beweglichen Auflagerstellen $b = 0$,
die der festen Auflagerstellen $f = 4$,
die Zahl der Knotenpunkte $k = 8$.

Die Gleichung (3) ist demnach erfüllt:

$$8 + 0 + 2 \cdot 4 = 2 \cdot 8 .$$

Auch die Anschlüsse sind der zweiten Forderung entsprechend ausgeführt und die Stäbe gemäß der dritten.

Trotzdem liegt ein Ausnahmefachwerk vor. Denn bei der gezeichneten Anordnung kann der Knotenpunkt G eine kleine Verschiebung nach oben

---

[2]) Kirchhoff, Die Statik der Bauwerke, Bd. I, 1921.

[3]) Föppl, Graphische Statik, 3. Aufl., 1912, Widmungsschrift an Otto Mohr, 1916.

oder unten machen, ohne daß dazu eine Längenänderung des Stabes 8 nötig ist. Der Stab 3 ist an die festen Auflagerstellen A und B mit Hilfe der beiden Stäbe 1 und 2 oder durch das imaginäre Gelenk J angeschlossen, in dem sie sich schneiden. Ebenso ist der Stab 6 an die festen Auflagertsellen C und D durch das imaginäre Gelenk K der Stäbe 7 und 8 angeschlossen. Beide Stäbe 3 und 6 sind miteinander verbunden durch die Stäbe 4 und 5, deren imaginäres Gelenk unendlich weit entfernt ist, durch das also auch die dritte Parallele JK geht. Es liegen somit die Gelenkpunkte desselben Stabvierecks auf der einen Geraden JK; die Anordnung entspricht dem ersten Kennzeichen der Ausnahmefachwerke.

Das System wird statisch bestimmt, wenn man etwa den Auflagerpunkt D auf der festen Wand ein Stück nach unten von C weg verschiebt.

Beispiel 4. Zu untersuchen ist, ob das willkürlich gebildete ebene Fachwerk der Fig. 8 statisch bestimmt ist[4]).

Mit $f = 1$, $b = 1$, $s = 19$, $k = 11$ ergibt sich Gleichung (3):

$$19 + 1 + 2 \cdot 1 = 2 \cdot 11 .$$

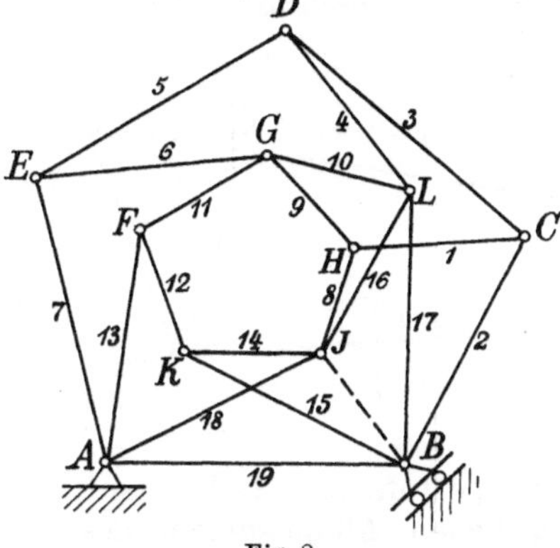

Fig. 8.

Zur genaueren Untersuchung baut man das Fachwerk, von einer Stelle ausgehend, ab, indem man zuerst einen Stab an einem dreistabigen Knotenpunkt, etwa CH (Stab 1), entfernt. Jetzt wird der nur noch zweistabig, also richtig angeschlossene Knotenpunkt C mit den Stäben 2 und 3 weggenommen, darauf der nur noch zweistabig angeschlossene Knotenpunkt D mit den Stäben 4 und 5, dann Punkt E mit den Stäben 6 und 7. Jetzt geht man zur Ausgangsstelle zurück und entfernt Punkt H mit den Stäben 8 und 9, dann weiter Punkt G mit den Stäben 10 und 11, Punkt F mit den Stäben 12 und 13, Punkt K mit den Stäben 14 und 15, Punkt L mit den Stäben 16 und 17, so daß schließlich nur die Punkte J, A, B mit den beiden Stäben 18 und 19 übrigbleiben. Dieses Restsystem wird durch den gestrichelten Ersatzstab BJ starr. Demnach war auch das ursprüngliche System mit dem störenden Stab 1 starr, der einfach mit Stab JB vertauscht worden ist.

Lägen die drei Punkte J, A, B auf derselben Geraden, so daß zur sicheren starren Festlegung mehr als ein Stab erforderlich wäre, so wäre das ganze System beweglich. Ergäbe sich trotz dieser Sonderlage der Punkte J, A, B ein unbewegliches Restsystem, so wäre das ganze Fachwerk statisch unbestimmt, da es zuviel Stäbe enthielte, um der Gleichung (3) zu genügen.

Allgemein kann man aussagen[5]): Streicht man aus einem vorliegenden ebenen Fachwerk, das keine Knotenpunkte mit nur zwei Stäben aufweist, zunächst einen Knotenpunkt mit drei Stäben, dann der Reihe nach alle so entstandenen bzw. dabei entstehenden zweistabigen Knotenpunkte heraus, nötigenfalls wieder einen dreistabigen Knotenpunkt und so fort, bis schließlich weder ein Knotenpunkt mit zwei noch einer mit drei Stäben übrigbleibt, so ist das ganze Fachwerk $m$fach beweglich, wenn das erhaltene Restsystem m mal mehr Beweglichkeitsmöglichkeiten hat, als dreistabige Knotenpunkte gestrichen worden sind. Hat das Restsystem m Stäbe zuviel zur einfachen Beweglichkeit, so ist es $m$fach statisch unbestimmt. Diese Aussage ist jedoch nur dann richtig, wenn unter den gestrichenen dreistabigen Knotenpunkten keiner war, an den überzählige Stäbe angeschlossen waren, die nach Punkten liefen, welche auch nach Fortnahme des Knotenpunktes noch unbeweglich waren.

---

[4]) Henneberg, Die graphische Statik der starren Systeme, 1911.

[5]) Schlink, Z. d. V. d. I. 1912.

Im Fall der Fig. 8 geht ja Stab 2 nach dem verschieblichen Knotenpunkt B. Wäre das feste Auflager bei B und das bewegliche bei A, so müßte man mit Wegnahme des Knotenpunktes E beginnen; es blieben schließlich die Punkte A, B, L mit den Stäben 19 und 17 übrig, für die dasselbe gilt wie oben.

3. Das Schnittverfahren.

Die Spannkraft in irgendeinem Stab eines statisch bestimmten ebenen Fachwerkes wird rechnerisch ermittelt, indem man sich das Fachwerk an der betreffenden Stelle durch einen gewöhnlich geraden Schnitt in zwei Teile zerlegt denkt, der im allgemeinen so zu führen ist, daß nur drei Stäbe geschnitten werden. In den Schnittstellen erscheinen jetzt die betreffenden drei Stabspannkräfte als äußere, von dem anderen Teil des Fachwerkes ausgeübte Kräfte, die man der Einfachheit halber stets als Zugkräfte einträgt (Fig. 9).

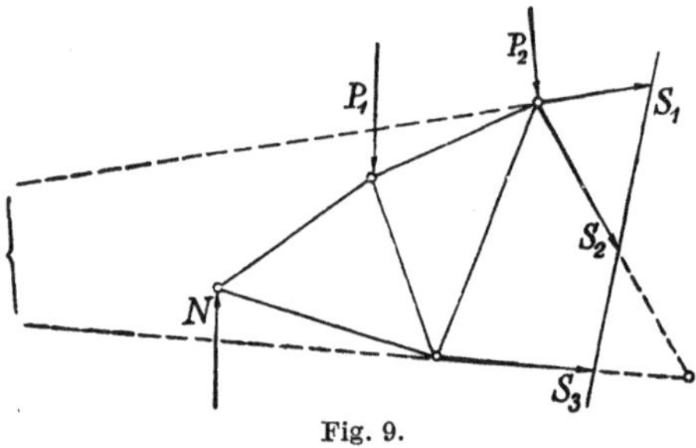

Fig. 9.

Stellt man jetzt gemäß Satz (2) die Momentengleichung für alle an dem einen Fachwerkteil angreifenden Kräfte in bezug auf den Schnittpunkt von zwei getroffenen Stäben auf, so erhält man eine Gleichung, die bei gegebenen Abmessungen des Fachwerkes nur die dritte Stabkraft des Schnittes als Unbekannte enthält[6]). Ist die Kraft eine Druckkraft, so erhält sie bei der Rechnung das negative Vorzeichen. Aus dem Grunde werden in der Statik die Druckkräfte stets durch das negative Vorzeichen gekennzeichnet.

Das Verfahren wird ungenau, wenn sich die betreffenden Stäbe in einem langen, weit entfernten Schnitt schneiden. Man berechnet dann zuerst die Spannkräfte dieser beiden Stäbe und kann darauf die des dritten Stabes aus der Momentengleichung in bezug auf einen beliebigen, günstig gelegenen Punkt bestimmen, in der eine oder auch beide anderen Stabkräfte schon bekannt sind.

Der Schnitt kann auch durch mehr als drei Stäbe gelegt werden, wenn die Stäbe mit noch unbekannten Spannkräften, abgesehen von einem, durch denselben Punkt gehen.

Der Momentensatz ist am vorteilhaftesten für die Berechnung von Spannkräften in Gurtungsstäben. Für Füllungsstäbe arbeitet man bei lotrechten Belastungen bequemer[7]) mit dem Kraftsatz (1): An dem abgeschnittenen Fachwerkteil muß sowohl die Summe aller wagerechten Seitenkräfte als auch die aller lotrechten Null ergeben. Denn die Summe der äußeren Kräfte ist dann die durch eine einfache Addition festzu-

[6]) Ritter, Elementare Theorie und Berechnung eiserner Dach- und Brückenkonstruktionen, 1863.

[7]) Culmann, Graphische Statik, 1875.

stellende Querkraft für die Schnittstelle. Gewöhnlich genügt die Aufstellung einer dieser Gleichungen.

Beispiel 5. Die Formeln für die Spannkräfte in einem Parallelträger sind anzugeben.

a) Der wagerechte Träger hat lotrechte Querstäbe in gleicher Teilung und nach der Mitte steigende Schrägen (Fig. 10 und 11).

Man legt durch das beliebig herausgegriffene vierte Feld der Fig. 10 den Schnitt I. In bezug auf den oberen Knotenpunkt $4o$ erhält man dann die Momentengleichung

$$-U_4 \cdot h + M_{4o} = 0\,,$$

worin M_{4o} das Moment der äußeren Kräfte N und P, die nicht lotrechte Wirkungslinien haben müssen, in bezug auf den Punkt $4o$ angibt. Allgemein folgt hieraus die Spannkraft im Untergurt zu

$$U_n = +\frac{M_{no}}{h}\,, \tag{4}$$

worin das positive Vorzeichen eine der Eintragung in Fig. 10 entsprechende Zugkraft andeutet.

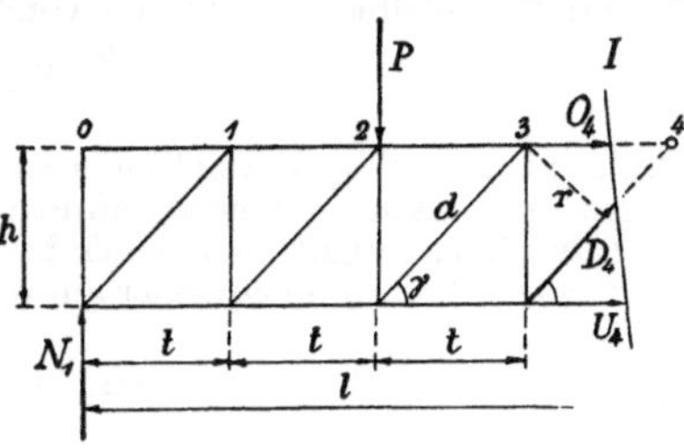

Fig. 10.

In bezug auf den unteren Knotenpunkt $3u$ folgt ebenso

$$+O_4 \cdot h + M_{3u} = 0\,,$$

also allgemein die Spannkraft im Obergurt zu

$$O_n = -\frac{M_{n-1,u}}{h}\,, \tag{5}$$

worin das negative Vorzeichen eine entgegengesetzt zur Eintragung der Fig. 10 wirkende Druckkraft andeutet.

Beide Gurtungen schneiden sich erst in unendlicher Ferne. Zur Ermittlung der Spannkraft in der Schrägen wählt man deshalb als Bezugspunkt den Knotenpunkt $3o$ und erhält

$$-D_4 \cdot r - U_4 \cdot h + M_{3o} = 0\,.$$

Nun ist nach Formel (4)

$$-U_4 \cdot h = -M_{4o}\,,$$

ferner ergibt die Fig. 10 aus ähnlichen Dreiecken

$$r = h \cdot \frac{t}{d} = \frac{h}{\sqrt{1+\left(\frac{h}{t}\right)^2}} = \frac{t}{\sqrt{1+\left(\frac{t}{h}\right)^2}}\,.$$

Hieraus folgt allgemein die Spannkraft in den Schrägen zu

$$D_n = -\frac{M_{no} - M_{n-1,o}}{t} \cdot \sqrt{1+\left(\frac{t}{h}\right)^2}\,. \tag{6}$$

Zur Bestimmung der Spannkraft in einem lotrechten Stab wird der Schnitt II der Fig. 11 gelegt. In bezug auf den Knotenpunkt $4o$ ist dann

$$-V_3 \cdot t - U_3 \cdot h + M_{4o} = 0\,.$$

Hieraus folgt mit

$$-U_3 \cdot h = -M_{3o}$$

nach Formel (4) allgemein die Spannkraft in dem lotrechten Füllungsstab zu

$$V_n = +\frac{M_{n+1,o} - M_{n,o}}{t}\,. \tag{7}$$

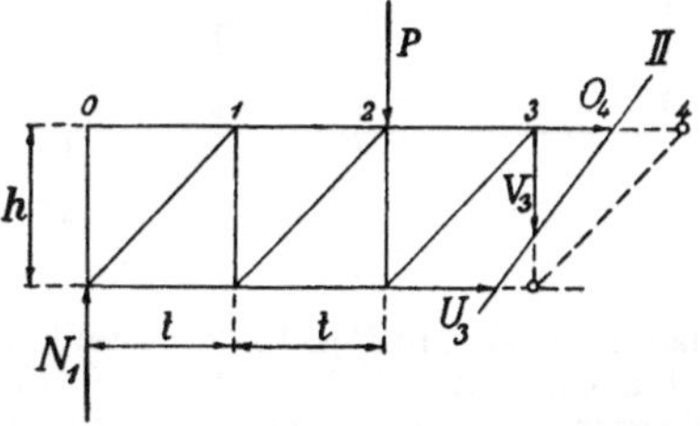

Fig. 11.

Die obere Gurtung wird also gedrückt, die untere gezogen, die Schrägen werden gedrückt, die Lotrechten gezogen, gleichgültig, ob die äußeren Kräfte an der oberen oder unteren Gurtung eingreifen.

Nun ist nach Bd. I, S. 67,

$$\frac{\Delta M}{\Delta l} = Q$$

gleich der Querkraft für das betreffende Feld.

Da diese bei einer Knotenpunktbelastung zwischen je zwei Knotenpunkten unverändert bleibt, so geht die vorstehende Gleichung über in

$$\frac{M_n - M_{n-1}}{t} = Q_n . \tag{8}$$

Vergleicht man diese Formel mit den vorhergehenden, so ergibt sich, daß die Gurtungen die Biegungsmomente aufnehmen und die Füllungsstäbe die Querkräfte.

Tatsächlich erhält man auch bei lotrechten Belastungen gemäß Fig. 10 die Kraft in der Schrägen bequemer aus der Gleichgewichtsgleichung für die lotrechten Kräfte:

$$-D_4 \cdot \sin\gamma - N_1 + P = 0$$

oder mit

$$-(N_1 - P) = -Q_4$$

allgemein

$$D_n = -\frac{Q_n}{\sin\gamma} = -Q_n \cdot \frac{d}{h} = -Q_n \cdot \sqrt{1 + \left(\frac{t}{h}\right)^2} . \tag{9}$$

Entsprechend ergibt die Fig. 11

$$+V_3 - N_1 + P = 0 ,$$

also gilt allgemein

$$V_n = +Q_n , \tag{10a}$$

wenn die Belastungen wie in Fig. 11 auf die oberen Knotenpunkte einwirken.

Greifen die Belastungen in den Knotenpunkten des Untergurtes an, so wird die Belastung des Knotenpunktes 3 *u* durch den Schnitt II mit weggeschnitten, und man erhält demnach

$$V_n = +Q_{n-1} . \tag{10b}$$

Hat der Träger eine ungerade Anzahl von Feldern, so daß sich in der Mitte ein Feld befindet, so ist dort bei symmetrischer Belastung die Querkraft $Q_n = 0$ (Fig. 12). Die Schräge erfährt keine Spannkraft, und das Ausnahmefachwerk wird nur durch die feste Vernietung der Knotenpunkte einigermaßen starr bzw. infolge der in einem Stück durchlaufenden Gurtungen, so daß diese Anordnung zu vermeiden ist.

Befindet sich bei geradzahliger Teilung t in der Mitte eine Lotrechte, so geht dort bei symmetrischer Belastung die Querkraft zwar auch durch Null; sie hat

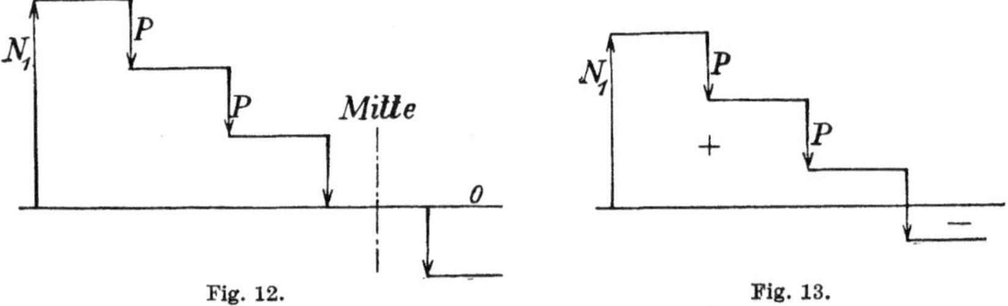

Fig. 12. Fig. 13.

aber die beiden in Fig. 13 dargestellten Grenzwerte, von denen gemäß den Formeln (10) der positive bei Belastung des Untergurtes und der negative bei Belastung des Obergurtes in die Rechnung einzuführen ist.

b) Der wagerechte Träger mit lotrechten Querstäben habe nach der Mitte fallende Schrägen (Fig. 14 und 15).

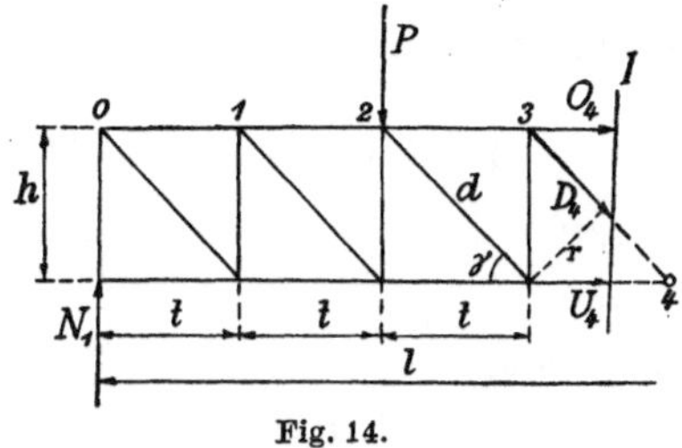

Fig. 14.

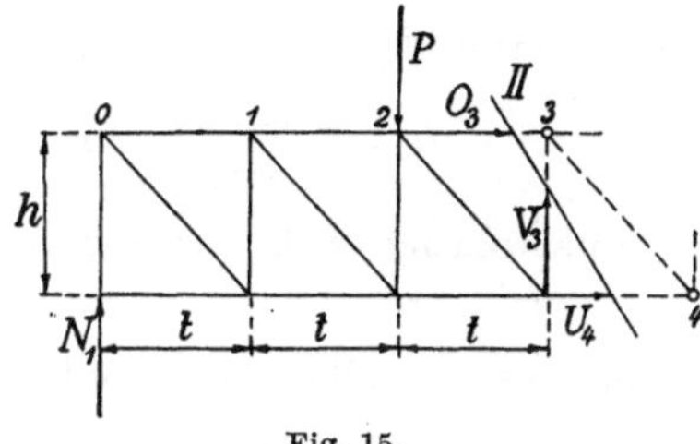

Fig. 15.

Man erhält bei Schnitt I der Fig. 14 in bezug auf den Knotenpunkt $3o$

$$-U_4 \cdot h + M_{3o} = 0,$$

also allgemein

$$U_n = -\frac{M_{n-1,o}}{h}, \tag{11}$$

in bezug auf den Knotenpunkt $4\,u$

$$+O_4 \cdot h + M_{4u} = 0,$$

also allgemein

$$O_n = -\frac{M_{nu}}{h}. \tag{12}$$

Zur Ermittlung der Schrägenkraft setzt man an

$$+D_4 \cdot \sin\gamma - N_1 + P = 0$$

oder mit

$$N_1 - P = Q_n$$

allgemein

$$D_n = +\frac{Q_n}{\sin\gamma} = +Q_n \cdot \frac{d}{h} = +Q_n \cdot \sqrt{1 + \left(\frac{t}{h}\right)^2}. \tag{13}$$

Der Schnitt II in Fig. 15 ergibt bei Belastung der Knotenpunkte des Obergurtes

$$V_n = -Q_{n-1} \tag{14a}$$

und bei Belastung der Knotenpunkte des Untergurtes

$$V_n = -Q_n. \tag{14b}$$

Auch hier gelten wieder die unter a) gemachten Schlußbemerkungen.

c) Der wagerechte Träger enthalte nur Schrägen zwischen den Gurtungen (bei verhältnismäßig niedriger Ausführung).

Man erhält durch Schnitt I der Fig. 16 in bezug auf den Knotenpunkt 3

$$-U_3 \cdot h + M_3 = 0,$$

also allgemein

$$U_n = +\frac{M_n}{h}. \tag{15}$$

In bezug auf den Knotenpunkt 4 gilt

$$+O_4 \cdot h + M_4 = 0,$$

also allgemein

$$O_n = -\frac{M_n}{h}. \tag{16}$$

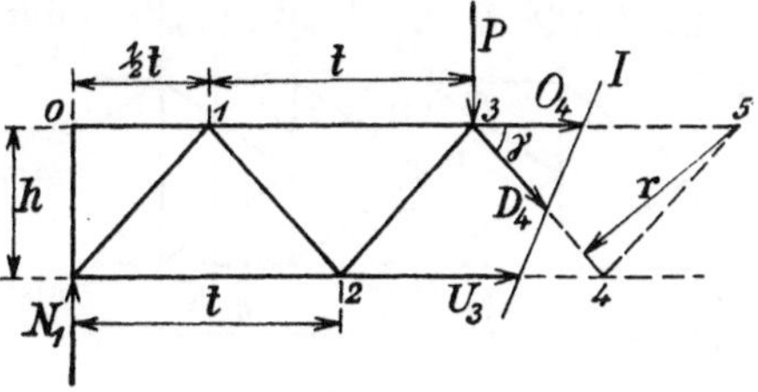

Fig. 16.

Der Schnitt I der Fig. 16 ergibt noch die Kraftgleichung

$$+D_4 \cdot \sin\gamma - N_1 + P = 0\,,$$

also allgemein für alle nach der Mitte fallenden Schrägen

$$D_n = +\frac{Q_{n-1}}{\sin\gamma} = +Q_{n-1}\cdot\frac{d}{h} = +Q_{n-1}\cdot\sqrt{1+\left(\frac{t}{2h}\right)^2}\,. \qquad (17\,\text{a})$$

Entsprechend ergibt der Schnitt II der Fig. 17

$$-D_3 \cdot \sin\gamma - N_1 = 0\,,$$

also allgemein für alle nach der Mitte steigenden Schrägen

$$D_n = -\frac{Q_{n-1}}{\sin\gamma} = -Q_{n-1}\cdot\frac{d}{h} = -Q_{n-1}\cdot\sqrt{1+\left(\frac{t}{2h}\right)^2}\,. \qquad (17\,\text{b})$$

Die in den Knotenpunkten der unbelasteten Gurtung zusammentreffenden Schrägen erhalten gleich große Kräfte, jedoch mit entgegengesetzten Vorzeichen.

Bei symmetrisch zur Mitte angeordneter Belastung muß dort ein Knotenpunkt sein, weil anderenfalls die Querkraftkurve nach Fig. 12 verlaufen würde, woraus für die betreffende Schräge die Spannkraft Null folgt (vgl. die Schlußbemerkung unter a).

Kranträger erhalten häufig in jedem zweiten Feld eine Lotrechte, die nur den Zweck hat, den von der Laufkatze unmittelbar belasteten Obergurt in der Mitte

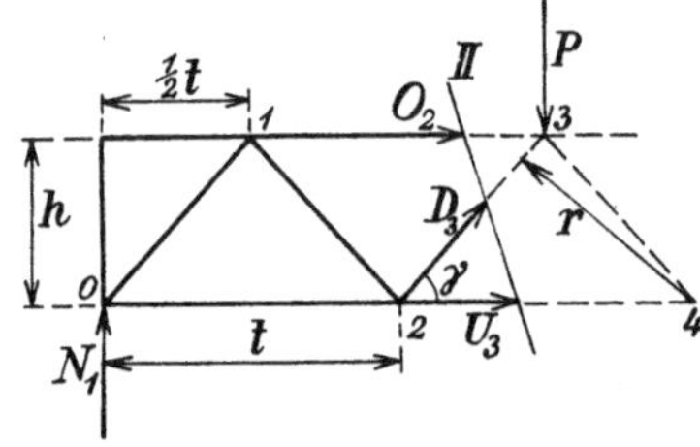

Fig. 17.

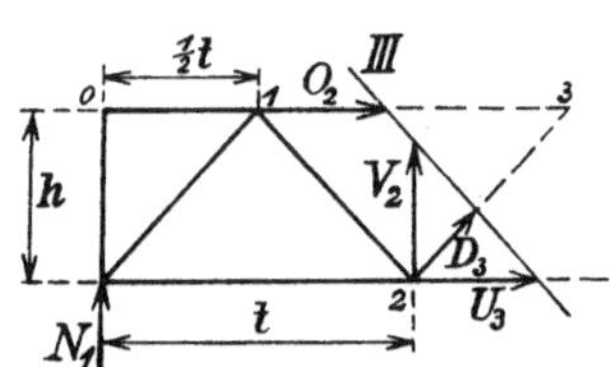

Fig. 18.

jedes Feldes noch einmal zu stützen. Sie erfährt nur dann Beanspruchungen, wenn Radlasten in dem betreffenden Feld stehen. Denn der Schnitt III der Fig. 18 ergibt in bezug auf den Knotenpunkt 3

$$-U_3 \cdot h + V_2 \cdot \frac{t}{2} + M_3 = 0;$$

hierin ist aber nach Formel (15)

$$-U_3 \cdot h + M_3 = 0\,,$$

also auch

$$V_2 = 0\,.$$

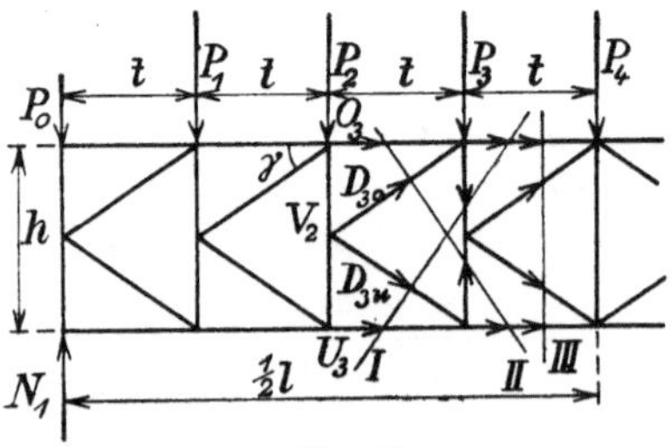

Fig. 19.

d) Der wagerechte Träger werde durch sogenannte K-Füllungsstäbe nach Fig. 19 ausgesteift.

Man erhält durch den Schnitt I in bezug auf den unteren Knotenpunkt 3 die Momentengleichung

$$+O_4 \cdot h + M_{3u} = 0\,,$$

also allgemein

$$O_n = -\frac{M_{n-1,u}}{h}\,. \qquad (18)$$

Durch den Schnitt II erhält man in bezug auf den oberen Knotenpunkt 3 die Momentengleichung

$$-U_4 \cdot h + M_{3o} = 0,$$

also allgemein

$$U_n = + \frac{M_{n-1,o}}{h} \tag{19}$$

Wenn alle Belastungen senkrecht zu den Gurtungen stehen, sind die Gurtungskräfte in demselben Feld gleich, haben aber entgegengesetzte Vorzeichen.

Bei Schnitt III ergibt sich für die wagerechten Kräfte

$$+D_{4o} \cdot \cos\gamma + O_4 + U_4 + D_{4u} \cdot \cos\gamma = 0,$$

also bei lotrechten Belastungen

$$D_{no} = -D_{nu}.$$

Infolgedessen erhält man aus der Gleichung für die lotrechten Kräfte

$$D_{4o} \cdot \sin\gamma - D_{4u} \cdot \sin\gamma + Q_3 = 0,$$

worin Q_3 die Querkraft für die Lotrechte 3 bezeichnet,

$$D_{no} = -\frac{Q_{n-1}}{2 \cdot \sin\gamma} = -\frac{Q_{n-1}}{2} \cdot \sqrt{1 + \left(\frac{2t}{h}\right)^2} \tag{20}$$

und damit

$$D_{nu} = +\frac{Q_{n-1}}{2 \cdot \sin\gamma} = +\frac{Q_{n-1}}{2} \cdot \sqrt{1 + \left(\frac{2t}{h}\right)^2} \tag{21}$$

Jetzt kann dem Schnitt I die Gleichung für die lotrechten Kräfte entnommen werden

$$-V_{3o} - D_{3u} \cdot \sin\gamma + Q_{3o} = 0,$$

worin $Q_{3\,o}$ die Querkraft auf der Lotrechten 3 aber ohne die etwaige Belastung des unteren Knotenpunktes darstellt. Hieraus folgt mit Formel (21)

$$V_{no} = +Q_{no} - \tfrac{1}{2} Q_{n-1}. \tag{22}$$

Entsprechend ergibt der Schnitt II

$$+V_{3u} + D_{3o} \cdot \sin\gamma + Q_{3u} = 0,$$

also allgemein

$$V_{nu} = -(Q_{nu} - \tfrac{1}{2} Q_{n-1}). \tag{23}$$

Der Vergleich mit den Formeln unter a bzw. b lehrt, daß die Kräfte in den Füllungsstäben dieses Trägers wesentlich geringer sind als in dem mit Schrägen, die das ganze Feld durchlaufen. Die K-Füllung wird um so günstiger, je größer das Verhältnis $\frac{h}{t}$ ist.

Beispiel 6. Ein Fabrikraum von den Lichtmaßen $a = 11{,}84$ m und $b = 8{,}20$ m ist mit einer Zwischendecke zu überspannen. Da Eisenbetondecken gewisse Schwierigkeiten bei der Anbringung von Wellen- und Vorgelegelagern bereiten, werden preußische Kappen zwischen I-Trägern gewählt. Zu berechnen sind die Träger und der Unterzug, der nötig ist, um eine geringe Bauhöhe der Zwischendecke zu erzielen (Fig. 20). Für „Werkstätten mit leichtem Betrieb" ist als gleichförmig verteilte Nutzlast anzusetzen[8]) $q_1 = 500$ kg/m². Die preußische Kappe von $^1/_2$ Stein Stärke und 1,50 m Spannweite wiegt einschließlich Hintermauerung, aber

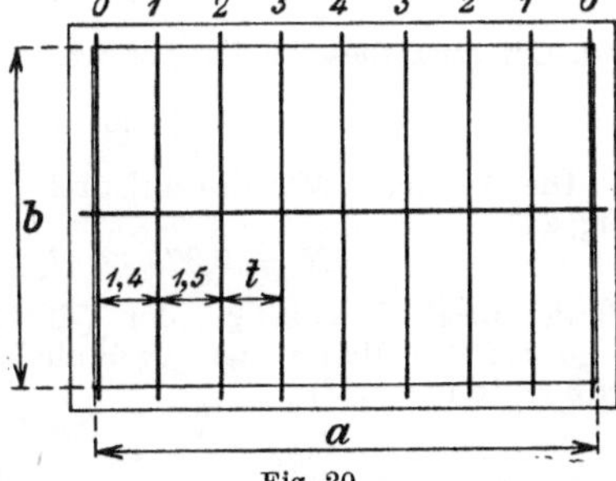

Fig. 20.

ohne Träger $q_2 = 275$ kg/m², die i. M. 5 cm hohe Aufschüttung aus Koksasche wiegt $q_3 = 0{,}05 \cdot 750 = 37{,}5$ kg/m². Als Träger wird I 21 schätzungsweise angenommen mit $q_4 = 29$ kg/m. Die Fußbodenlagerhölzer von $10 \cdot 10$ cm² Querschnitt ergeben bei 0,8 m Abstand das Gewicht $q_5 = 8{,}0$ kg/m², der kieferne Fußboden von 4 cm Stärke $q_6 = 26$ kg/cm² [8]). Demnach ist die Gesamtbelastung der in 1,50 m Abstand verlegten I-Träger

$$q' = 1{,}50 \cdot (500 + 275 + 37{,}5 + 8{,}0 + 26) + 29 \backsim 1300 \text{ kg/m}.$$

An den Mauern liegen [-Träger, schätzungsweise Profil 20, vom Gewicht $q_7 = 25$ kg, so daß ihre Längenbelastung beträgt

$$q'' = \frac{1{,}40}{2}(500 + 275 + 37{,}5 + 8{,}0 + 26) + 25 \backsim 620 \text{ kg/m}.$$

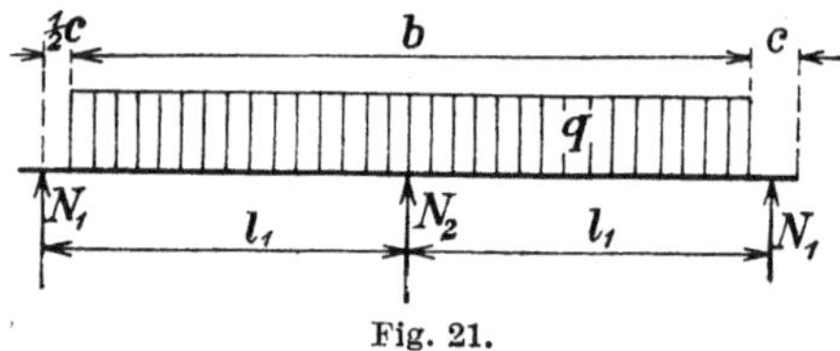

Fig. 21.

Wird die Auflagerlänge der Träger auf den Außenmauern vorläufig zu $c = 24$ cm geschätzt, so ergibt sich als halbe Spannweite des auf drei Stützen liegenden Trägers nach Fig. 21

$$l_1 = \tfrac{1}{2} \cdot (b + c) = 4{,}22 \text{ m}.$$

Das größte über dem Unterzug auftretende Biegungsmoment ist mit

$$N_1 \backsim \frac{3}{8} \cdot q \cdot l_1 - q \cdot \frac{c}{2},$$

$$M_{\max} = N_1 \cdot l_1 - q \cdot \frac{b}{2} \cdot \frac{b}{4} = -\frac{q \cdot l_1^2}{8}\left[1 + \left(\frac{c}{2 l_1}\right)^2\right],$$

worin im vorliegenden Fall der Klammerausdruck ohne Fehler weggelassen werden kann.

Mit der zulässigen Biegungsbeanspruchung $\sigma_b = 1200$ kg/cm² [8]) ist also das erforderliche Widerstandsmoment der I-Träger

$$W_1 = \frac{q' \cdot l_1^2}{8 \cdot \sigma_b} = \frac{1300 \cdot 4{,}22^2 \cdot 100}{8 \cdot 1200} = 241 \text{ cm}^3$$

und das der [-Träger

$$W_2 = \frac{q'' \cdot l_1^2}{8 \cdot \sigma_b} = \frac{620 \cdot 4{,}22^2 \cdot 100}{8 \cdot 1200} = 115 \text{ cm}^3.$$

Zu nehmen sind demnach

I 21 mit $W = 244$ cm³

und, um etwa dieselbe Bauhöhe zu erhalten,

[20 mit $W = 191$ cm³.

Die Auflagerkräfte des auf drei gleich hohen Stützen liegenden Trägers sind (Fig. 21)

$$N_1 = 0{,}375 \cdot q \cdot l_1 \quad \text{und} \quad N_2 = 1{,}25 \cdot q \cdot l_1.$$

Mit der Breite $b_0 = 9{,}4$ cm der I-Träger 21 ergibt sich nun die nötige Auflagerlänge auf der Mauer aus gewöhnlichen Hintermauerungssteinen in Kalkmörtel bei $\sigma = 10$ kg/cm² [8])

$$c = \frac{N_1}{b_0 \cdot \sigma} = \frac{0{,}375 \cdot 1300 \cdot 4{,}22}{9{,}4 \cdot 10} \backsim 22 \text{ cm}.$$

[8]) Bestimmungen über die bei Hochbauten anzunehmenden Belastungen und über die zulässigen Beanspruchungen der Baustoffe, 1919.

Die Belastung des Unterzuges, dessen Teilung der Trägerteilung $t = 1{,}50$ m entspricht, beträgt in jedem inneren Knotenpunkt

$$N_2 = 1{,}25 \cdot 1300 \cdot 4{,}22 = 6860 \text{ kg},$$

wozu noch für das ziemlich gleichförmig verteilte Eigengewicht des Unterzuges von schätzungsweise

$$q_0 \backsim 20 \cdot l = 237 \text{ kg/m}$$

der Betrag $1{,}5 \cdot 237 \backsim 355$ kg kommt. Als gesamte Knotenpunktbelastung erhält man so

$$P = 7215 \text{ kg}.$$

Die Belastungen der äußersten Knotenpunkte sind entsprechend

$$P_0 = 1{,}25 \cdot 620 \cdot 422 + \tfrac{1}{2} \cdot 355 \backsim 3450 \text{ kg}.$$

Die Unterzuglänge ist zu schätzen auf[9])

$$l_2 = 1{,}02 \cdot a + 0{,}15 \backsim 12{,}20 \text{ m},$$

so daß die beiden äußeren Felder die Teilung $t_0 = 1{,}60$ m erhalten müssen (Fig. 22). Seine zwischen den Schwerlinien der beiden Gurtungen gemessene Höhe wird absichtlich recht niedrig angenommen zu

$$h = \frac{1}{15} \cdot l_2 = \frac{1220}{15} \backsim 82 \text{ cm}.$$

Da die Form des Unterzuges und seine Belastung zur Mitte symmetrisch ist, kann man die Querkräfte sofort, von der Mitte ausgehend, niederschreiben (s. Zu-

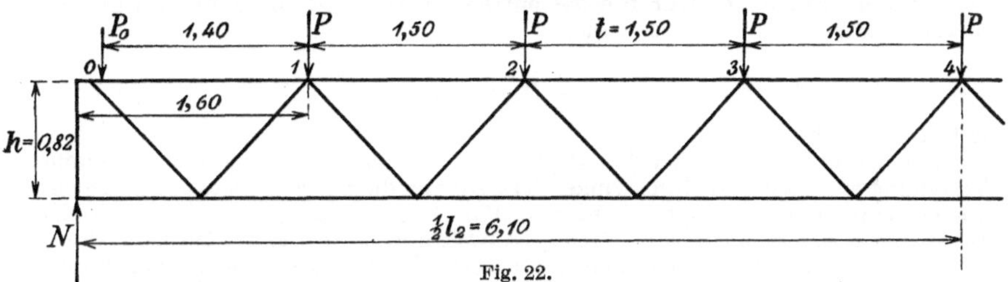

Fig. 22.

sammenstellung). Die Biegungsmomente in den einzelnen Knotenpunkten ergeben sich dann mit Hilfe der Formel (7) sehr einfach, indem man ansetzt:

$$M_{n+1} = M_n + Q_n \cdot t, \tag{7a}$$

nachdem für den ersten unteren Knotenpunkt neben dem Auflager berechnet ist

$$M_{0,1} = 28{,}75 \cdot 0{,}85 - 3{,}45 \cdot 0{,}65.$$

Die ausgerechneten Werte enthält die nächste Zeile der Zusammenstellung.

Man erhält jetzt die Gurtungsspannkräfte nach den Formeln (15) und (16), indem man die Biegungsmomente M durch $h = 0{,}82$ m dividiert, und die Spannkräfte in den Schrägen, indem man die Querkräfte Q mit $\sqrt{1 + \left(\frac{0{,}75}{0{,}82}\right)^2} = 1{,}355$ multipliziert. Die erforderlichen Mindestquerschnitte der Stäbe ergeben sich hieraus durch Division mit $\sigma = 1{,}20$ t/cm²[8]).

Die Druckstäbe sind außerdem auf Knicken zu berechnen, das erforderliche Trägheitsmoment bestimmt sich aus der Stabspannkraft S zu

$$J = \frac{1}{\pi^2} \cdot S \cdot \alpha \cdot l^2 \cdot \mathfrak{S}$$

---

[9]) Vianello, Der Eisenbau, 1905.

mit $\mathfrak{S} = 4$facher Sicherheit bei Fachwerkstäben[8]), weil die freie Länge l durch die Vernietung mit dem Knotenblech gegenüber Säulen ($\mathfrak{S} = 5$) mindestens auf das 0,9fache herabgesetzt wird, $\alpha = 1 : 2\,100\,000$ cm²/kg, $l^2 = t^2 = 22\,500$ cm² für die Gurtungen und $l^2 = d^2 = \left(\frac{t}{2}\right)^2 + h^2 = 5625 + 6724$ cm² für die Schrägen. Man erhält so

$$J_O = 4{,}345 \cdot O \quad \text{und} \quad J_D = 2{,}38 \cdot D\,.$$

Die Querschnittsformen sind hiernach der Profiltafel zu entnehmen[10]). Maßgebend ist nicht der volle Querschnitt, sondern der nach Abzug der Nietlöcher verbleibende. Die zugehörigen Trägheitsmomente sind durchweg wesentlich größer als nötig, was bei derartigen Trägern von kleiner Bauhöhe gewöhnlich zutrifft.

Der lotrechte Stab am Ende, der mit $Q = 28{,}70$ t belastet ist, braucht den Querschnitt

$$F_V = \frac{Q}{\sigma} = \frac{28{,}70}{1{,}20} = 23{,}9 \text{ cm}^2\,,$$

dem das Profil ⅂⌈ 75 · 75 · 10 mit $F = 28{,}2/24{,}2$ cm² und $G = 22{,}1$ kg/m entspricht.

Die Niete sind fast durchweg zweischnittig; demgemäß berechnet sich ihre Anzahl i aus den Formeln

$$i \cdot d \cdot \delta \cdot \sigma = \Delta O \quad \text{bzw.} \quad \Delta U \quad \text{bzw.} \quad D\,,$$

worin $\delta = 1{,}2$ cm die Stärke des Knotenbleches, $\sigma = 2000$ kg/cm² die zulässige Beanspruchung der Nietleibung[8]) ergibt. Damit erhält man die letzten Zeilen der Zusammenstellung. Nur für die mittlere Schräge ist die einschnittige Vernietung auf Abscheren zu berechnen:

$$i \cdot \frac{\pi}{4} d^2 \cdot \tau_s = D$$

mit $\tau_s = 1000$ kg/cm²[8]).

Der Unterzug wiegt bei 15 vH Zuschlag für die Knotenbleche, Nietköpfe, Verbindungslaschen und Gegenwinkel, letztere, um die nötigen Niete auf möglichst kurzer Länge unterzubringen, i. M. $q_0 = 175 \cdot 1{,}15 = 200$ kg/m, so daß die obige Schätzung etwas zu hoch war. Geringe Abweichungen des schließlich herauskommenden Eigengewichtes auch nach der anderen Seite sind im allgemeinen bedeutungslos, da die Querschnitte durchweg reichlich bemessen werden.

Die Bauhöhe des Unterzuges ist

$$h_0 = h + 2 \cdot x_0 = 82 + 2 \cdot 3{,}72 \backsim 90 \text{ cm}\,,$$

worin x_0 den Schwerpunktabstand von der Außenkante der Gurtungswinkel angibt.

Das Auflager wird gebildet von einer 1,2 cm starken Platte mit der Fläche 36 · 30 cm². Das ergibt die Druckbeanspruchung der Unterlage

$$\sigma_1 = \frac{N}{F} = \frac{28{,}70 \cdot 1000}{36 \cdot 30} = 26{,}6 \text{ kg/cm}^2\,.$$

Sie muß demnach aus einer Betonplatte bestehen, für die 30 kg/cm² zulässig[8]) sind, mit der Unterfläche 38 · 77 cm² (bei etwa 25 cm Höhe), so daß das Mauerwerk beansprucht wird mit

$$\sigma_2 = \frac{28{,}70 \cdot 1000}{38 \cdot 77} = 9{,}82 \text{ kg/cm}^2\,.$$

während 10 kg/cm² zulässig sind[8]).

---

[10]) Am vorteilhaftesten benutzt man das vom Stahlwerksverband herausgegebene „Eisen im Hochbau“, 6. Aufl., 1924.

Unterzug.

Knotenpunkt	0		1		2		3		4
Teilung t m		1,60 1,40		1,50		1,50		1,50	
Querkraft Q t	28,70	25,25		18,04		10,82		3,61	
Moment M mt	0	22,10	41,11	54,64	68,18	76,30	84,42	87,13	89,94
O t		−27,0		−66,65		−93,0		−106,2	
U t	0		+50,2		+83,15		+102,6		+109,5
D t		±34,2		±24,45		±14,65		±4,9	
F_O cm²		22,5		55,55		77,5		88,5	
F_U „	0		41,85		69,3		86,45		91,2
F_D „		28,5		20,4		12,2		4,1	
J_O cm⁴		117,3		289,4		404,0		462,5	
J_D „		81,4		58,2		34,9		11,65	
Gurtungen Form cm Niete „ F cm² J_{min} cm⁴ Gewicht kg/m			⅂⌈ 13 · 13 · 1,4 2,6 ∅ 69,4/62,12 1080 54,5				═ 30 · 1,2 ⅂⌈ 13 · 13 · 1,4 2,6 ∅ 105,4/91,88 1527 82,75		
Schrägen Form cm Niete „ F cm² J_{min} cm⁴ Gewicht kg/m		⅂⌈ 9 · 9 · 1,1 2,0 ∅ 37,4/33,0 276 29,4		⅂⌈ 7,5 · 7,5 · 0,8 2,0 ∅ 23,8/19,8 118 18,1		⅂⌈ 6,5 · 6,5 · 0,7 2,0 ∅ 17,4/14,6 67 13,7		⅂ 6,5 · 6,5 · 0,7 2,0 ∅ 8,7/7,3 13,8 6,8	
Nietzahl O	5		7		5		3		0
U		9		6		4		2	
D		8		6		4		2	

Beispiel 7. Anzugeben sind die Formeln für die Spannkräfte in einem Träger mit gebrochener Untergurtung.

a) Der wagerechte Träger werde durch lotrechte Stäbe in gleich breite Felder zerlegt, deren Schrägen nach der Mitte ansteigen (Fig. 23 und 24).

Durch das Feld $n = 4$ wird der Schnitt I gelegt. Dann ist in bezug auf den oberen Knotenpunkt 4:

$$-U_4 \cdot h_4' + M_{4o} = 0\,,$$

ferner ergibt die Fig. 23 leicht

$$h_4' = h_4 \cdot \frac{t}{\sqrt{t^2 + (h_4 - h_3)^2}}\,.$$

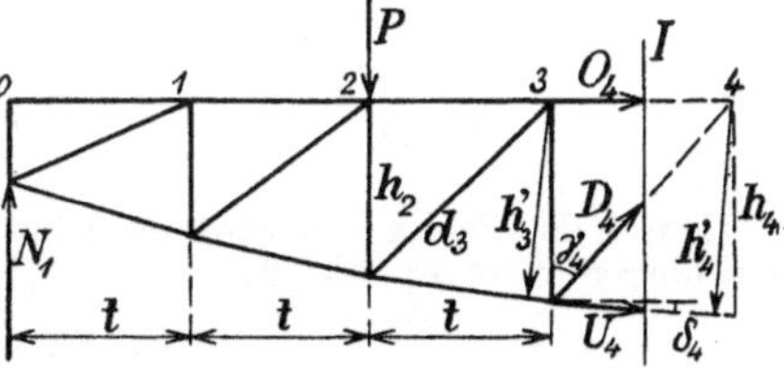

Fig. 23.

Damit wird, allgemein ausgedrückt, die Spannkraft im Untergurt

$$U_n = +\frac{M_{no}}{h_n} \cdot \sqrt{1 + \left(\frac{h_n - h_{n-1}}{t}\right)^2}\,. \tag{24}$$

In bezug auf den unteren Knotenpunkt 3 gilt

$$+O_4 \cdot h_3 + M_{3u} = 0\,,$$

also allgemein die Spannkraft im Obergurt

$$O_n = -\frac{M_{n-1,o}}{h_{n-1}}. \tag{25}$$

Für alle lotrechten Kräfte an dem durch Schnitt I abgetrennten Trägerteile erhält man, da die Richtung der Querkraft durch die der Auflagerkraft N_1 bestimmt wird,

$$-D_4 \cdot \cos\gamma_4 + U_4 \cdot \sin\delta_4 - Q_3 = 0.$$

Nun ist nach Fig. 23

$$\cos\gamma_4 = \frac{h_3}{d} = \frac{h_3}{\sqrt{h_3^2 + t^2}},$$

$$\sin\delta_4 = \frac{h_4 - h_3}{\sqrt{t^2 + (h_4 - h_3)^2}}$$

und nach Formel (24)

$$U_4 = \frac{M_{4o}}{h_4 \cdot t} \cdot \sqrt{t^2 + (h_4 - h_3)^2}.$$

Damit folgt, allgemein geschrieben, die Schrägenspannkraft

$$D_n = -\left(Q_{n-1} - \frac{M_{no}}{t} \cdot \frac{h_n - h_{n-1}}{h_n}\right) \cdot \sqrt{1 + \left(\frac{t}{h_{n-1}}\right)^2}. \tag{26}$$

Bei dem Schnitt II der Fig. 24 ergibt sich ebenfalls für die lotrechten Kräfte

$$+V_3 + U_3 \cdot \sin\delta_3 - Q_3 = 0,$$

wenn die Belastung in den oberen Knotenpunkten angreift. Entsprechend wie bei den Schrägen erhält man so die Spannkraft in den Lotrechten zu

$$V_n = +\left(Q_n - \frac{M_{no}}{t} \cdot \frac{h_n - h_{n-1}}{h_n}\right). \tag{27}$$

b) Der wagerechte Träger werde durch lotrechte Stäbe in gleich breite Felder zerlegt, deren Schrägen nach der Mitte zu fallen (Fig. 25 und 26).

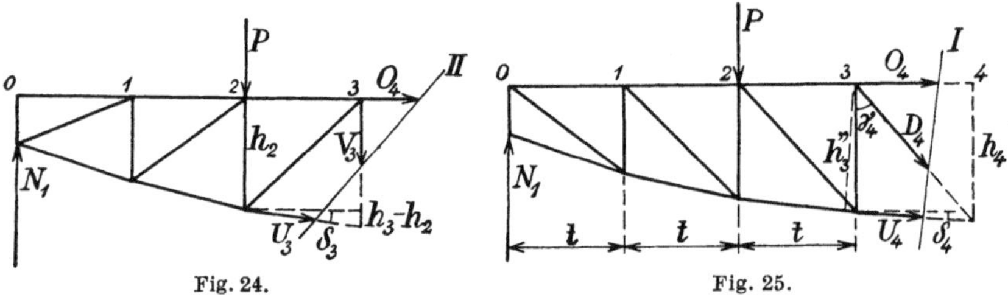

Fig. 24. Fig. 25.

Durch das Feld $n = 4$ wird der Schnitt I gelegt. Man erhält dann in bezug auf den oberen Knotenpunkt 3:

$$-U_4 \cdot h_3'' + M_{3o} = 0,$$

also mit dem obigen Wert von h_3'' für die Spannkraft im Untergurt

$$U_n = +\frac{M_{n-1,o}}{h_{n-1}} \cdot \sqrt{1 + \left(\frac{h_n - h_{n-1}}{t}\right)^2}. \tag{28}$$

In bezug auf den unteren Knotenpunkt 4 gilt:

$$+O_4 \cdot h_4 + M_{4u} = 0,$$

also für die Spannkraft im Obergurt

$$O_n = -\frac{M_{nu}}{h_n}. \tag{29}$$

Für die lotrechten Kräfte an dem ganzen, vom Schnitt I abgetrennten Trägerteil ist

$$+D_4 \cdot \cos\gamma_4 + U_4 \cdot \sin\delta_4 - Q_3 = 0.$$

Nun ist nach Fig. 25

$$\cos\gamma_4 = \frac{h_3}{\sqrt{h_3^2 + t^2}} \quad \text{und} \quad \sin\delta_4 = \frac{h_4 - h_3}{\sqrt{t^2 + (h_4 - h_3)^2}}$$

und nach Formel (28)

$$U_4 = \frac{M_{3o}}{h_3 \cdot t} \cdot \sqrt{t^2 + (h_4 - h_3)^2},$$

also allgemein die Spannkraft in der Schrägen

$$D_n = +\left(Q_{n-1} - \frac{M_{n-1,o}}{t} \cdot \frac{h_n - h_{n-1}}{h_n}\right) \cdot \sqrt{1 + \left(\frac{t}{h_{n-1}}\right)^2}. \tag{30}$$

Bei dem Schnitt II der Fig. 26 erhält man, wenn die Belastungen in den Knotenpunkten des Obergurtes angreifen, für die lotrechten Kräfte:

$$-V_3 + U_4 \cdot \sin\delta_4 - Q_2 = 0,$$

woraus entsprechend dem Vorstehenden die Spannkraft in den Lotrechten folgt:

$$V_n = -\left(Q_{n-1} - \frac{M_{no}}{t} \cdot \frac{h_{n+1} - h_n}{h_n}\right). \tag{31}$$

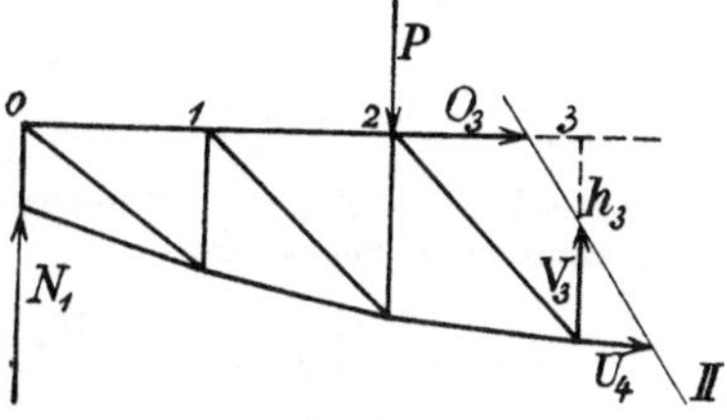

Fig. 26.

c) Der wagerechte Träger enthalte nur Schrägen außer den Stützlotrechten für den Obergurt, die spannungslos bleiben, wenn keine Belastung in dem zugehörigen Feld steht (Fig. 27).

Bei dem Schnitt I der Fig. 27 ist in bezug auf den Knotenpunkt 4:

$$-U_4 \cdot h_4' + M_4 = 0.$$

Den in das vorhergehende Feld eingezeichneten Dreiecken entnimmt man mit der zutreffenden Bezeichnung

$$h_4' = \frac{h_3 + h_5}{2} \cdot \frac{t}{\sqrt{t^2 + (h_5 - h_3)^2}} = \frac{h_3 + h_5}{2 \cdot \sqrt{1 + \left(\frac{h^5 - h_3}{t}\right)^2}},$$

und man erhält so die Spannkraft im Untergurt

$$U_n = +\frac{2 \cdot M_n}{h_{n+1} + h_{n-1}} \cdot \sqrt{1 + \left(\frac{h_{n+1} - h_{n-1}}{t}\right)^2}. \tag{32}$$

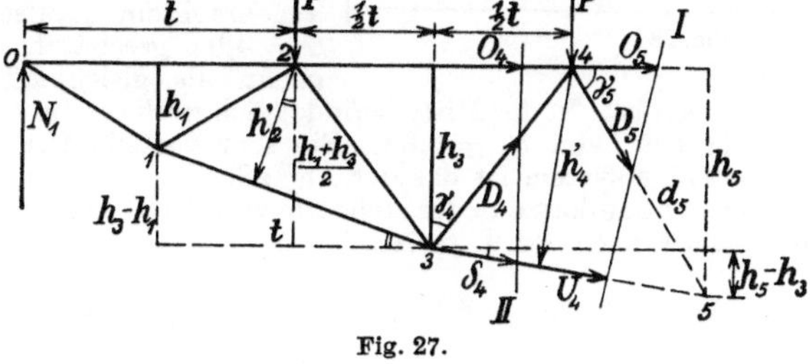

Fig. 27.

In bezug auf den Knotenpunkt 5 ergibt sich

$$+O_5 \cdot h_5 + M_5 = 0,$$

also die Spannkraft im Obergurt

$$O_n = -\frac{M_n}{h_n}. \tag{33}$$

Die lotrechten Kräfte an dem durch den Schnitt I abgetrennten Teil ergeben:

$$+D_5 \cdot \sin\gamma_5 + U_4 \cdot \sin\delta_4 - Q_4 = 0.$$

Hierin ist einzusetzen gemäß Fig. 27

$$\sin\gamma_5 = \frac{h_5}{\sqrt{h_5^2 + \left(\frac{t}{2}\right)^2}} \quad \text{und} \quad \sin\delta_4 = \frac{h_5 - h_3}{\sqrt{t^2 + (h_5 - h_3)^2}}$$

und nach Formel (32)

$$U_4 = \frac{2 M_4}{h_5 + h_3} \cdot \frac{1}{t} \cdot \sqrt{t^2 + (h_5 - h_3)^2}.$$

Damit wird allgemein die Spannkraft in der nach der Mitte fallenden Schrägen

$$D_n = +\left(Q_{n-1} - \frac{2 \cdot M_{n-1}}{t} \cdot \frac{h_n - h_{n-2}}{h_n + h_{n-2}}\right) \cdot \sqrt{1 + \left(\frac{t}{2 h_{n+1}}\right)^2}. \tag{34a}$$

Der Schnitt II der Fig. 27 liefert entsprechend die Spannkraft in der nach der Mitte steigenden Schrägen

$$D_n = -\left(Q_{n-1} - \frac{2 \cdot M_n}{t} \cdot \frac{h_{n+1} - h_{n-1}}{h_{n+1} + h_{n-1}}\right) \cdot \sqrt{1 + \left(\frac{t}{2 h_{n-1}}\right)^2}. \tag{34b}$$

Bei allen drei Bauarten werden die Spannkräfte im geraden Obergurt ausgedrückt durch das Verhältnis $\frac{M}{h}$. Für eine gleichförmig verteilte Belastung wird nun das Biegungsmoment dargestellt durch eine Parabel, die den Scheitel in der Trägermitte hat. Wählt man also die Höhe h so, daß die Knotenpunkte des Untergurtes ebenfalls auf einer Parabel mit derselben Scheitelstelle liegen, so erhält der Obergurt bei dieser Belastung auf der ganzen Länge die gleiche Spannkraft. Entsprechendes gilt für eine auf dem Träger entlang fahrende Einzellast.

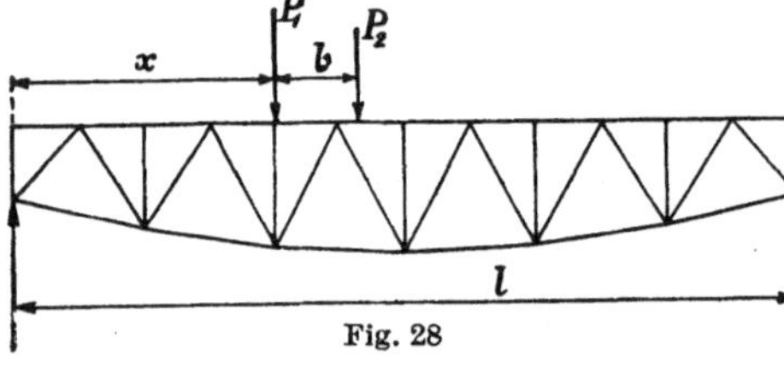

Fig. 28

Beispiel 8. Zu berechnen sind die Abmessungen der Hauptträger eines Laufkranes von $l = 19{,}20$ m Spannweite für die Raddrücke der Laufkatze $P_1 = 5{,}3$ t und $P_2 = 4{,}7$ t in $b = 2{,}00$ m Abstand.

Das Eigengewicht eines Hauptträgers mit Fahrschiene und daran angebrachtem Laufsteg wird zu $G = 4{,}0$ t geschätzt, das ziemlich genau als gleichmäßig über die Länge verteilt zu rechnen ist. In der Mitte befindet sich noch die Last des Verfahrmotors mit Vorgelege usw. von $P_0 = 0{,}8$ t. Ein sehr vorteilhaftes und deshalb häufig angewandtes Trägersystem ist das der Fig. 28.

Die Größe des von der Laufkatze an der Stelle x m vom Auflager hervorgebrachten Biegungs**momentes** ist nach Bd. I, S. 70

$$M_1 = (P_1 + P_2) \cdot \left(1 - \frac{x}{l}\right) \cdot x - P_2 \cdot \frac{b}{l} = M_1' - M_1''.$$

Der Verlauf des ersten Gliedes M_1' ist demnach parabelförmig, der des zweiten Betrages M_1'' geradlinig. Die zugehörigen Querkräfte sind

$$Q_1' = (P_1 + P_2)\left(1 - \frac{2x}{l}\right) \quad \text{und} \quad Q_1'' = P_2 \cdot \frac{b}{l}.$$

Das vom Eigengewicht hervorgerufene Biegungsmoment hat nach Bd. I, S. 110 den Wert

$$M_2 = \frac{1}{2} G \cdot x \left(1 - \frac{x}{l}\right),$$

und die zugehörige Querkraft ist

$$Q_2 = \frac{1}{2} G \cdot \left(1 - \frac{2x}{l}\right).$$

Der Verlauf des Momentes ist wieder parabelförmig.

Das von der Mittenbelastung P_0 herrührende Biegungsmoment ist nach Bd. I, S. 64

$$M_3 = \tfrac{1}{2} P_0 \cdot x,$$

sein Verlauf ist also geradlinig.

Die zugehörige Querkraft ist unveränderlich

$$Q_3 = \tfrac{1}{2} P_0.$$

Die Ausrechnung der Einzelwerte enthalten die ersten Zeilen der Zusammenstellung.

Man wählt die größte Höhe des Trägergerippes in der Mitte etwa zu

$$h_6 = \frac{l}{12{,}5} = \frac{19{,}20}{12{,}5} \sim 1{,}55 \text{ m}$$

und erhält im Obergurt annähernd gleiche Stabspannkräfte, wenn ausgeführt wird

$$h_x = h_6 \cdot \frac{x \cdot (1 - x)}{\frac{1}{4} l^2},$$

denn die beiden geradlinig verlaufenden Momente heben sich bis auf einen verschwindenden Rest auf. Die entsprechenden Höhen sind in der nächsten Zeile der Zusammenstellung aufgeführt. Allerdings ist statt der Höhe 0 an den äußeren Enden $h_0 = 0{,}30$ m gewählt worden.

Die Spannkräfte im Obergurt ergibt dann die Formel (33). Zur Bestimmung der Spannkräfte im Untergurt berechnet man zuerst die Werte $h_{n+1} + h_{n-1}$ und $h_{n+1} - h_{n-1}$, dann den Wurzelausdruck der Formel (32). Dieselben Werte braucht man für die Spannkräfte in den Schrägen, die nach Formel (34) gerechnet werden.

Als zulässige Beanspruchung wird $\sigma = 900$ kg/cm^2 angesetzt, damit die Durchbiegung des Trägers nicht zu groß wird. Damit ergeben sich die in der Zusammenstellung stehenden notwendigen Querschnitte. Die notwendigen Trägheitsmomente der auf Knickung beanspruchten Stäbe werden aus demselben Grunde mit $\mathfrak{S} = 5$facher Sicherheit nach der Eulerschen Formel berechnet. Wenn die Spannkraft in t und die Stablänge in m angegeben ist, wird für die Lotrechten

$$J_V = \frac{\mathfrak{S} \cdot \alpha}{\pi^2} \cdot V \cdot h_n^2 = \frac{5 \cdot 5{,}3 \cdot 1000 \cdot 100^2}{\pi^2 \cdot 2100000} \cdot h_n^2 = 12{,}78 \cdot h_n^2,$$

für die Schrägen

$$J_D = \frac{\mathfrak{S} \cdot \alpha}{\pi^2} \cdot D \cdot \left[h^2 + \left(\frac{t}{2}\right)^2\right] = 2{,}41 \cdot D \cdot h^2 \cdot \left[1 + \left(\frac{t}{2h}\right)^2\right],$$

für den Obergurt in bezug auf die lotrechte Biegungsachse, wo die Abstützung durch die Lotrechte in der Mitte ohne Einfluß bleibt,

$$J_{O1} = \frac{\mathfrak{S} \cdot \alpha}{\pi^2} \cdot O \cdot t^2 = 24{,}68 \cdot O,$$

Kranträger.

Knotenpunkt	0	1	2	3	4	5	6
Abstand x	0	1,6	3,2	4,8	6,4	8,0	9,6 m
Querkraft Q_1'	+10,00	+8,33	+6,67	+5,00	+3,33	+1,67	0 t
„ Q_1''	− 0,49	−0,49	−0,49	−0,49	−0,49	−0,49	−0,49 t
„ Q_2	+ 2,00	+1,67	+1,33	+1,00	+0,67	+0,33	0 t
„ Q_3	+ 0,40	+0,40	+0,40	+0,40	+0,40	+0,40	+0,40 t
„ $\sum Q$	+11,91	+9,91	+7,91	+5,91	+3,91	+1,91	−0,09 t
Moment M_1'	0	+14,66	+26,67	+36,00	+42,70	+46,64	+48,00 mt
„ M_1''	0	− 0,78	− 1,57	− 2,35	− 3,14	− 3,92	− 4,70 „
„ M_2	0	+ 2,93	+ 5,33	+ 7,20	+ 8,54	+ 9,32	+ 9,60 „
„ M_3	0	+ 0,64	+ 1,28	+ 1,92	+ 2,56	+ 3,20	+ 3,84 „
„ $\sum M$	0	+17,45	+32,71	+42,77	+50,66	−55,24	+56,74 „
Höhe h_n	0,30	—	0,86	—	1,38	—	1,55 m
$h_{n+1} + h_{n-1}$		1,16		2,14		2,93	„
$h_{n+1} - h_{n-1}$		0,56		0,52		0,17	„
$\sqrt{1 + \left(\frac{t}{2h}\right)^2}$	5,16		2,12		1,53		1,435
$\frac{M}{\frac{1}{2}t} \cdot \frac{h - h}{h + h}$	5,26	5,26	6,50	6,50	2,00	2,00	t
Spannkraft O	0		−38,05		−36,70		−36,65 t
„ U		+30,55		+40,50		+37,80	t
„ D		−34,35	+9,86	−2,99	−0,90	−2,92	−0,13 t

Querschnitt F_U			34,0				45,0				43,1			cm²
„ F_D		38,3		10,95		3,33		1,00		3,25		0,14		„
„ F_V							5,89							„
Trägheits-moment J_{O1}	0				940				908				904	cm⁴
„ J_{O2}	0				235				227				226	„
„ J_D		198		79		24		9,7		31,4		1,5		„
„ J_V	1,15				9,45				24,3				30,7	„
Stäbe U														
Form			┐┌ 10 · 10 · 1				═ 25 · 1 ┐┌ 10 · 10 · 1				═ 25 · 1 ┐┌ 10 · 10 · 1			cm
Querschnitt			38,4/34,4				63,4/55,4				63,4/55,4			cm²
Gewicht			30,14				49,77				49,77			kg/m
Stäbe D		0 – 1		1 – 2		2 – 3		3 – 4		4 – 5		5 – 6		
Form		┐┌ 11 · 11 · 1		┐┌ 7 · 7 · 0,7		┐ 7,5 · 7,5 · 0,7		┐ 7 · 7 · 0,7		┐ 8 · 8 · 1		┐ 7 · 7 · 0,7		cm
Querschnitt		42,4/38,4		18,3/16,0		11,5/9,9		9,4/8,0		15,1/13,1		9,4/8,0		cm²
Trägheitsmoment		478		84,8		24,4		17,6		35,9		17,6		cm⁴
Niete 2,0 cm		9		3		(1) 2		(1) 2		(1) 2		(1) 2		
Gewicht		33,28		14,76		9,03		7,38		11,85		7,38		kg/m

dagegen in bezug auf die wagerechte Biegungsachse

$$J_{O2} = \tfrac{1}{4} J_{O1}\,.$$

Der Obergurt wird noch durch die unmittelbar darauf einwirkenden Raddrücke der Laufkatze beansprucht. Während man bei der Ermittlung der Fachwerkspannungen die einzelnen Stäbe als in den Knotenpunkten gelenkig befestigt ansieht (S. 1), wäre das für die Biegungsberechnung verkehrt. Hier wird am einfachsten der Obergurtteil von der Länge $\frac{1}{2}t$ als beiderseits eingespannt angesehen, und das größte Biegungsmoment ist dann nach Bd. I, S. 115

$$M_{\max} = \frac{4}{27} \cdot P_1 \cdot \frac{t}{2} = \frac{4}{27} \cdot 5{,}3 \cdot 1{,}6 = 1{,}256 \text{ mt}\,.$$

Die größte Gesamtspannung infolge der Druckkraft O und des Biegungsmomentes $M_{\max}$ ist nach Bd. IV, S. 181

$$\sigma = \frac{1}{F_O} \cdot \left(O + \frac{M_{\max}}{o}\right),$$

woraus sich der erforderliche Querschnitt ergibt

$$F_O = \frac{1}{\sigma} \cdot \left(O + \frac{M_{\max}}{o}\right),$$

worin hier $\sigma = 1200$ kg/cm² gesetzt werden kann. Da vorläufig noch die Kernweite $o = \frac{W}{F}$ unbekannt ist, so wird vorläufig als Obergurtquerschnitt angenommen ┬┬ 25 · 1, ⌉⌈ 11 · 11 · 1,2 mit Nieten von $d = 2{,}3$ cm Durchmesser. Darauf werde mit Heftnieten im üblichen Abstand die Kranschiene Nr. 2 genietet. Es ergibt sich so die folgende Zusammenstellung:

	Gurtung	Kranschiene	2 Nietlöcher	Gesamtquerschnitt
Querschnitt F	75,2	41,1	14,7	101,5 cm²
Schwerpunktabstand x_0	9,06	2,15 + 12,0	11,4	10,8 cm
Produkt $F \cdot x_0$	681,5	581,5	167,6	1095,4 cm³
Abstand Δx_0	1,74	3,35	0,6	— cm
$F \cdot (\Delta x_0)^2$	227,6	461	5,3	683,3 cm⁴
Trägheitsmoment J . .	784	185	12,4	956,6 cm⁴
				1639,9 cm⁴

Damit wird das kleinste Widerstandsmoment

$$W = \frac{1640}{10{,}8} = 151{,}9 \text{ cm}^3,$$

also die Kernweite

$$o = \frac{151{,}9}{101{,}5} = 1{,}495 \text{ cm}\,.$$

Nun ist der Querschnitt nachzurechnen:

$$F = \frac{1000}{1200} \cdot \left(38{,}05 + \frac{125{,}6}{1{,}495}\right) = 101{,}6 \text{ cm}^2.$$

Die gemachte Annahme ist also eben zutreffend[11]). Die Gurtung wiegt $G = 59{,}03 + 32{,}2 = 91{,}23$ kg/m.

Die Lotrechten werden durchweg ⌉⌈ 6,5 · 6,5 · 0,7 ausgeführt mit F bzw. $F_0 = 17{,}6/14{,}6$ cm², $J = 66{,}8$ cm⁴, $G = 13{,}66$ kg/m. Zum Anschluß dienen 2 Nieten von $d = 2{,}0$ cm.

---

[11]) Die 6. Auflage von „Eisen im Hochbau“ enthält auch darüber gebrauchsfertige Tafeln.

Das Schnittverfahren ist offensichtlich am bequemsten für Parallelträger. Es liefert auch bei anderen langgestreckten Trägern die Spannkräfte ohne umständliche Rechnung, wenn alle Belastungen gleichgerichtet, am besten lotrecht sind.

4. Der Kräfteplan.

Bei ruhenden Belastungen erhält man die Spannkräfte der einzelnen Stäbe auf rein zeichnerischem Wege, indem man das Krafteck für jeden Knotenpunkt aufzeichnet. Da die Richtungen der Stabkräfte aus dem Trägergerippe gegeben sind, so kann man durch ein Krafteck zwei noch der Größe nach unbekannte Stabkräfte bestimmen.

Man geht aus von einem Knotenpunkt, in dem nur zwei Stäbe zusammenstoßen, bestimmt die beiden Stabkräfte und geht dann zum nächsten Knotenpunkt, in dem die Gegenkraft der einen soeben ermittelten Stabkraft als Bekannte angetragen wird, und kann so zwei weitere Unbekannte bestimmen, usw. Sämtliche Kraftecke werden unmittelbar aneinandergezeichnet[12]). Zur bequemen Übersicht numeriert man alle Stäbe im Lageplan und die entsprechenden Spannkräfte im Kräfteplan mit derselben Ziffer.

Zeigt der Pfeil der Kraft im Kräfteplan von dem Knotenpunkt im Lageplan weg, so liegt eine Zugkraft vor; zeigt der Pfeil auf den Knotenpunkt hin, so ist es eine Druckkraft. Gewöhnlich zieht man die Druckkräfte in der Mitte etwas stärker aus. Zweckmäßig werden die Kräfte immer in der gleichen Reihenfolge, etwa der Drehrichtung des Uhrzeigers folgend, aneinander angetragen, indem man mit der am weitesten linksstehenden Bekannten anfängt. Die Zeichnung ist richtig, wenn sich am Schluß der ganze Kräfteplan schließt.

Das Verfahren versagt, wenn etwa in einem Knotenpunkt mehr als zwei unbekannte Stabkräfte vorkommen. Sehr häufig kann aber dann durch die einmalige Anwendung des Schnittverfahrens eine dieser Kräfte berechnet und damit der Kräfteplan weitergezeichnet werden. Bisweilen genügt es auch, wenn man erst zu einem anderen, außerhalb der Reihenfolge liegenden Knotenpunkt übergeht, in dem nur zwei Fachwerkstäbe zusammenstoßen.

Beispiel 9. Für den Dachbinder nach Fig. 29 von $l = 11{,}8$ m Spannweite und $h = 3{,}2$ m Höhe des Gerippes sind die Belastungen der Knotenpunkte durch Eigengewicht, Schneelast und Winddruck anzugeben sowie die Auflagerkräfte zu bestimmen. Der Binderabstand betrage $a = 5{,}0$ m.

Der Neigungswinkel zwischen Ober- und Untergurt folgt aus

$$\operatorname{tg}\gamma = \frac{h}{\frac{1}{2}l} = \frac{3{,}2}{5{,}9} = 0{,}542$$

zu $\gamma \sim 28^\circ\,30'$.

Der Pfettenabstand in der Dachneigung ergibt sich dann zu

$$b = \frac{l}{4\cdot\cos\gamma} = \frac{l}{4}\cdot\sqrt{1+\operatorname{tg}^2\gamma} = \frac{11{,}8}{4}\cdot\sqrt{1+0{,}294} = 3{,}36 \text{ m}\,.$$

---

[12]) Cremona, Le figure reciproche nella Statica graphica. 1872.

Angenommen wird eine Deckung aus Doppelpappe auf einer Holzverschalung, die $q_1 = 55\,\mathrm{kg/m^2}$ wiegt[8]), so daß die Knotenpunktbelastung beträgt

$$P_1' = a \cdot b \cdot q_1 = 5{,}0 \cdot 3{,}36 \cdot 55 = 924\,\mathrm{kg}.$$

Hierzu tritt noch das Gewicht der Pfette von $q_0 = 11\,\mathrm{kg/m}$ (Bd. IV, S. 65). Ihm entspricht die Knotenpunktlast

$$P_1'' = a \cdot q_0 = 5{,}0 \cdot 11 = 55\,\mathrm{kg}.$$

Dazu kommt noch das Eigengewicht des Binders, das bei 5 m Binderabstand und allerdings ziemlich schwerer Deckung ebensoviel Kilogramm für ein Quadratmeter Grundfläche beträgt, wie die Spannweite Meter hat[10]). Demnach wird die entsprechende Knotenpunktbelastung

$$P_1''' = a \cdot \frac{l}{4} \cdot l = 5{,}0 \cdot \frac{11{,}8^2}{4} = 174\,\mathrm{kg}.$$

Zusammen ergeben sich hieraus

$$P_1 = 924 + 55 + 174 \sim 1150\,\mathrm{kg}.$$

Die Schneebelastung auf der einen Dachhälfte ist im Flachland Mitteldeutschlands anzunehmen zu $q_2 = 75\,\mathrm{kg/m^2}$ für eine wagerechte Fläche[8]). Für geneigte Flächen gilt die Fig. 87 in Bd. I, S. 38. Danach ist hier $q_2 = 66\,\mathrm{kg/m^2}$ und die lotrechte Knotenpunktbelastung

$$P_2 = a \cdot b \cdot q_2 = 5{,}0 \cdot 3{,}36 \cdot 66 \sim 1110\,\mathrm{kg}.$$

Als Winddruck ist bei Dächern von weniger als 25 m Gesamthöhe anzusetzen $q_3 = 125\,\mathrm{kg/m^2}$, auf eine lotrechte Fläche wirkend[8]). Bei geneigten Flächen gilt wieder die Fig. 87 in Bd. I, und die senkrecht zur Dachfläche wirkende Knotenpunktbelastung ist mit $q_3 = 29\,\mathrm{kg/m^2}$

$$P_3 = a \cdot b \cdot q_3 = 5{,}0 \cdot 3{,}36 \cdot 29 \sim 490\,\mathrm{kg}.$$

Nur die beiden mittleren Knotenpunkte der Binderhälften erhalten die so berechneten Belastungen. Der Firstpunkt erhält von der Schnee- und Windbelastung je die Hälfte. An den Traufen ist die Verschalung noch um 50 cm über die Knotenpunkte verlängert, so daß sich dort die Kräfte ändern in

$$P_0 = \frac{2{,}18}{1{,}68} \cdot \frac{P}{2} = 0{,}77\,P$$

auf

$$P_{1,0} \sim 880\,\mathrm{kg}, \qquad P_{2,0} \sim 850\,\mathrm{kg}, \qquad P_{3,0} \sim 380\,\mathrm{kg}.$$

Man erhält so den Belastungsplan der Fig. 29. Offensichtlich werden die einzelnen Teile des Binders am ungünstigsten beansprucht, wenn der Wind von der Seite des festen Auflagers weht, denn bei Wind von der Seite des beweglichen Auflagers verkleinern sich alle Zugspannkräfte und daher auch die Druckspannkräfte der dafür in Betracht kommenden Stäbe.

Um die Auflagerkräfte zu finden, trägt man, von dem festen Auflager beginnend, alle Belastungen etwa im Maßstab 100 kg = 1 mm hintereinander nach Größe und Richtung an (Fig. 30), dazu die lotrechte Wirkungslinie der Gegenkraft N_2 am beweglichen Auflager, die mit den Wirkungslinien der letzten Belastungen zusammenfällt. Dann werden nach Bd. I, S. 81 die Polstrahlen von einem beliebig gewählten Pol O aus nach den Endpunkten der Kräfte gezogen und nun, beim festen Knotenpunkt beginnend, zwischen den Wirkungslinien der Kräfte das zu den Polstrahlen parallele Seileck in Fig. 29 eingetragen. Da Gleichgewicht bestehen soll, muß das Seileck ebenso wie das Krafteck geschlossen sein (S. 2), und die Parallele durch den Pol O der Fig. 30 zu der gestrichelten Schlußlinie des Seilecks in Fig. 29 schneidet die Größe von $N_2 = 4100$ kg auf der lotrechten Wirkungslinie ab. Damit ist auch $N_1 = 4600$ kg nach Größe und Richtung bestimmt als die noch fehlende Schlußlinie des Kraftecks der Fig. 30.

Das bewegliche Auflager wird gut mit Paraffin geschmiert. Bei dem hohen Flächendruck ist nun die Reibungsziffer $\mu \sim 0{,}006$ (Bd. II, S. 32) so klein, daß die Reibungskraft außer Ansatz bleiben kann.

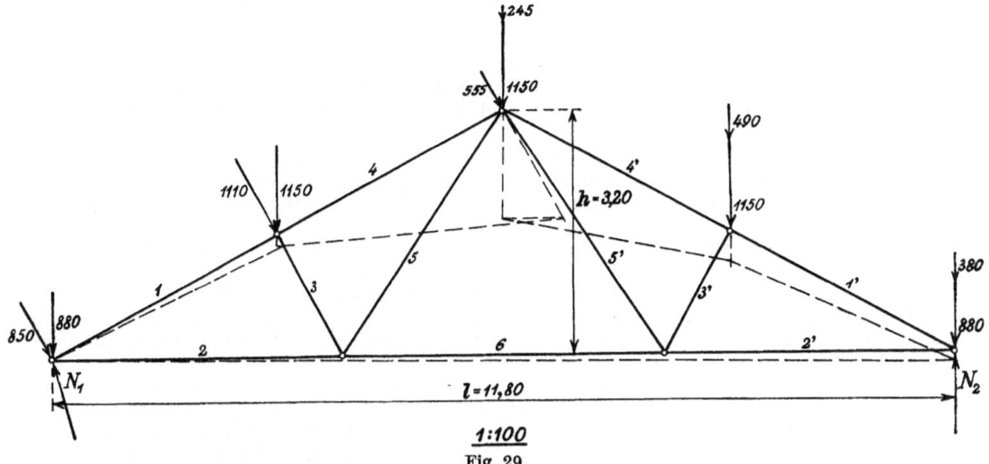

Fig. 29.

Beispiel 10. Anzugeben sind die Spannkräfte und notwendigen Abmessungen der Stäbe des in Fig. 29 dargestellten Wiegmann-Dachstuhles, die durch die in Beispiel 9 ermittelten Belastungen entstehen.

Das Krafteck aller äußeren Kräfte ist bereits in dem rechten Teil der Fig. 30 geschlossen zusammengestellt. Man beginnt die Kraftecke der inneren Stabkräfte mit dem des Knotenpunktes 1,2 am festen Auflager. Durch den Anfangspunkt der ersten bekannten Kraft N_1 legt man eine Parallele zum Stab 2 der Fig. 29 und durch den Endpunkt der letzten bekannten Kraft $P_{0,2} = 880$ kg eine Parallele zum Stab 1. Im Schnittpunkt dieser beiden Parallelen schließt sich das Krafteck der in Betracht kommenden 5 Kräfte, und die Pfeile sind so einzutragen, daß es hintereinander in demselben Sinne durchlaufen wird. Der Pfeil von S_1 zeigt nach dem Knotenpunkt, der Pfeil von S_2 zeigt davon weg: Die Stabkraft 1 ist eine Druckkraft, die Stabkraft 2 eine Zugkraft.

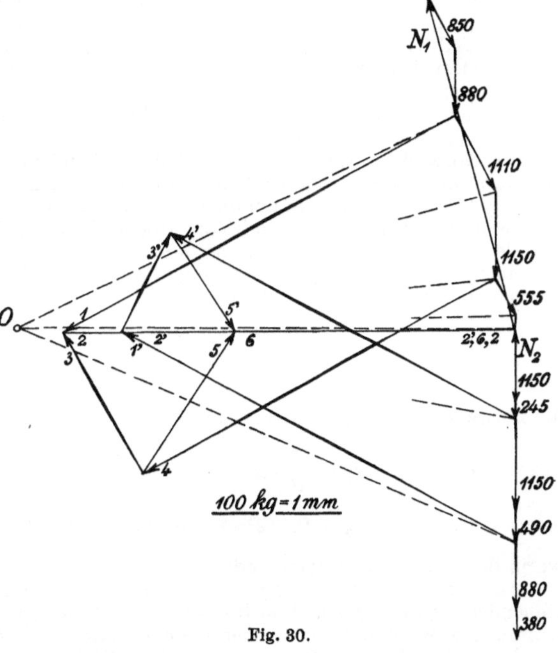

Fig. 30.

An dem Knotenpunkt 1, 3, 4 ist Stabkraft 1 mit dem Gegenpfeil, der am besten gar nicht gezeichnet wird, die erste bekannte Kraft. Durch ihren Anfangspunkt, also dort, wo der Pfeil sich befindet, wird die Parallele zu Stab 3 gelegt und durch den Endpunkt der letzten bekannten Kraft 1150 kg die Parallele zu Stab 4; in ihrem Schnittpunkt schließt sich wieder das Krafteck, dessen Pfeilrichtungen durch die der Belastungen festgelegt sind. Beide Pfeile der Kräfte S_3 und S_4, die nach dem Knotenpunkt zeigen, liefern Druckkräfte.

Am Knotenpunkt 2, 3, 5, 6 sind die Stabkräfte S_2 und S_3 bekannt, die entgegengesetzt zu ihren Pfeilen hintereinander zu durchlaufen sind; daran schließt sich die Parallele zum Stab 5, die auf der Wirkungslinie von S_2 die Strecke S_6 abschneidet. Es fallen also in diesem Krafteck, das bei dem Buchstaben N_2 der Fig. 30 beginnt und aufhört, zwei verschieden lange Kraftwirkungslinien aufeinander. Die nach rechts bzw. nach oben zeigenden Pfeile kennzeichnen die Stabkräfte S_6 und S_5 als Zugkräfte.

Am Firstpunkt ist zuerst die Stabkraft S_5 entgegengesetzt zu ihrem Pfeil zu durchlaufen, daran schließt sich, ebenfalls entgegengesetzt zum Pfeil durchlaufen, die Stabkraft S_4. Dann folgen die drei Belastungskräfte 355, 1150, 245 kg, die Parallele zum Stab 4′ und, durch den Anfangspunkt gehend, die Parallele zum Stab 5′. Der Pfeilrichtung nach ist die Stabkraft S_5' eine Zugkraft, die Stabkraft S_4' eine Druckkraft.

Am Knotenpunkt 3′, 4′, 1′ ist die Stabkraft S_4' mit der entgegengesetzt zu ihrem Pfeil verlaufenden Richtung die erste Bekannte, dann folgen die Belastungskräfte 1150 und 490 kg, darauf die Parallele zum Stab 1′ und durch den Anfangspunkt am Pfeil von S_4' die Parallele zum Stab 3′. Die durch die Lasten gegebenen Pfeile kennzeichnen beide als Druckkräfte.

Am Knotenpunkt 6, 5′, 3′, 2′ ist allein noch S_2' unbekannt, die anderen Stabkräfte liegen, entgegengesetzt zu ihren Pfeilen durchlaufen, hintereinander. Die Kraft S_2' fällt wieder größtenteils mit S_6 zusammen; es ist eine Zugkraft.

Der letzte Knotenpunkt ist der am beweglichen Auflager. Die Kräfte S_2' und S_1' werden entgegengesetzt zu ihren Pfeilen durchlaufen, daran schließen sich die Belastungen 880 und 380 kg und zuletzt die Auflagerkraft N_2. Damit ist das letzte Krafteck ebenfalls geschlossen.

Die Größe der Kräfte ist jetzt mit dem an die Fig. 30 herangesetzten Kräftemaßstab aufzumessen. Man erhält so die ersten Zeilen der folgenden Zusammenstellung. Da der Dachstuhl symmetrisch ausgeführt wird, weil ja die Kraftunterschiede nicht erheblich sind, so ist die größere Zahl für die Bemessung maßgebend. Mit der zulässigen Beanspruchung $\sigma = 1200\ \text{kg/cm}^2$ ergeben sich die darunterstehenden notwendigen Querschnitte und mit der bei Fachwerkstäben zugelassenen vierfachen Sicherheit gegen Knickung mit

$$l_1 = l_4 = 3{,}36\ \text{m}$$

bzw.

$$l_3 = l_1 \cdot \operatorname{tg}\gamma = 3{,}36 \cdot 0{,}542 = 1{,}82\ \text{m}$$

die notwendigen Trägheitsmomente

$$J_1 \quad \text{bzw.} \quad J_4 = \frac{\mathfrak{S}}{\pi^2} \cdot \alpha \cdot S \cdot l^2 = \frac{4 \cdot 336^2}{\pi^2 \cdot 2100{,}000} \cdot S = 21{,}78 \cdot S\ \text{cm}^4$$

bzw.

$$J_3 = 0{,}542^2 \cdot 21{,}78 \cdot S_3 = 6{,}40 \cdot S_3\ \text{cm}^4\,,$$

worin die S in t einzusetzen sind.

Aus den Profiltafeln erhält man hiernach die am Schluß der Zusammenstellung stehenden Abmessungen. Das Bindergewicht fällt somit kleiner aus als geschätzt wurde. Die Knotenbleche werden 0,8 cm stark gewählt und die Nietdurchmesser durchweg $d = 2{,}0$ cm. Der zweischnittige Niet überträgt dann höchstens 3,2 at und der einschnittige 3,14 t. Damit ergeben sich die am Schluß stehenden Nietzahlen.

Die vorstehende Ermittlung der Spannkräfte mit Hilfe eines einzigen Kräfteplanes ist die übersichtlichste und führt am schnellsten zum Ziel.

Stab		1	2	3	4	5	6
Zug		—	5940 5200	—	—	2210 1550	3700 kg
Druck		5850 5900	—	2150 1450	5290 5150	—	— kg
F		4,92	4,95	1,79	4,41	1,84	3,08 cm^2
J		128,5	—	13,8	115,2	—	— cm^4
Form		┐┌ 8 · 8 · 0,8	‖ 6 · 0,7	┐6,5 · 6,5 · 0,7	wie 1	|5 · 0,7	‖ 5 · 0,7 cm
F, F_0		24,6/21,4	8,4/5,6	8,7/7,3		3,5/2,1	7,0/4,2 cm^2
J		144,6	—	13,8		—	— cm^4
G		19,3	6,6	6,8		2,75	5,5 kg/m
Niete		2	2	(1) 2		(1) 2	2

Beispiel 11. Es ist durch eine Spannkraftberechnung nachzuweisen, daß das Fachwerk der Fig. 7 ein Ausnahmefachwerk ist.

Man nimmt in Stab 1 eine beliebige Zugkraft an, die parallel zur Stabrichtung in Fig. 31 aufgetragen wird. Für den Knotenpunkt H gilt dann das Kräftedreieck 1, 5, 3, das bei dem angenommenen Pfeil von 1 links herum durchlaufen wird. Für den Punkt E erhält man jetzt das Dreieck 3, 4, 2, das rechts herum durchlaufen wird. Für den Punkt F gilt das rechts herum durchlaufene Dreieck 4, 6, 7 und für den Punkt G das Dreieck 6, 5, 8, das wieder links herum durchlaufen wird.

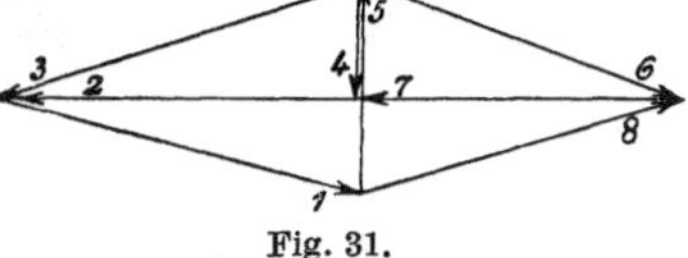

Fig. 31.

Man hat so in allen Stäben des unbelasteten Fachwerks Spannkräfte, wenn in einem Stab eine beliebig angenommen wird. Das gezeigte Verfahren ist der sicherste Weg zur Feststellung eines Ausnahmefachwerkes.

Beispiel 12. Zu bestimmen sind die größten Spannkräfte in den Stäben des Kranauslegers der Fig. 32.

Die größte Nutzlast beträgt 5 t; der Lasthaken mit dem darüber angebrachten Gewicht und 30 m Drahtseil wiegt 300 kg; damit wird die Last $Q = 5{,}3$ t. Die Endbelastung des Auslegers durch die Seilrolle von 0,7 m Durchmesser und die Auffangglocke beträgt $G_1 = 0{,}25$ t. Das Gegengewicht auf der anderen Seite wiegt $G_4 = 13{,}0$ t. Der Lastausleger wiegt mit Laufsteg $G_2 \backsim 4{,}5$ t, der Gegengewichtsausleger $G_3 \backsim 1{,}5$ t, das Windenhaus mit Winde, Motoren, Anlassern, Kranführer zusammen $G_5 = 20{,}6$ t.

Die Berücksichtigung der Windkräfte kann unterbleiben, da sie die Spannkräfte nur ganz unwesentlich beeinflussen. Ebenso läßt man die Lastträgheit beim Anheben unbeachtet, denn bei der Hubgeschwindigkeit $v = \frac{1}{3}$ m/sk und der Beschleunigungszeit $t = 1$ sk beträgt sie

$$P = \frac{Q}{t} \cdot \frac{v}{g} = \frac{5{,}3}{1} \cdot \frac{0{,}333}{9{,}81} = 0{,}18\,\text{t}\,,$$

ist also den anderen lotrechten Kräften gegenüber ohne Bedeutung. Andererseits treten erheblich größere Beanspruchungen auf, wenn die angehobene Last geschwenkt wird (s. u.)

Zuerst sind die Gewichte überschlägig auf die einzelnen Knotenpunkte zu verteilen, wodurch sich das Belastungsschema der Fig. 32 ergibt. Der Fehler, daß die Eigengewichte nur in den unteren Knotenpunkten angebracht werden, ist ganz belanglos, erleichtert aber die Übersicht.

Die Auflagerkräfte werden am einfachsten aus den folgenden Momentengleichungen bestimmt:

$$\begin{aligned} +N_1 \cdot 4{,}0 = {} & +5{,}3 \cdot 23 + 0{,}45 \cdot 23 + 0{,}5 \cdot 20 + 0{,}5 \cdot 17{,}2 + 0{,}6 \cdot 14{,}45 \\ & + 0{,}6 \cdot 11{,}85 + 0{,}7 \cdot 9{,}25 + 0{,}7 \cdot 6{,}65 + 11 \cdot 4{,}05 - 7 \cdot 2{,}65 - 6{,}8 \cdot 6\,, \\ -N_2 \cdot 4{,}0 = {} & +5{,}3 \cdot 19 + 0{,}45 \cdot 19 + 0{,}5 \cdot 16 + 0{,}5 \cdot 13{,}2 + 0{,}6 \cdot 10{,}45 + 0{,}6 \cdot 7{,}85 \\ & + 0{,}7 \cdot 5{,}25 + 0{,}7 \cdot 2{,}65 - 11 \cdot 4{,}05 - 7 \cdot 6{,}65 - 6{,}8 \cdot 10\,. \end{aligned}$$

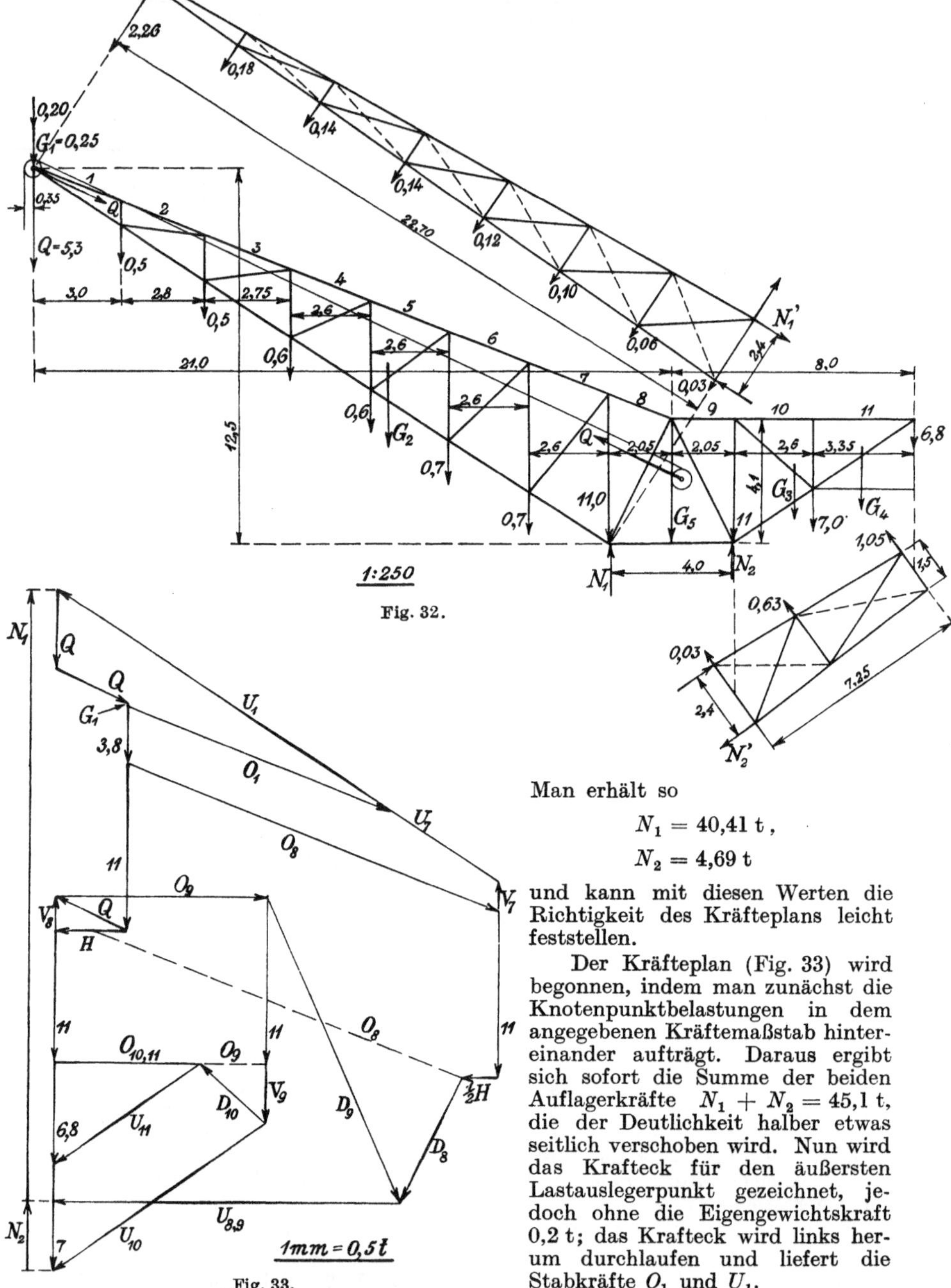

Fig. 32.

Fig. 33.

Man erhält so

$$N_1 = 40{,}41 \text{ t},$$

$$N_2 = 4{,}69 \text{ t}$$

und kann mit diesen Werten die Richtigkeit des Kräfteplans leicht feststellen.

Der Kräfteplan (Fig. 33) wird begonnen, indem man zunächst die Knotenpunktbelastungen in dem angegebenen Kräftemaßstab hintereinander aufträgt. Daraus ergibt sich sofort die Summe der beiden Auflagerkräfte $N_1 + N_2 = 45{,}1$ t, die der Deutlichkeit halber etwas seitlich verschoben wird. Nun wird das Krafteck für den äußersten Lastauslegerpunkt gezeichnet, jedoch ohne die Eigengewichtskraft 0,2 t; das Krafteck wird links herum durchlaufen und liefert die Stabkräfte O_1 und U_1.

Die weitere Aufzeichnung mit den kleinen Eigengewichtskräften würde bei dem gewählten Kräftemaßstab zu ungenau und unklar werden. Deshalb sind sie in Fig. 34 noch einmal im 5fachen Maßstab aufgetragen worden, und die einzelnen Kraftecke ergeben sich dann leicht, wenn beachtet wird, daß in dieser Figur um die Knotenpunkte entgegengesetzt zu der sonst meist üblichen Richtung des Uhrzeigers herumgegangen wird. Die Belastungen hätten in umgekehrter Reihenfolge oben 0,7 t und unten 0,2 t aufgetragen werden müssen, um die gebräuchlichere Anordnung zu ergeben. Die mit O_1 bis O_8 bzw. U_1 bis U_7 bezeichneten Kräfte sind die

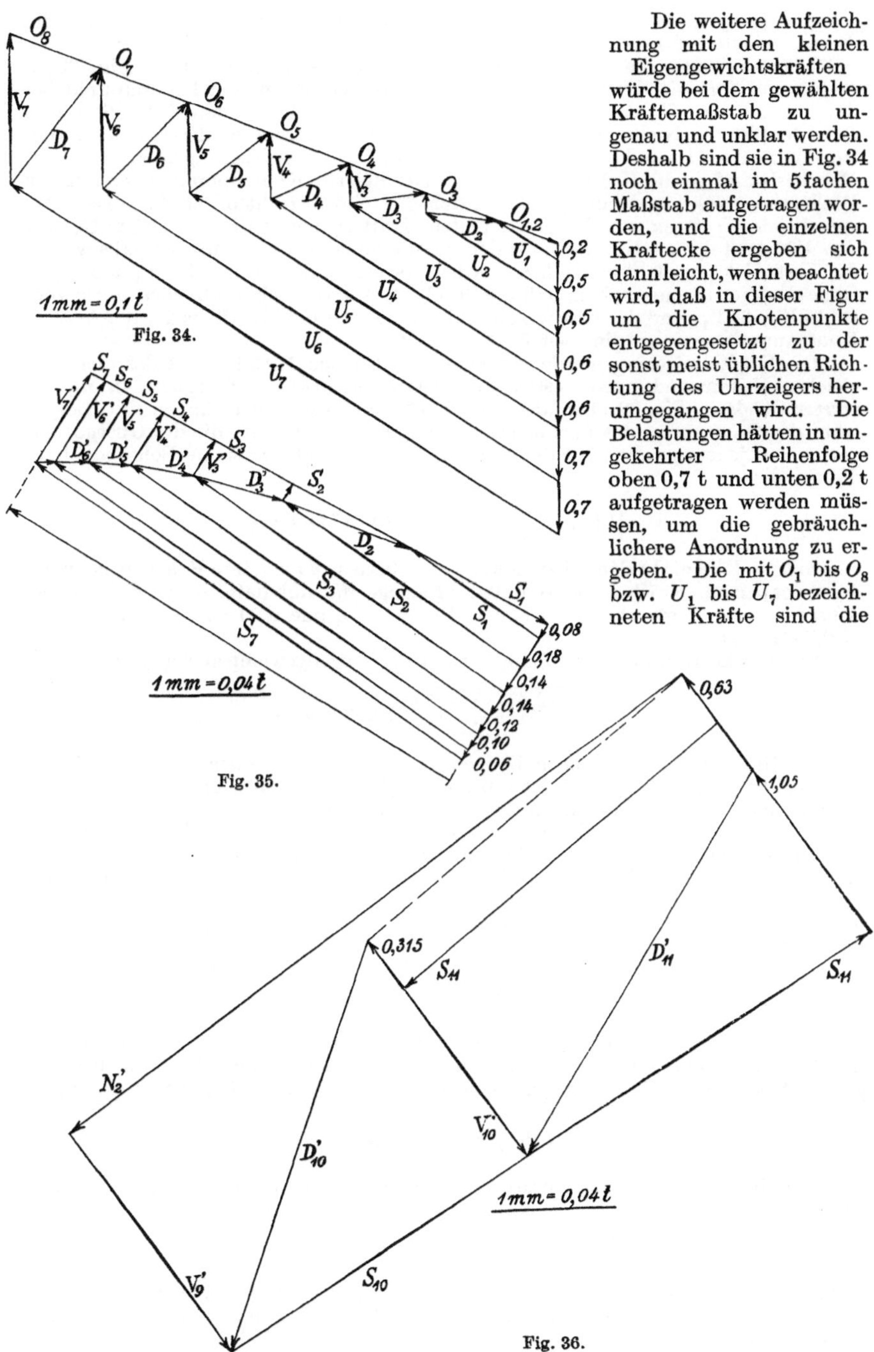

Fig. 34.

Fig. 35.

Fig. 36.

Vergrößerungen, die die in Fig. 33 schon ermittelten O_1 und U_1 durch die Eigengewichte erfahren.

Überträgt man die Vergrößerung U_7 und die Stabkraft V_7 in die Fig. 33, so erhält man dort die Kraft der Schließe O_8. Man geht dann zum Knotenpunkt bei der Auflagerkraft N_1, der noch durch die halbe wagerechte Seitenkraft des Seilzuges Q an der Trommelwelle belastet wird. Um das geschlossene Krafteck zu erhalten, sind die Kräfte 11 t und $\frac{1}{2}H$ parallel zur ursprünglichen Auftragung zu verschieben. Man bestimmt so die Kräfte D_8 und U_8. Der nächste Knotenpunkt, oben auf der Drehachse, wird wagerecht belastet durch $\frac{1}{2}H$ und lotrecht durch V_8. Das entsprechende Krafteck mit der gestrichelten Kraft O_8 liefert die Stabkräfte O_9 und D_9. Für das folgende Krafteck, für den Knotenpunkt bei N_2, muß ebenfalls wieder die Last 11 t parallel verschoben werden; es ergibt die Stabkräfte V_9 und U_{10}. Ohne weiteres ist einzusehen, daß die Stabkraft $V_{10} = 0$ sein muß, ebenso wie vorher in Fig. 34 V_1, und der Kräfteplan schließt sich mit dem Krafteck für den letzten Knotenpunkt, an dem die Last 6,8 t angreift.

Die Kraftermittlung wurde vorgenommen für den Mittelschnitt des aus zwei gleichen Seitenwandungen bestehenden Gerüstes, dessen Untergurte in unverzerrter Größe in Fig. 32 ebenfalls gezeichnet sind. Demgemäß haben die Hauptstäbe des Untergurtes des Lastauslegers und genau genug auch die des Obergurtes, der nur an jedem zweiten Knotenpunkt Querstäbe und gar keine Schrägen hat, die um das

$$\sqrt{1 + \left(\frac{2,4 - 0,2}{2 \cdot 22,7}\right)^2} = 1,0017\,\text{fache}$$

vergrößerte Länge. In demselben Maße vergrößern sich auch ihre Kräfte gegenüber den Angaben der Kräftepläne, so daß der richtige Maßstab dafür nicht, wie bei den Schrägen und Lotrechten, $1\text{ mm} = \frac{1}{2} \cdot 0,5\text{ t}$, sondern $1\text{ mm} = 0,25 \cdot 1,0017 = 0,2504\text{ t}$ ist.

Entsprechend sind die Gurtungslängen des Gegengewichtsauslegers das

$$\sqrt{1 + \left(\frac{2,4 - 1,5}{2 \cdot 7,25}\right)^2} = 1,0022\,\text{fache}$$

der im Mittelschnitt gemessenen Längen, und der Kräftemaßstab dafür ist $1\text{ mm} = \frac{1}{2} \cdot 0,5 \cdot 1,0022 = 0,2505\text{ t}$. Man bemerkt, daß diese Abweichungen um rund $\frac{2}{1000}$ innerhalb der Zeichen- und Aufmeßfehler bleiben.

Die beim Drehen des Kranes auftretenden Trägheitskräfte liefern recht erhebliche Zusatzbeanspruchungen besonders des Untergurtes, so daß sie nicht vernachlässigt werden dürfen. Ihr Einfluß auf die Stabkräfte ist im allgemeinen größer als der der beim Schwenken auftretenden Schleuderkraft, die ungefähr ebenso groß ist wie die Trägheitskraft P beim Anheben. Für die Lastauslegerspitze ist als Drehgeschwindigkeit $v = 2,5$ m/sk zugelassen, entsprechend der Winkelgeschwindigkeit

$$\omega = \frac{v}{r} = \frac{2,5}{21} = 0,19\ 1/\text{sk}\,.$$

Wird vorläufig der Einfachheit halber wieder als Anfahrzeit $t = 1$ sk, allerdings reichlich klein, angenommen — für den Durchschnittsbetrieb wäre wohl bei der großen Ausladung und Last $t = 2,5$ sk richtiger —, so ist die Winkelbeschleunigung

$$\varepsilon = \frac{\omega}{t} = 0,19\ 1/\text{sk}^2\,.$$

Damit ergibt sich als Trägheitskraft eines Gewichtes G kg im Abstand r m von der Drehachse

$$P = G \cdot r \cdot \frac{\varepsilon}{g} = G \cdot r \cdot 0,01938\text{ kg}\,,$$

und man erhält hiernach die an die Untergurte der Ausleger in Fig. 32 herangesetzten Kräfte. Dabei ist mit einem ganz geringen Fehler das gesamte Gewicht G_5 als in der Drehachse wirkend angenommen worden. Diesen Trägheitskräften gegenüber sind die Windkräfte bei arbeitendem Kran ohne Bedeutung. Bei starkem Wind wird eben entsprechend vorsichtiger geschwenkt.

Man könnte jetzt wieder wie bei den Kräfteplänen der Fig. 33 und 34 vorgehen. Das für die Lastauslegerspitze gezeichnete Kräftedreieck wird aber zu ungenau, weil sich die beiden Gurtungskräfte in einem sehr langen Schnitt schneiden. Man berechnet diese Kräfte sicherer und schneller aus dem Verhältnis

$$S_1 : 2,26 = 22,70 \cdot 1,0017 : (2,4 - 0,2)$$

zu $S_1 \backsim 23,4$ t.

Für die kleinen Trägheitskräfte der Eigengewichte an den Auslegern kann man ohne großen Fehler die Aufzeichnung gemäß den Fig. 35 und 36 vornehmen. Die in Fig. 35 ermittelten Gurtungskräfte treten zu der berechneten S_1 hinzu. Die Auflagerkräfte N_1' und N_2' werden zur Kontrolle noch einmal durch Rechnung bestimmt.

Erfolgt die Drehung des Kranes nach der anderen Richtung, so nehmen die in Fig. 32 gestrichelten Schrägen die im übrigen gleichen Zugkräfte auf, und die ausgezogenen bleiben spannungslos.

Die Aufmessung aller berechneten Stabkräfte in den beigesetzten Kräftemaßstäben ergibt schließlich die folgende Zusammenstellung:

Feld	O	U	V	D	V'	D'
1	+18,3 +0,85	−26,7 −0,95 (−0,83 −23,4)	—	—	—	—
2	+18,8 +0,85	−26,7 −2,05 (−1,54 −23,4)	−0,28	+0,85	−0,10	+0,72
3	+18,8 +1,86	−26,7 −3,25 (−2,0 −23,4)	−0,54	+1,02	−0,22	+0,49
4	+18,8 +2,95	−26,7 −4,49 (−5,8 −23,4)	−0,87	+1,12	−0,32	+0,33
5	+18,8 +4,07	−26,7 −5,75 (−6,28 −23,4)	−1,20	+1,31	−0,42	+0,22
6	+18,8 +5,70	−26,7 −7,10 (−6,64 −23,4)	−1,60	+1,60	−0,50	+0,18
7	+18,8 +6,43	−26,7 −8,52 (−6,86 −23,4)	−2,0	+1,95	−0,56	+0,11
8	+26,5 +7,74	−23,0	−2,3	−9,25	—	—
9	+14,1	−23,0	−4,0	+22,2	−1,43	—
10	+9,8	−17,1 (−4,0)	—	+5,97	−1,50	+2,27
11	+9,8	−11,9 (−2,14)	—	—	—	+2,34

Man bemerkt sogleich, daß die in Spalte 3 eingeklammerten Kräfte im Verhältnis viel zu groß sind und richtiger (s. o.) auf $\frac{2}{5}$ verringert werden, ebenso die der beiden letzten Spalten. Wenn man vorher keinen sicheren Anhalt über die vorteilhafte Anfahrzeit beim Schwenken hat, ist das hier geübte Verfahren das bequemste.

Beispiel 13. Anzugeben ist, wie man den Kräfteplan für das Fachwerk der Fig. 37 zu zeichnen hat.

Die Bestimmung der äußeren Kräfte, sowohl der Lasten, von denen der Übersichtlichkeit halber nur die Wind- und Schneekräfte gezeichnet sind, als auch der Auflagerkräfte, erfolgt nach den Angaben von Beispiel 9.

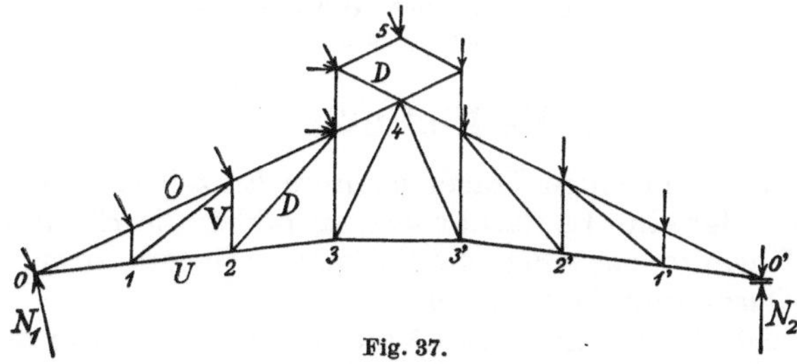

Fig. 37.

Der Kräfteplan ist an einem Knotenpunkt zu beginnen, wo nur zwei Stabkräfte zusammenstoßen, also etwa beim Knotenpunkt 0. Man ermittelt durch das erste Krafteck die beiden Stabkräfte O_1 und U_1. Darauf geht man zum Knotenpunkt 1 *o* über und bestimmt O_2 und V_1, dann zum Knotenpunkt 1 *u*, wo D_2 und U_2 ermittelt werden. Es folgen die Knotenpunkte 2 *o* mit V_2 und O_3, dann 2 *u* mit D_3 und U_3.

Der nächste Knotenpunkt wäre $3o$. Dort sind bekannt D_3 und O_3, unbekannt V_3, O_4, V_5, so daß man hier nicht weiterkommt. Das gleiche gilt für den Knotenpunkt $3u$, wo U_4, D_4, V_3 unbekannt sind. Wohl aber ist eine Lösung möglich für den Firstpunkt 5, wo wieder nur zwei Stabkräfte O_5 und O'_5 zusammentreffen. Man springt also vom Knotenpunkt $2u$ nach 5, geht dann zur linken Traufe der Laterne, wo V_5 und D_5 bestimmt werden, und kann jetzt zu dem Knotenpunkt $3o$ übergehen, wo nur noch O_4 und V_3 unbekannt sind.

Die nächsten Knotenpunkte wären $3u$, Traufe 5', $4'o$, $3'u$, so daß der Kräfteplan jetzt leicht zu Ende gebracht werden kann.

Beispiel 14. Anzugeben ist die Reihenfolge, in der die Stabkräfte des Fachwerkes der Fig. 38 zu bestimmen sind.

Das Fachwerk ist statisch bestimmt, denn mit 1 festen Auflager, 1 beweglichen Auflager und 21 Knotenpunkten hat es 39 Stäbe, so daß die Abzählregel (3) erfüllt ist. Im übrigen ist jeder folgende Knotenpunkt an die vorhergehenden durch 2 neue Stäbe angeschlossen.

Der Übersichtlichkeit halber sind nur die Wind- und Schneekräfte gezeichnet worden.

Man beginnt an dem Knotenpunkt, wo nur zwei Stäbe angreifen, also $0u$, geht dann zu $0o$ über und weiter zu $1u$, $1o$, $2u$, $2o$, $3u$. Bei $3o$ kommt man nicht weiter, weil dort noch D_4, O_4, V_4 unbekannt sind. Der einzige Knotenpunkt, der

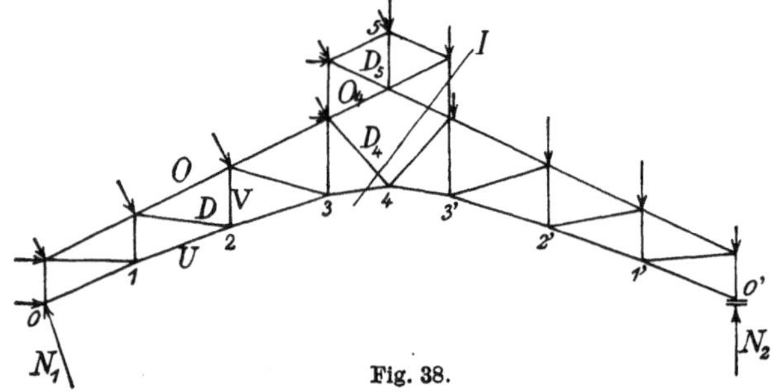

Fig. 38.

außer $0u$ nur zwei Stäbe enthält, ist $0'u$ am rechten beweglichen Auflager. Fängt man jetzt dort an, so kommt man bis $3'o$ und sitzt dann wieder fest.

Man muß also den Schnitt I legen, der die Bekannte U_4 schneidet, die Unbekannte D_4 und die beiden Unbekannten O'_4 und D'_5. In bezug auf ihren Schnittpunkt, den Knotenpunkt $3'o$ wird die Momentengleichung angesetzt, die D_4 rechnerisch ergibt. Man bemerkt sofort an der Fig. 38, daß es bequem ist, die Momentengleichung für den rechten abgeschnittenen Teil des Fachwerkes aufzustellen.

Hiermit ist der Kräfteplan leicht zu Ende zu zeichnen.

5. Die Einflußlinien.

Bewegen sich über einen Träger mehrere Einzellasten, wie etwa ein Eisenbahnzug oder eine Laufkrankatze, so bilden die Einflußlinien das bequemste Hilfsmittel zur Berechnung von Auflagerkräften, Biegungsmomenten, Quer- und Stabkräften.

Befindet sich die Einzellast 1 t auf einem Träger von der Länge l zwischen den beiden Stützen im Abstande x von der einen Stütze, so ist bekanntlich die andere Stützkraft

$$N_1 = 1 \cdot \frac{x}{l}.$$

Sie hat also bei Stellung der Last über dem Auflager 1 (Fig. 39) den Wert 1 und bei Stellung der Last über dem Auflager 2 den Wert 0; zwischen diesen beiden Endwerten ändert sich die Größe von N_1 nach einer geraden Linie.

Dasselbe gilt für die Auflagerkraft N_2 am anderen Trägerende. Man nennt die beiden geneigten Geraden der mittleren Fig. 39 die Einflußlinien[13]) für die Auflagerkräfte.

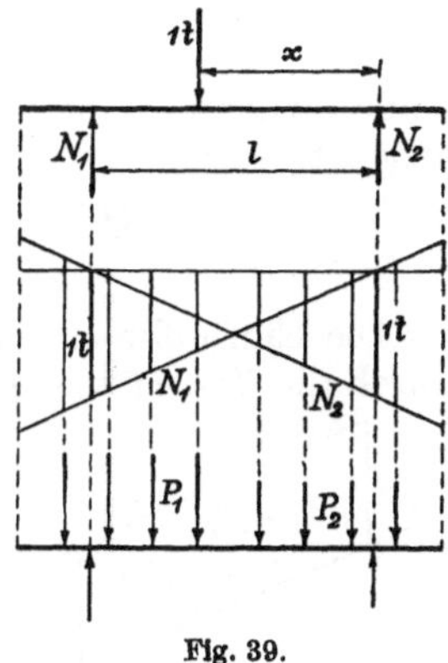

Fig. 39.

Stehen nun je 4 Lasten von der Größe P_1 bzw. P_2 in gegebenen Abständen auf dem Träger, so hat man nur die vier ersten Abschnitte zwischen der Einflußlinie und der geraden Achse mit dem Zirkel zu addieren, und ihre Summe mit P_1 zu multiplizieren; ebenso sind die vier anderen Abschnitte zwischen der Einflußlinie und der Achse zu addieren und ihre Summe mit P_2 zu multiplizieren. Dabei sind die Abschnitte oberhalb der Achse als negativ anzusetzen. Die Summe beider Ergebnisse liefert dann die Auflagerkraft.

Das Biegungsmoment an einer bestimmten Stelle A eines auf zwei Stützen liegenden Trägers (Fig. 40) ist am größten, wenn die Belastung sich an der betreffenden Stelle befindet. Es hat dann bei der Last 1 t den Wert

$$M_{\max} = 1 \cdot \frac{a_1 \cdot a_2}{l}.$$

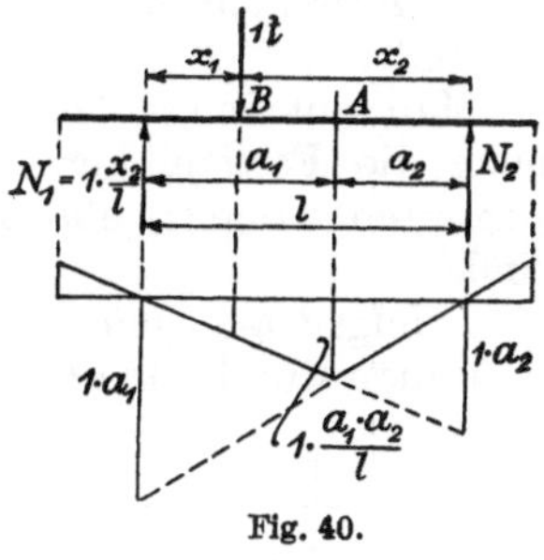

Fig. 40.

Bei irgendeiner anderen Stellung der Last, etwa an der Stelle B der Fig. 40, ergibt sich das Biegungsmoment an der Stelle A zu

$$M = 1 \cdot \frac{x_2}{l} \cdot a_1 - 1 \cdot (x_2 - a_2) = 1 \cdot \frac{a_2 \cdot x_1}{l}.$$

Hierin ist also gegenüber $M_{\max}$ die Strecke a_1 durch x_1 ersetzt worden.

Somit erhält man das an der Stelle A von der irgendwo (etwa bei B) auf dem Träger stehenden Last 1 t hervorgerufene Biegungsmoment als den Abschnitt unterhalb der Laststelle B zwischen der Achse und der geraden Einflußlinie des unteren Teiles der Fig. 40. Bei mehreren Lasten P ist entsprechend wie oben bei der Bestimmung der Auflagerkräfte zu verfahren. Gezeichnet werden diese Einflußlinien durch Auftragen der Strecken $1 \cdot a_1$ bzw. $1 \cdot a_2$ unter den Auflagern in dem gewählten Kräftemaßstab.

Die Querkraft an der Stelle A beträgt nach Fig. 40

$$Q = -1 \cdot \frac{x_2}{l} + 1 = +1 \cdot \frac{x_1}{l}.$$

[13]) Weyrauch, Allgemeine Theorie und Berechnung der kontinuierlichen und einfachen Träger, 1873; Fränkel, Civiling. 1876.

Sie erhält den größten Wert für $x_1 = a_1$:

$$Q_{\max} = +1 \cdot \frac{a_1}{l}.$$

Entsprechend ergibt sich, wenn man von der anderen Seite des Trägers ausgeht,

$$Q = -1 \cdot \frac{x_2}{l} \quad \text{und} \quad Q_{\max} = -1 \cdot \frac{a_2}{l}.$$

Die Einflußlinien für die Querkraft an der Stelle A werden demnach durch die Fig. 41 wiedergegeben. Sie werden am einfachsten durch Auftragen der Strecken 1 t an den Auflagerstellen gezeichnet. Der Einfluß der Lasten auf die Querkraft ändert an der Bezugsstelle sprungweise das Vorzeichen.

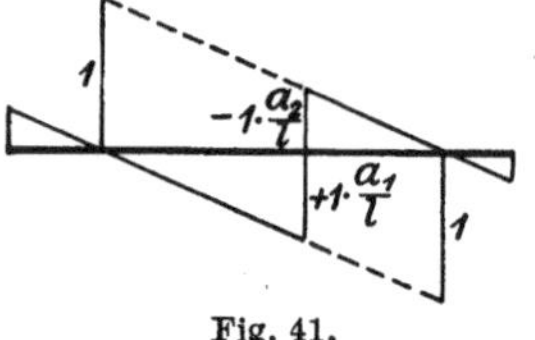

Fig. 41.

Eine gleichmäßig verteilte Belastung kann als dichte Folge der gleichen Einzellast aufgefaßt werden. Demnach ergibt sich der Einfluß einer solchen Belastung von der Größe q kg/m als das $q$fache des Flächeninhaltes des zugehörigen Teiles der Einflußfläche, wie es die Fig. 42 für den durch die skizzierte Belastung hervorgerufenen Anteil der Auflagerkraft N_1 darstellt.

Man entnimmt den vorstehenden Figuren noch die Feststellung, daß bei statisch bestimmten Trägern alle Einflußlinien Gerade sind.

Infolgedessen müssen die gezeichneten Einflußlinien durch eine Gerade abgeschrägt werden, wenn die Lasten vermittels Querträger auf den Hauptträger übertragen werden, da die gerade Einflußlinie des kurzen Längsträgers, der die Last zwischen zwei Querträgern trägt, durch die betreffenden Punkte der Einflußlinie des Hauptträgers gehen muß. Für das Biegungsmoment im Punkte A der Fig. 43 entsteht so die daruntergezeichnete Einflußlinie, entsprechend für die Querkraft der unterste Linienzug.

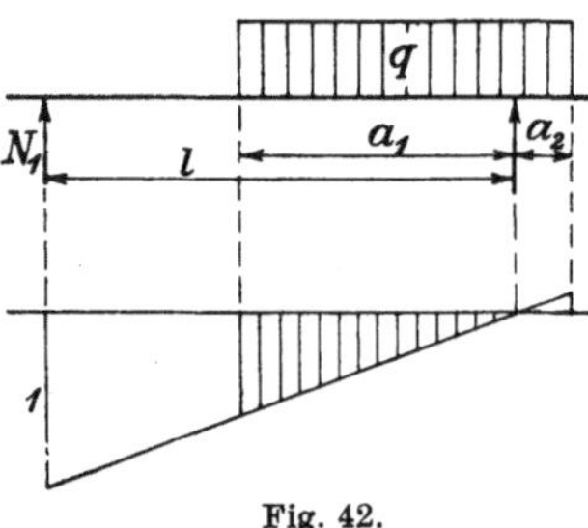

Fig. 42.

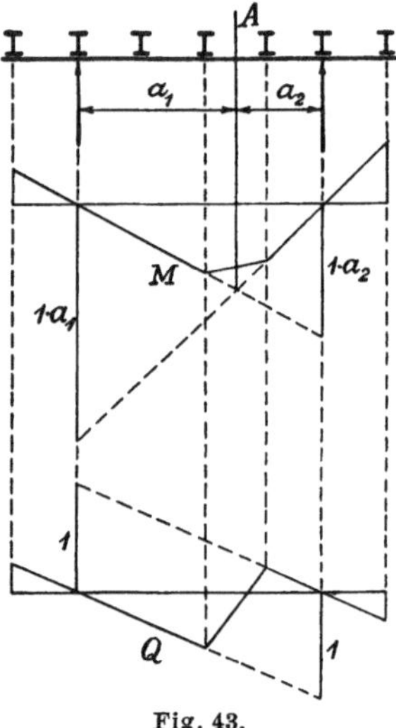

Fig. 43.

Bei an einem Ende eingespannten Freiträgern, wie etwa den Kragarmen der in den vorhergehenden Figuren dargestellten Träger, ist die Einflußlinie für das Biegungsmoment durch die unter den Träger der Fig. 44 gesetzte Schräge gegeben, denn das Biegungsmoment an der Stelle A unter der Last 1 t beträgt je $M = 1 \cdot x$. Für die Querkraft gilt die Parallele zur Bezugsachse. Wird die Last wieder durch Querträger auf den Hauptträger übertragen, so erhält man die Linienzüge der Fig. 45 mit ihren Abschrägungen.

Beim Parallelträger werden die Stabspannkräfte nach den in Beispiel 5 gegebenen Formeln erhalten, indem man die Biegungsmomente

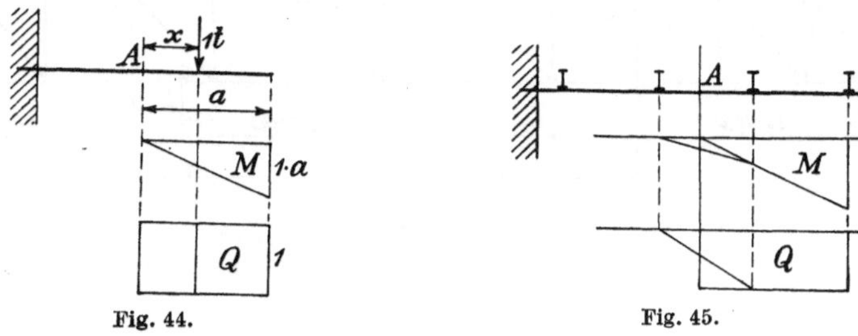

Fig. 44. Fig. 45.

M bzw. Querkräfte Q mit einem bestimmten Faktor multipliziert oder dadurch dividiert. Da der Faktor bei gleichbleibender Feldteilung auch für die Schrägen unveränderlich ist, so kann man von vornherein die Lastgröße 1 t, mit der die Einflußlinien in einem bestimmten Kräftemaßstab gezeichnet werden, mit diesem Faktor multiplizieren bzw. dividieren und erhält dadurch sogleich die Einflußlinie für die betreffende Stabkraft.

Zu beachten ist bei den Einflußlinien für die Schrägen, daß diese die Querkraft von dem einen Knotenpunkt nach dem anderen übertragen, also gewissermaßen als Zwischenträger gelten. Infolgedessen ist die Einflußlinie für die Schrägenkraft in dem mit t bezeichneten Feld des Parallelträgers der Fig. 46 durch den daruntergesetzten Linienzug ge-

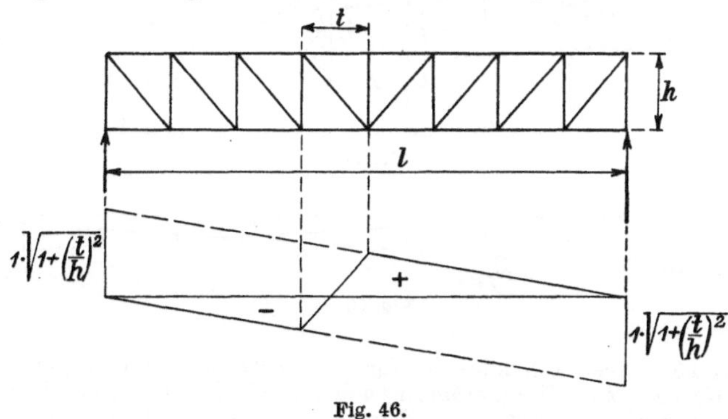

Fig. 46.

geben. Das Schnittverfahren lehrt sofort: Lasten, die auf der Seite des dem Schnitt der Abschrägung mit der Bezugsachse näheren Auflagers stehen, liefern eine Druckbeanspruchung in der nach der Mitte fallenden Schrägen, dagegen solche, die auf der anderen Seite stehen, eine Zugbeanspruchung. Bei nach der Mitte steigenden Schrägen gilt das Umgekehrte (S. 10). Lasten, die hinter der Stütze auf einer Auskragung des Trägers stehen, liefern wieder die umgekehrte Beanspruchung (vgl. Fig. 43).

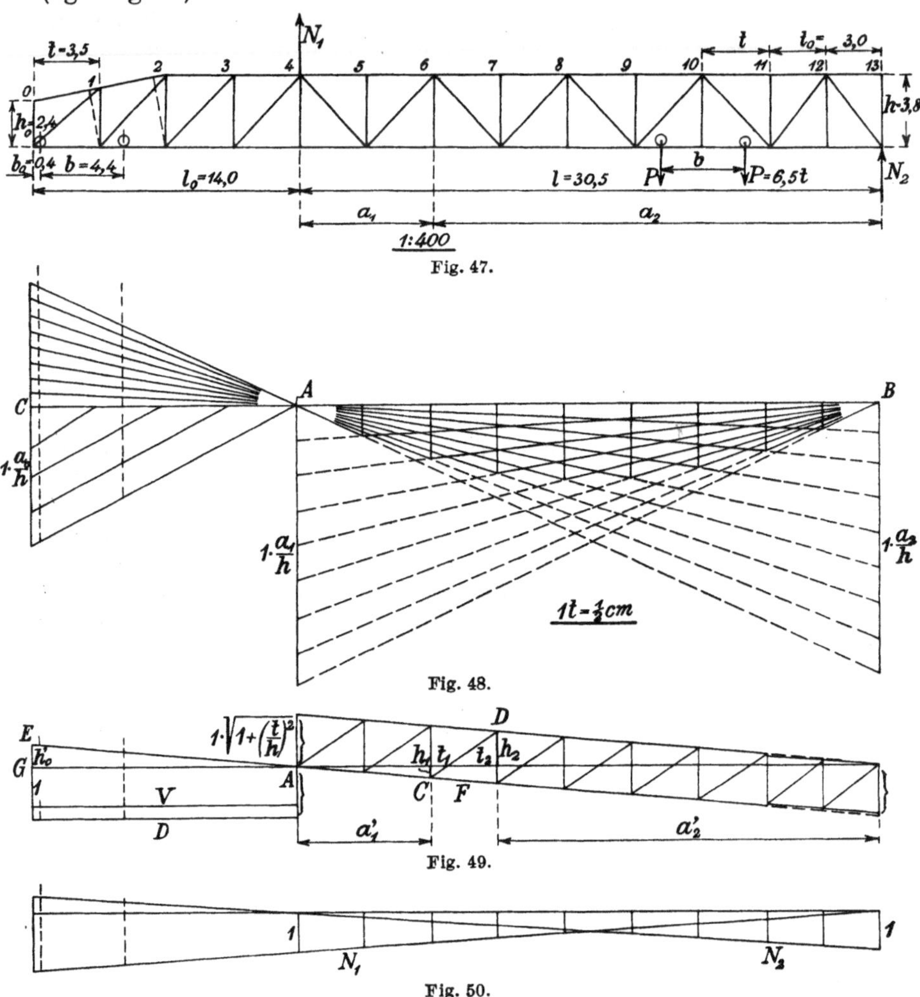

Fig. 47.

Fig. 48.

Fig. 49.

Fig. 50.

Beispiel 15. Eine Verladebrücke für die Nutzlast 7,5 t in Form von Walzträgern besteht aus zwei Hauptträgern nach Fig. 47, die bei N_1 an einem weiten, verfahrbaren Portal angehängt sind und bei N_2 von einer verfahrbaren Flachstütze gestützt werden[14]). Das Eigengewicht eines Trägers einschließlich der Schienen, des halben Windverbandes, der halben Schienenquerträger, die unter den unteren Knotenpunkten angebracht sind, Bedienungsgang usw., wird reichlich hoch auf

[14]) Michenfelder, Kran- und Transportanlagen für Hütten-, Hafen-, Werft- und Werkstattbetriebe, 1912.

$q = 0{,}35$ t/m geschätzt. Die 4 Raddrücke der Laufkatze betragen je $P = 6{,}5$ t. Anzugeben sind die Spannkräfte in allen Stäben des Fachwerkes und ihre Abmessungen.

Die Berechnung wird getrennt für den Ausleger von der Länge $l_0 = 14{,}0$ m und den Hauptteil von der Länge $l = 30{,}5$ m durchgeführt, ebenso für die Gurtungen und die Füllungsglieder. Es ergeben sich so die Zusammenstellungen 1 bis 4, worin die Knotenpunktabstände bezeichnet werden:

a_0 am Ausleger vom freien Ende gemessen,
a_1 im Hauptteil vom Auflager 1 gemessen,
a_2 im Hauptteil vom Auflager 2 gemessen.

Für die Zusammenstellung 1 berechnet man zuerst die Endhöhen der Einflußlinien $1 \cdot \frac{a_0}{h}$ (Zeile 2), trägt sie unter dem freien Ende von einer wagerechten Achse aus im Maßstab 1 t = 1 cm ab und verbindet die Endpunkte mit den zugehörigen Knotenpunktprojektionen auf der Achse AC (Fig. 48 links unten). Die Abweichung der gestrichelten Hebelarme h' der äußersten Obergurtstäbe von den Lotrechten h ist hier so gering, daß sie außer acht bleiben kann. Dann werden die Höhen der Einflußlinien für die äußerste in Fig. 47 eingezeichnete Laststellung abgegriffen oder sicherer berechnet (Zeile 3 und 4) und addiert (Zeile 6), ebenso die Inhalte der ganzen Einflußdreiecke (Zeile 5). Die Summen sind mit dem Zahlenwert P der Raddrücke zu multiplizieren (Zeile 7), die Flächeninhalte mit dem Zahlenwert q des Eigengewichtes (Zeile 8). Die Ergebnisse sind wieder zu addieren (Zeile 9), womit die Höchstwerte der Gurtungskräfte erhalten sind. Den erforderlichen Mindestquerschnitt erhält man durch Division mit der zulässigen Beanspruchung $\sigma = 1{,}200$ t/cm² (Zeile 10), das nötige Trägheitsmoment der Untergurtstäbe zu

$$J_{\min} = \frac{U \cdot \mathfrak{S} \cdot \alpha \cdot t^2}{\pi^2} = \frac{U \cdot 1000 \cdot 4 \cdot 3{,}5^2 \cdot 100^2}{\pi^2 \cdot 2\,100\,000} = 23{,}64\, U\,.$$

Die Profiltafel liefert dann die in den Zeilen 12 und 13 angegebenen Querschnitte.

1. Die Gurtungen des Auslegers.

Zeile	Knotenpunkt	1	2	3	4
2	$1 \cdot \frac{a_0}{h}$	1,129	1,842	2,763	3,685 t
3	$1 \cdot \frac{a_0}{h_0} \cdot \frac{a_0 - b_0}{a_0}$	1,00	1,737	2,657	3,581 t
4	$1 \cdot \frac{a_0}{h_0} \cdot \frac{a_0 - b_0 - b}{a_0}$	—	0,579	1,498	2,420 t
5	$1 \cdot \frac{a_0}{h_0} \cdot \frac{a_0}{2}$	1,975	6,446	14,500	25,795 mt
6	$\sum$ Zeilen 3 und 4	1,00	2,316	4,155	6,001 t
7	$P \cdot$ Zeile 6	6,50	15,05	27,01	39,01 t
8	$q \cdot$ Zeile 5	0,69	2,25	5,08	9,02 t
9	$\sum$ Zeilen 7 und 8	7,19	17,30	32,09	48,03 t
10	$F_{\min}$	5,99	14,41	26,74	40,02 cm²
11	$J_{\min}$	169	419	758	1135 cm⁴
12	Form U J F G	⅃L 11 · 11 · 1,2 560 50,2 39,4		⅃L 11 · 11 · 1,2 25 · 1,0 784 75,2 59,0	1 · 20 ⅃L 11 · 11 · 1,2 cm 25 · 1,0 2442 cm⁴ 95,2 cm² 74,8 kg/m
13	Form O F, F_0 G	ℸΓ 9 · 9 · 0,9 31,0/27,4 24,3			22 · 1 ℸΓ 9 · 9 · 0,9 cm 53,0/45,4 cm² 41,6 kg/m

2. Die Gurtungen des Hauptteiles.

Zeile	Knotenpunkt	5	6	7	8	9	10	11	12	Formel	Zeile
2	$1 \cdot \frac{a_1}{h}$	0,921	1,842	2,763	3,684	4,605	5,526	6,447	7,237	$1 \cdot \frac{a_1}{h}$	2
3	$1 \cdot \frac{a_2}{h}$	7,104	6,184	5,261	4,345	3,423	2,500	1,579	0,790	$1 \cdot \frac{a_2}{h}$	3
4	$1 \cdot \frac{a_2}{h} \cdot \frac{l_0}{l}$	3,263	2,839	2,416	1,995	1,572	1,148	0,725	0,363	$1 \cdot \frac{a_2}{h} \cdot \frac{l_0}{l}$	4
5	$1 \cdot \frac{a_2}{h} \cdot \frac{l_0}{l} \cdot \frac{l_0 - b_0}{l_0}$	3,170	2,758	2,346 1,809	1,992	1,961	1,720	1,267	0,711	$1 \cdot \frac{a_2}{h} \cdot \frac{a_1}{h} \cdot \frac{h}{l}$	5
6	$1 \cdot \frac{a_2}{h} \cdot \frac{l_0}{l} \cdot \frac{l_0 - b_0 - b}{l_0}$	2,143	1,865	1,587 1,411	1,460	1,468	1,360	1,040	0,597	$1 \cdot \frac{a_2}{h} \cdot \frac{a_1}{h} \cdot \frac{h}{l} \cdot \frac{a-b}{a}$	6
7	$1 \cdot \frac{a_2}{h} \cdot \frac{l_0}{l} \cdot \frac{l_0}{2}$	22,841	19,873	16,912	13,965	11,004	8,036	5,075	2,541	$1 \cdot \frac{a_2}{h} \cdot \frac{l_0}{l} \cdot \frac{l_0}{2}$	7
8	$1 \cdot \frac{a_1}{h} \cdot \frac{a_2}{h} \cdot \frac{h}{2} \cdot \frac{l}{2}$	12,382	21,556	27,497	30,278	29,807	26,144	19,258	10,707	$1 \cdot \frac{a_2}{h} \cdot \frac{a_1}{h} \cdot \frac{h}{2}$	8
9	$\sum$ Zeilen 5 und 6	−5,313	−4,623	−3,933 +3,220	+ 3,452	+ 3,429	+ 3,080	+ 2,307	+ 1,308	$\sum$ Zeilen 5, 6	9
10	Δ Zeilen 8—7	−10,459	+1,683	+10,585	+16,313	+18,803	+18,108	+14,183	+ 8,166	Δ Zeilen 8, 7	10
11	P · Zeile 9	−34,54	−30,05	−25,57 +20,93	+22,45	+22,29	+20,02	+14,98	+ 8,50	P · Zeile 9	11
12	q · Zeile 10	− 3,66	+ 0,60	+ 3,71 + 3,71	+ 5,72	+ 6,58	+ 6,34	+ 4,97	+ 2,86	q · Zeile 10	12
13	$\sum$ Zeilen 11 und 12	−38,20	−29,45	−21,86 +24,64	+28,17	+28,87	+26,36	+19,95	+11,36	O, U t	13
14	F_{min}	31,64	24,54	— 20,53	23,47	24,06	21,96	16,62	9,47	F_{min} cm²	14
15	J_{min}		672,5	— 582,5		682,0		346,5		J_{min} cm⁴	15
16	U Form J F, F_0 G	wie Feld 4	⅃L 11 · 11 · 1,2 25 · 1,0 784 75,2/65,1 59,0		⅃L 9 · 9 · 0,9 (Felder 7—12) — 31,0/27,4 24,3					U cm cm⁴ cm² kg/m	16
17	O Form J F, F_0 G	⅂Γ 11 · 11 · 1,2 (Felder 5—6) — 50,2/44,7 39,4		⅂Γ 25 · 1,0 11 · 11 · 1,2 (Felder 7—10) 784 75,2/65,1 59,0				⅂Γ 11 · 11 · 1,2 (Felder 11—12) 560 50,2/44,7 39,4		O cm cm⁴ cm² kg/m	17

Entsprechend werden in der Zusammenstellung 2 zuerst die Strecken $1 \cdot \frac{a_1}{h}$ bzw. $1 \cdot \frac{a_2}{h}$ berechnet (Zeile 2 und 3) und senkrecht unter den Auflagerstellen aufgetragen. Damit lassen sich die Einflußlinien für die Gurtungskräfte des Hauptteiles zeichnen (Fig. 48 rechts und links oben). Mit Vorteil bestimmt man zunächst die Höhen der Einflußlinien über dem Kragträgerende (Zeile 4). Für die Knotenpunkte 5, 6, 7 ergeben sich die größeren Einflüsse, wenn die Laufkatze bis an das Kragträgerende vorgefahren ist; ihre Einflüsse enthalten die drei ersten Spalten der Zeilen 5 und 6. Für die anderen Knotenpunkte erhält man größere Einflüsse, wenn der eine Raddruck auf dem betreffenden Knotenpunkt über der Spitze des zugehörigen Einflußdruckes steht und der andere Raddruck daneben auf dem längeren Teil des Einflußdreiecks, der nur für die Knotenpunkte 7 und 8 nach der Stütze N_2 hin liegt, für die übrigen auf der Seite der Stütze N_1. Damit ergeben sich die weiteren Spalten der Zeilen 5 und 6, für die die zugehörigen Formeln rechts an die Zusammenstellung gesetzt sind. Die Zeile 7 enthält dann die Flächeninhalte der Einflußdreiecke über dem Kragträger und die Zeile 8 die über dem Hauptträger. In Zeile 9 sind dann die Einflüsse der beiden Raddrücke durch Addition der Zeilen 5 und 6 zusammengefaßt, wobei die Einflüsse der Kragträgerbelastung als negativ gerechnet werden. In Zeile 10 sind die Einflüsse der Eigenlasten durch Subtraktion der Zeile 7 von Zeile 8 zusammengefaßt. Die ersteren sind mit dem Zahlenwert der Last P zu multiplizieren (Zeile 11), die letzteren mit dem der Eigenlast q (Zeile 12). Die Summe dieser beiden Zeilen 11 und 12 liefert schließlich die größte Gurtungskraft (Zeile 13). Um volle Klarheit zu schaffen, ist die Berechnung für den Knotenpunkt 7 sowohl für die Kragbelastung als auch für die zwischen den Stützen befindliche ungünstigste Laststellung durchgeführt worden; wie die Zeile 13 zeigt, mit Recht. Durch Division mit $\sigma = 1{,}200\ \text{t/cm}^2$ erhält man den erforderlichen Mindestquerschnitt (Zeile 14). Das nötige Trägheitsmoment wird wieder mit derselben Formel wie beim Kragträger bestimmt, abgesehen vom Obergurtstab in Feld 11, wo der kleineren Feldteilung wegen mit dem Faktor $23{,}64 \cdot \left(\frac{3{,}0}{3{,}5}\right)^2 = 17{,}36$ zu rechnen ist. Nur die in Zeile 15 hingesetzten Trägheitsmomente kommen für die Berechnung der Knickstäbe in Betracht. Der Untergurt des Feldes 5 ist ebenso auszuführen wie der des Feldes 4.

Für die Füllungsglieder des Kragarmes gelten die Einflußlinien des linken unteren Teiles der Fig. 49. Der Faktor $\sqrt{1 + \left(\frac{t}{h}\right)^2}$ für die Spannkräfte in den Schrägen beträgt im ersten Feld 1,507, in den übrigen 1,360. Damit ergeben sich leicht die ersten Zeilen der Zusammenstellung 3. Die Mindestquerschnitte werden durch Division mit $\sigma = 1{,}200\ \text{t/cm}^2$ bestimmt, die Mindestträgheitsmomente der Lotrechten aus

$$J_V = \frac{\mathfrak{S} \cdot V \cdot h^2 \cdot \alpha}{\pi^2} = \frac{4 \cdot V \cdot 1000 \cdot (3{,}1^2 \text{ bzw. } 3{,}8^2) \cdot 100^2}{\pi^2 \cdot 2100000} = (18{,}52 \text{ bzw. } 27{,}87) \cdot V.$$

Damit liefern die Profiltafeln die Zeilen 8 und 9.

Im Hauptträger haben die Lotrechten der geradzahligen Knotenpunkte nur den Zweck, die Schienenträger noch einmal in der Mitte zu fassen. Sie erfahren die größte Beanspruchung, wenn eine Radlast gerade unter der Lotrechten steht, durch die Kraft $+V = P + q \cdot t = 7{,}78$ t, brauchen also den Mindestquerschnitt $F = \frac{7780}{1200} = 6{,}48\ \text{cm}^2$. Dem entspricht der Querschnitt][$7 \cdot 0{,}8$ mit $F = 11{,}2\ \text{cm}^2$, $F_0 = 8{,}0\ \text{cm}^2$, $G = 8{,}8$ kg/m; gebraucht werden zum Anschluß 2 Niete von $d = 2{,}0$ cm Dmr. Die Lotrechten in den ungeradzahligen Knotenpunkten sind knickfest zu machen, damit sie die Ausbiegung der gedrückten Obergurtstäbe verhindern. Man wählt dafür zweckmäßig den Querschnitt ┐┌ $7 \cdot 7 \cdot 0{,}7$ mit $J = 84{,}8\ \text{cm}^4$, $F = 18{,}8\ \text{cm}^2$, $G = 14{,}8$ kg/m, der mit je 2 Nieten von $d = 2{,}0$ cm Dmr. angeschlossen wird.

3. Die Füllungsglieder des Auslegers.

Zeile	Knotenpunkt i:	1	2	3	4
2	P	6,5	13,0	13,0	13,0 t
3	$i \cdot q \cdot t$	1,225	2,450	3,675	4,90 t
4	V	− 7,78	−15,45	−16,68	−17,90 t
5	D	+11,72	+21,00	+22,68	+24,35 t
6	F_V	6,48	12,88	13,90	14,92 cm²
7	F_D	9,76	17,50	18,90	20,30 cm²
8	J_V	144	430,5	465	499 cm⁴
9	V Form	┐┌ 9·9·0,9	┐┌ 11 · 11 · 1,2 (2–4)		cm
	J	232	560		cm⁴
	F	31,0	50,2		cm²
	G	24,3	39,4		kg/m
	Nietzahl (2 cm Dmr.)	2	4		
10	D Form	‖ 9 · 09	‖ 11 · 1,2 (2–4)		cm
	F, F_0	16,2/12,6	26,4/21,6		cm²
	G	12,7	20,7		kg/m
	Nietzahl (2 cm Dmr.)	3	5		

Für die Einflußlinie der Schrägen im Feld 6 ergibt sich der Linienzug $EACDB$ der Fig. 49. Für die anderen Schrägen gelten entsprechende Linienzüge, die in Fig. 49 übereinandergezeichnet sind: Man bestimmt zuerst für das letzte Feld 13 den bei B angetragenen Wert

$$h_2 = 1 \cdot \sqrt{1 + \left(\frac{t}{h}\right)^2} = 1 \cdot 1{,}360 \text{ in t}$$

und erhält damit für die anderen Felder

$$h_1 = 1 \cdot 1{,}360 \cdot \frac{a_1'}{l} \quad \text{bzw.} \quad h_2 = 1 \cdot 1{,}360 \cdot \frac{a_2'}{l} \text{ in } t$$

(Zeile 2 und 3 der Zusammenstellung 4). Für die beiden letzten Felder am rechten Auflager sind die betreffenden Werte im Verhältnis $\sqrt{\frac{1 + (t_0 : h)^2}{1 + (t : h)^2}} = 0{,}937$ zu verkleinern. Die von der Geraden CD auf der Achse gebildeten Abschnitte ergeben sich dann beispielsweise für Feld 6 zu

$$t_1 = t \cdot \frac{a_1'}{a_2' + a_1'} \quad \text{und} \quad t_2 = t \cdot \frac{a_2'}{a_2' + a_1'}$$

und entsprechend für die anderen Felder gemäß Zeile 4 und 5.

Der Einfluß des Eigengewichtes setzt sich aus den Dreiecksflächen zusammen

$$F_1 = ACF = \frac{1}{2} \cdot h_1 \cdot (a_1' + t_1),$$

$$F_2 = FDB = \frac{1}{2} \cdot h_2 \cdot (a_2' + t_2),$$

$$F_3 = AGE = \frac{1}{2} \cdot l_0 \cdot 1 \cdot \sqrt{1 + \left(\frac{t}{h}\right)^2} \cdot \frac{l_0}{l} = \frac{14^2 \cdot 1{,}360}{2 \cdot 30{,}5} = 4{,}371 \text{ in mt},$$

was für die beiden letzten Schrägen auf das 0,937fache zu verkleinern ist (Zeile 8). Die ersten beiden Beträge enthalten die Zeilen 6 und 7. Für die nach der Mitte steigenden Schrägen gilt nun auf der Seite der Auflagerkraft N_1:

$$\Delta F = +F_1 - F_2 - F_3;$$

4. Die Schrägen des Hauptteiles.

Zeile	Knotenpunkt	4		5		6		7		8		9		10		11		12		13	
2	h_1	0		0,156		0,312		0,468		0,624		0,780		0,936		1,093		1,150		1,275	t
3	h_2	1,360		1,204		1,048		0,892		0,736		0,580		0,424		0,268		0,125		0	t
4	t_1		0		0,454		0,907		1,360		1,814		2,267		2,270		2,673		3,00		m
5	t_2		3,50		3,046		2,593		2,140		1,686		1,233		0,780		0,327		0		m
6	F_1		0		0,380		1,226		2,778		4,935		7,712		11,100		14,850		19,450		mt
7	F_2		20,740		13,915		10,070		6,860		4,260		2,275		0,908		0,208		0		mt
8	F_3		4,371		4,371		4,371		4,371		4,371		4,371		4,371		4,094		4,094		mt
9	ΔF		+25,111		−17,978		+13,215		− 8,453		+3,696		+1,066		−5,821		+10,538		−15,356		mt
10	$h_1 \cdot \frac{a_1' - b}{a_1'}$		− 0,196		− 0,127		+ 0,272		0,428		0,584		0,740		0,896		1,026		1,092		t
11	$h_2 \cdot \frac{a_2' - b}{a_2'}$		+ 1,139		+ 0,978		0,818		0,696		0,540		0,384		0,228		0,063		—		t
12	$\sum$ Zeil. 2 u. 10		− 0,196		+ 0,029		0,584		0,896		1,208		1,520		1,832		2,119		2,242		t
13	$\sum$ Zeil. 3 u. 11		+ 2,343		2,026		1,910		1,432		1,120		0,808		0,496		0,188		—		t
14	$h_0' + h_0''$		+ 1,016		1,016		1,016		1,016		1,016		1,016		1,016		0,952		0,952		t
15	P · Zeile 12		+ 1,274		+ 0,188		− 3,796		+ 5,824		− 7,852		+ 9,880		−11,908		+13,774		−14,573		t
16	P · Zeile 13		+15,230		−13,169		+12,415		− 9,308		+ 7,280		− 5,252		+ 3,224		−12,220		—		t
17	P · Zeile 14		+ 6,604		− 6,604		+ 6,604		− 6,604		+ 6,604		− 6,604		+ 6,604		− 6,188		+ 6 188		t
18	q · Zeile 9		+ 8,789		− 6,292		+ 4,625		− 2,959		+ 1,294		+ 0,370		− 2,037		+ 3,688		− 5,375		t
	D																				
19	Last links		+10,06		− 6,10		+ 0,83		+ 2,87		− 6,56		+10,25		−13,95		+17,46		−19,95		t
20	Last rechts		+24,02		−19,46		+19,02		−12,27		+ 8,57		− 4,88		+ 1,19		− 8,53		− 5,38		t
21	Last außen		+15,39		−12,90		+11,23		− 9,56		+ 7,90		− 6,23		+ 4,57		− 2,50		+ 0,81		t
22	F_{min}		20,01		16,22		15,85		10,23		7,14		8,54		11,62		14,55		16,62		cm²
23	J_{min}		—		851		—		536		286,5		272		609,5		240,5		562,5		cm⁴
24	Form		‖ 11·1,2		⌉⌈ 13·13·1,2		‖ 10·1		⌉⌈ 11·11·1,2		⌉⌈ 10·10·1		⌉⌈ 9·9·1,1		⌉⌈ 12·12·1,1		⌉⌈ 9·9·1,1		⌉⌈ 11·11·1,2		cm
25	F		26,4		60,0		20,0		50,2		38,4		37,4		50,8		37,4		50,2		cm²
26	F_0		21,6		55,2		16,0		45,4		34,4		33,0		46,4		33,0		45,4		cm²
27	J		—		944		—		560		354		276		682		276		560		cm⁴
28	G		20,7		47,1		15,7		39,4		30,1		29,4		39,9		29,4		39,4		kg/m
29	Nietzahl (2 cm Dmr)		6		5		4		4		3		3		4		5		5		

für die nach der Mitte fallenden auf derselben Seite ist

$$\Delta F = -F_2 + F_2 + F_3.$$

Auf der Seite der Auflagerkraft N_2 kehren sich die Vorzeichen um (Zeile 9).

Da die Beanspruchung der Schrägen wechselt, je nachdem die Lasten auf der einen oder anderen Seite des betreffenden Feldes stehen, und die Stellung der Lasten am freien Ende des Kragträgers noch besonders berücksichtigt werden muß, so sind die betreffenden Untersuchungen dreimal durchzuführen. Am größten wird die Beanspruchung, wenn ein Raddruck auf der Spitze C oder D der Einflußliniendreiecke steht und der andere im Abstand b davon. Man hat also noch die Ausdrücke zu bestimmen (Zeilen 10 und 11)

$$h_1 \cdot \frac{a_1' - b}{a_1'} \quad \text{bzw.} \quad h_2 \cdot \frac{a_2' - b}{a_2'}$$

und ferner

$$h_0' = h_0 \cdot \frac{l_0 - b_0}{l} = 1 \cdot 1{,}360 \cdot \frac{13{,}6}{30{,}5} = 0{,}606 \text{ in t}$$

bzw.

$$h_0'' = h_0 \cdot \frac{l_0 - b_0 - b}{l} = 1 \cdot 1{,}360 \cdot \frac{9{,}2}{30{,}5} = 0{,}410 \text{ in t}.$$

Darauf ist die Summe der Zeilen 2 und 10 sowie 3 und 11 zu bilden (Zeilen 12 und 13), ferner die der beiden vorstehenden Werte (Zeile 14). Die Zeilen 12, 13 und 14 sind mit dem Zahlenwert der Last P zu multiplizieren, die Zeile 9 mit dem des Eigengewichtes q. Die Vorzeichen sind nach der S. 35 gegebenen Regel zuzusetzen. Die von der Eigenlast herrührenden Beträge sind nun zu jeder der darüberstehenden drei Zeilen zu addieren, was die Spannkräfte liefert für links von der Schrägen stehende Lasten (Zeile 19), für rechts davon stehende (Zeile 20), für ganz außen stehende (Zeile 21). Die größten Werte ergeben dann den Mindestquerschnitt (Zeile 22) bei Division durch 1,200 t/cm² und das erforderliche Trägheitsmoment (Zeile 23) zu

$$J_{\min} = \frac{D \cdot \mathfrak{S} \cdot \alpha \cdot t^2 \cdot [1 + (t:h)^2]}{\pi^2} = D \cdot \frac{1000 \cdot 4 \cdot \begin{pmatrix} 3{,}5 \cdot 1{,}360 \\ 3{,}0 \cdot 1{,}275 \end{pmatrix}^2 \cdot 100^2}{\pi^2 \cdot 2\,100\,000}$$
$$= (43{,}7 \text{ bzw. } 28{,}2) \cdot D.$$

Damit liefert die Profiltafel die Angaben der Zeilen 25 bis 28. Bei der Stärke 1 cm der Knotenbleche folgt leicht die nötige Anzahl der zweischnittigen Anschlußniete (Zeile 29).

Für die Berechnung der Stützen sind noch die größten Auflagerkräfte zu bestimmen, für die Fig. 50 die Einflußlinien darstellt. Man erhält sogleich

$$N_1 = P \cdot \left(\frac{l + l_0 - b_0}{l} + \frac{l + l_0 - b_0 - b}{l}\right) + q \cdot \frac{l + l_0}{l} \cdot \frac{l + l_0}{2}$$
$$= \frac{6{,}5}{30{,}5} \cdot [2 \cdot (30{,}5 + 14{,}0 - 0{,}4) - 4{,}4] + \frac{0{,}35}{2 \cdot 30{,}5} \cdot (30{,}5 + 14{,}0)^2$$
$$= 17{,}86 + 11{,}36 = 29{,}22 \text{ t},$$

$$N_2 = P \cdot \left(1 + \frac{l - b}{l}\right) + q \cdot \left(1 \cdot \frac{l}{2} - 1 \cdot \frac{l_0}{l} \cdot \frac{l_0}{2}\right)$$
$$= 6{,}5 \cdot \left(1 + \frac{30{,}5 - 4{,}0}{30{,}5}\right) + \frac{0{,}35}{2} \cdot \left(30{,}5 - \frac{14{,}0^2}{30{,}5}\right)$$
$$= 12{,}15 + 4{,}21 = 16{,}36 \text{ t}.$$

Steht die Laufkatze ganz außen auf dem Kragträger, so wird

$$N_2 = -P\left(\frac{l_0 + l_0 - b_0}{l} + \frac{l + l_0 - b_0 - b}{l}\right) + q \cdot \left(1 \cdot \frac{l}{2} - 1 \cdot \frac{l_0}{l} \cdot \frac{l_0}{2}\right)$$
$$= -\frac{6{,}5}{30{,}5} \cdot [2 \cdot (30{,}5 + 14{,}0 - 0{,}4) - 4{,}4] + \frac{0{,}35}{2} \cdot \left(30{,}5 - \frac{14{,}0^2}{30{,}5}\right)$$
$$= -17{,}86 + 4{,}21 = -13{,}65 \text{ t}.$$

Die vorstehende Berechnung wäre stellenweise etwas einfacher ausgefallen bei Benutzung des ohne weiteres einzusehenden Satzes, daß die Einzellasten über einer und derselben geraden Einflußlinie zu einer einzigen Gesamtlast vereinigt werden können, die im Schwerpunkt der Gruppe angreift. Sie zeigt ferner, wie eine nicht völlig gleichmäßige Trägerteilung die Berechnung umständlicher macht.

Der Schienenträger ist an jedem Querträger als eingespannt anzusehen. Das größte Biegungsmoment ist dann nach Bd. IV, S. 115,

$$M_{\max} = \frac{4}{27} \cdot P \cdot t = \frac{4 \cdot 6{,}5 \cdot 3{,}5}{27} = 3{,}37 \text{ mt},$$

also das erforderliche Widerstandsmoment bei $\sigma = 1200$ kg/cm²

$$W = \frac{3{,}37 \cdot 100 \cdot 1000}{1200} = 281 \text{ cm}^3 .$$

Dem entspricht [24 mit $W = 300$ cm³ und G = 33,2 kg/m. Darauf kommt die Rechteckschiene von $b = 6$ cm Breite und $h = 3$ cm Höhe mit $G = 14$ kg/m.

Dadurch wird jeder Knotenpunkt belastet mit

$$P_1 = 3{,}5\,(14 + 33{,}2) = 165 \text{ kg} .$$

Der Schienenquerträger von 4,9 m Länge, der in 4,2 m Abstand an den Hauptträgern befestigt ist, erfährt damit das größte Biegungsmoment

$$M = (6{,}5 + 0{,}165) \cdot \tfrac{1}{2}\,(4{,}9 - 4{,}2) = 2{,}33 \text{ mt},$$

braucht also das Widerstandsmoment

$$W = \frac{2{,}33 \cdot 100\,000}{1200} = 194 \text{ cm}^3 .$$

Gewählt wird I 14 *B* mit $W = 198$ cm³ und $G = 31{,}2$ kg/m.

Beispiel 16. Zu berechnen ist der Windverband zwischen den Untergurten der beiden Träger des Beispiels 15, die in $a = 4{,}2$ m Abstand voneinander angeordnet sind. Ferner ist die Einwirkung des Windes auf die Beanspruchung der Trägerstäbe festzustellen.

Aus den Ausgängen der Zusammenstellungen 1 bis 4 in Beispiel 15 erhält man die Angaben der Zeilen 2 bis 4 der folgenden Zusammenstellung, die die Höhe bzw. Breite der dem Seitenwind entgegenstehenden Profile enthalten, bei U einschließlich Schienenträger und Schienen. Mit der Trägerteilung $t = 3{,}5$ m bzw. in den Feldern 12 und 13 $t_0 = 3{,}0$ m und der Trägerhöhe $h = 3{,}8$ m bzw. in den Knotenpunkten 0 $h = 2{,}4$ m und 1 $h = 3{,}1$ m ergeben sich an Hand der Fig. 47 die zu jedem Knotenpunkt des Untergurtes gehörigen Flächen der Zeilen 5 bis 7, die in Zeile 8 addiert sind. Während des Kranbetriebes ist höchstens mit dem Winddruck $q = 50$ kg/m² zu rechnen, womit sich aus Zeile 8 die Knotenpunktbelastungen P' infolge des Seitenwindes der Zeile 9 ergeben, die zusammen $\sum P' = 1030$ kg betragen, und zwar mit einem Zuschlag von 6 vH für die Knotenbleche.

Man bestimmt jetzt die Auflagerkraft N_1' bei Knotenpunkt 4 aus der Momentengleichung

$$N_1' \cdot l = \sum (P' \cdot a_2) .$$

Die Werte der Abstände a_2 vom Auflager 2 bei Knotenpunkt 13 enthält die Zeile 10 und die zugehörigen Produkte $P' \cdot a_2$ die Zeile 11. Ihre Summe beträgt 23617 mkg. Damit wird

$$N_1' = \frac{23\,617}{30{,}5} = 774 \text{ kg},$$

also

$$N_2' = 1030 - 774 = 256 \text{ kg} .$$

Hiermit lassen sich die Querkräfte Q' sofort niederschreiben (Zeile 12) und danach die Biegungsmomente M' (Zeile 13) gemäß Formel (7a) S. 13. Diese Angaben gelten für den einen, dem Winde unmittelbar ausgesetzten Träger. Die dahinter befindlichen gleichen Teile des zweiten Trägers werden teilweise von den vorderen geschützt, und man rechnet deshalb nur mit der halben Belastung für sie.

Die Gurtungsspannkräfte sind demnach (Zeile 14)

$$U' = \frac{1{,}5 \cdot M'}{a} = \frac{1{,}5}{4{,}2} \cdot M' = 0{,}3575 \cdot M' \,\text{kg}\,.$$

Da die Belastung an beiden Gurtungen des Windverbandes angreift, so ist die Spannkraft in den senkrecht zu ihnen stehenden Schienenquerträgern, wenigstens zwischen den beiden Auflagerstellen, nach den Formeln (14a) und (14b)

$$V'_n = -(Q'_{n-1} + \tfrac{1}{2} \cdot Q'_n)$$

und entsprechend im Kragteil

$$V'_n = -(Q'_n + \tfrac{1}{2} \cdot Q'_{n-1})\,.$$

Man erhält so die Angaben der Zeile 15.

Für die gezogenen Schrägen gilt die Formel (13)

$$D'_n = 1{,}5 \cdot Q'_n \cdot \sqrt{1 + \left(\frac{t}{a}\right)^2} = 1{,}5 \cdot \sqrt{1 + \left(\frac{3{,}5}{4{,}2}\right)^2} \cdot Q'_n = +1{,}955 \cdot Q'_n$$

bzw. für die Felder 12 und 13

$$D'_n = +1{,}845 \cdot Q'_n\,.$$

Hiermit wird die Zeile 16 berechnet, wenn man noch beachtet, daß rechts neben der Auflagerstelle 1 bis zur Mitte Q'_{n-1} einzusetzen ist.

Weht der Wind aus der entgegengesetzten Richtung, so werden die Gegenschrägen der rechteckigen Felder gezogen, und die ersteren bleiben spannungslos.

Hinzu kommt noch die Windbelastung der Laufkatze, die zum größten Teil offen ist und dem Winde rund 12 m² Fläche bietet, so daß die Gesamtwindkraft $12 \cdot 50 = 600$ kg beträgt. Sie greift um die Strecke $c \backsim 3{,}6$ m unterhalb der Schienenoberkante an und verteilt sich wegen der einseitigen Anordnung des Steuerhäuschens auf die beiden dem Wind ausgesetzten Räder derart, daß das auf dem Kragteil ganz vorn stehende Rad $P'' \backsim 450$ kg kommen und auf das andere Rad $P''' \backsim 150$ kg.

Im übrigen gelten für die Gurtungen wieder die Einflußlinien der Fig. 48, wenn nur statt $h = 3{,}8$ m $a = 4{,}2$ m gesetzt wird. Um also die Beanspruchung der Gurtungsstäbe des Auslegers zu erhalten, ist die Zeile 3 der Zusammenstellung 1, S. 37, mit $\frac{h}{a} \cdot P'' = \frac{3{,}8}{4{,}2} \cdot 450 = 543$ zu multiplizieren, mit Ausnahme des Knotenpunktes 1, wo $h = 3{,}1$ m beträgt, also der Faktor 443 kg. Ebenso sind die Werte der Zeile 4 mit $543 \cdot \frac{P'''}{P''} = \frac{543}{3}$ zu multiplizieren, abgesehen von Knotenpunkt 1, wo der Faktor $\frac{443}{3}$ ist. Man erhält so die ersten 4 Zahlen der Zeilen 17 und 18. In derselben Weise sind die Zeilen 5 und 6 der Zusammenstellung 2, S. 38, zu behandeln, die den Rest der Zeilen 17 und 18 ergeben.

Die größten Querkräfte der Schienenquerträger des Kragteiles infolge der Kräfte P'' und P''' sind (Anfang der Zeile 19)

$$V''_0 = P'' \cdot \frac{t - b_0}{t} = 450 \cdot \frac{3{,}5 - 0{,}4}{3{,}5} = 399 \,\text{kg}\,,$$

$$V''_1 = P'' = 450 \,\text{kg}\,,$$

$$Q''_2 = Q''_3 = P'' + P''' = 600 \,\text{kg}\,.$$

Die gezogenen Schrägen werden mit dem $\frac{1{,}955}{1{,}5} = 1{,}303$fachen dieser Werte belastet (Zeile 20).

Für den Trägerteil zwischen den Auflagerstellen gelten die Einflußlinien der Fig. 49, und zwar für die Schienenquerträger die Ordinaten ohne den Wurzelausdruck vom Werte 1,360 bzw. 1,275 in den Feldern 12 und 13. Man hat also den größeren der beiden in den Zeilen 2 und 3 der Zusammenstellung 4, S. 41, stehenden

Werte durch diesen Betrag zu dividieren und mit 450 zu multiplizieren; ebenso ist der zugehörige Wert der Zeilen 10 und 11 durch denselben Betrag zu dividieren und mit 150 zu multipliziren. Man erhält so die beiden Zahlen des rechten Teiles der Zeile 19. Zu untersuchen ist noch, ob nicht etwa

$$\frac{450}{1,36} \cdot h_0' + \frac{150}{1,36} \cdot h_0'' = 63,4 + 45,2$$

größer ist als die betreffenden Beträge; in dem Fall wären sie dafür einzusetzen. Entsprechend ergeben sich die zugehörigen Beträge von D'', indem man die Werte V'' mit 1,303 multipliziert.

Durch Summierung der mit gleichem Buchstaben bezeichneten Zeilen 14 bis 20 erhält man schließlich die Gesamtkraft der einzelnen Stäbe (Zeile 21, 22, 24). Freilich ergeben sich für die Füllungsstäbe vielfach größere Kräfte, wenn die Laufkatze unter die Stütze des Auflagers 1 gefahren ist und der volle Winddruck $q = 150$ kg/m² auf die Träger einwirkt. Die Zeilen 23 und 25 enthalten die in dem Fall geltenden Kräfte.

Man bemerkt, daß die Schrägen durchweg mit dem Querschnitt $4,5 \cdot 0,7 = 3,15$ cm² ausgeführt werden können, der durch den Niet vor 1,6 cm Dmr. auf 2,03 cm² Restquerschnitt verringert wird. Das Trägheitsmoment der gedrückten Gurtungsstäbe ist nach S. 37 um $\frac{23,64}{1000} \cdot U$ zu vergrößern bzw. bei den beiden letzten Feldern um $0,01736 \cdot U$, welche Beträge die Zeile 26 ergibt. Die erforderliche Querschnittsvergrößerung U : 1200 cm² ist sehr gering; sie ist in Zeile 29 angegeben.

Nun ist aber noch das Kippmoment des auf die Laufkatze wirkenden Winddruckes aufzunehmen durch die Raddrücke

$$P'' \cdot \frac{c}{a} = 450 \cdot \frac{3,6}{4,2} = 386 \text{ kg}$$

bzw.

$$P''' \cdot \frac{c}{a} = 150 \cdot \frac{3,6}{4,2} = 129 \text{ kg}.$$

Um diese Beträge sind die Raddrücke P der Rechnung in Beispiel 15 zu erhöhen. Der Einfachheit halber werde beidemal um den Mittelwert $\backsim$ 210 kg erhöht, denn dann sind die in Beispiel 15 als für die Aufnahme der Raddrücke erforderlich bestimmten Querschnitte und Trägheitsmomente aller Stäbe einfach auf das $1 + \frac{0,21}{6,50} = 1,032$fache zu vergrößern. Es ergeben sich so aus den Zusammenstellungen 1 und 2 in Beispiel 15 die Angaben der Zeilen 27 und 30. Sie Summen der Zeilen 28 und 31 stellen die Unterschiede dar, die die wirklich ausgeführten Trägheitsmomente bzw. Querschnitte gegenüber den in Beispiel 15 als erforderlich berechneten haben müssen. Demnach muß nur das Untergurtprofil der Felder 3 durch Erhöhung der Plattenstärke auf 1,2 cm verstärkt werden.

Die größte Mehrbeanspruchung der Schienenquerträger beträgt bei 39,8 cm² Querschnitt

$$\sigma = \frac{1581}{39,8} \backsim 40 \text{ kg/cm}^2.$$

Die größte Biegungsbeanspruchung ist nach den Schlußbemerkungen in Beispiel 15

$$\sigma_b = 1200 \cdot \frac{194}{198} \cdot 1,032 = 1213 \text{ kg/cm}^2,$$

so daß die gewöhnlich zulässige Beanspruchung in dem einen Fall um 53 kg/cm² überschritten wird.

Selbstverständlich wäre es bequemer gewesen, wenn wenigstens die Vergrößerung der Raddrücke durch den Wind gleich in Beispiel 15 berücksichtigt worden wäre.

Die Berechnung des Obergurtwindverbandes ist einfacher, weil die Belastung ausschließlich durch $q = 150$ kg/m² bewirkt wird.

Der Widerstand

Zeile	Knotenpunkt	0	0–1	1	1–2	2	2–3	3	3–4	4	4–5	5	5–6	6
2	U Höhe		31		31		31		40		40		31	
3	V Breite	9		9		11		11		11		7		7
4	D Breite		9		11		11		12		11		13	
5	F_U	0,54		1,08		1,08		0,54		1,40		0,70 / 0,54		0,54 / 0,49
6	F_V	0,11		0,14		0,21		0,70 / 0,21		0,21		0,13 / 0,28		0,13
7	F_D	0,21		0,28		0,28		0,31		—		0,34		—
8	$\sum F$	0,86		1,50		1,57		1,76		1,61		1,99		1,17
9	P'	46		80		83		93		85		106		62
10	a_2		44,5		41		37,5		34		30,5		27	
11	$P' \cdot a_2$	2047		3280		3113		3162		2592		2862		1457
12	Q'	+46		+126		+209		+ 302		— 387		— 281		−219
13	M'	0		+161		+602		+1334		+2391		+1355		+ 53
14	U'		51		216		477		855		484		19	
15	V'	46		149		272		406		774		527		401
16	D'		90		246		409		590		757		550	
17	U''		443		943		1442		1945		1721		1497	
18	U'''		—		105		271		438		388		338	
19	V''	399		450		600		600		600		398 / 126		397 / 108
20	D''		520		586		782		782		518 / 164		452 / 141	
21	U		494		1264		2190		3238		2593		1854	
22	V	445		599		872		979		1374		1051		906
23	$3V'$	138		447		816		1218		2392		1591		1203
24	D		610		832		1191		1372		1439		1143	
25	$3D'$		270		738		1221		1770		2271		1650	
26	J'_u		11,7		29,8		51,8		76,6		61,3		43,8	
27	J''_u		5,4		13,4		24,3		36,3		36,3		21,5	
28	$\sum J_u$		17		43		76		113		98		65	
29	F'_u		0,41		1,05		1,83		2,70		2,16		1,55	
30	F''_u		0,19		0,46		0,86		1,28		1,01		0,76	
31	$\sum F_u$		0,6		1,5		2,7		4,0		3,2		2,3	

Das Beispiel zeigt den Wert der Einflußlinien für die schnelle Berechnung, da die erste Rechnung durch einfache Maßstabänderung sofort für weitere Zwecke benutzt werden kann.

Beispiel 17. Zu zeichnen sind die Einflußlinien für die Spannkräfte in den einzelnen Stäben des Doppelfachwerkes der Fig. 52[15]), das gegenüber dem älteren Doppelfachwerk nach Fig. 51 den Vorteil hat, statisch bestimmt zu sein.

Natürlich kreuzen sich die Schrägen der um die Teilung der Gurtungen gegeneinander versetzten Systeme ohne Vernietung. Infolgedessen ergibt die Abzählformel (3) für die Fig. 51:

$$34 + 1 + 2 \cdot 1 > 2 \cdot 18\,,$$

[15]) Land, Z. d. österr. Ing.- u. Arch.-V. 1888; Dietz, Z. d. V. d. I. 1899.

des Trägers.

	7		8		9		10		11		12		13	
28		28		28		28		28		28		28		cm
	7		7		7		7		7		7		7	cm
10		11		10		9		12		9		11		cm
	0,98		0,98		0,98		0,98		0,98		0,84		0,42	m^2
	0,13		0,13		0,13		0,13		0,13		0,13		0,13	m^2
	{0,26 0,31		—		{0,26 0,23		—		{0,31 0,22		—		0,27	m^2
	1,68		1,11		1,60		1,11		1,64		0,97		0,82	m^2
	89		59		85		59		87		51		45	kg
23,5		20		16,5		13		9,5		6		3		m
	1780		974		1105		560		522		153		0	mkg
	−130		− 71		+ 14		+ 73		+ 160		+211		+256	kg
	−714		−1169		−1418		−1379		−1123		−623		0	mkg
255		418		507		493		402		223		0		kg
	284		165		64		50		153		266		339	kg
428		254		139		143		313		413		501		kg
1274		1082		1065		934		688		386		—		kg
287		264		266		246		188		108		—		kg
	296		244		258		310		362		406		—	kg
	90		77		65		82		99		121		129	kg
386		318		337		404		472		529		—		kg
117		100		85		107		129		158		168		kg
1816		1764		1838		1673		1278		717		0		kg
	670		486		387		442		614		793		468	kg
	852		495		192		150		459		798		1017	kg
931		672		561		654		914		1100		669		kg
1284		762		417		429		939		1239		1503		kg
42,9		41,7		43,5		39,6		30,2		12,5		0		cm^4
18,6		18,6		21,8		21,8		11,1		11,1		0		cm^4
62		60		65		61		41		24		0		cm^4
1,51		1,47		1,53		1,39		1,07		0,60		0		cm^2
0,66		0,66		0,75		0,79		0,70		0,53		0,30		cm^2
2,2		2,1		2,3		2,2		1,8		1,1		0,3		cm^2

also einfache statische Unbestimmtheit. Dagegen ist für die Fig. 52, in der die überzähligen Stäbe mit der Spannkraft 0 dünner gestrichelt sind,

$$29 + 1 + 2 \cdot 1 = 2 \cdot 16\,.$$

Die Gleichheit beider Seiten wird allerdings erst durch Zufügen des mittleren Stabes V erreicht.

Aus den Formeln (17) ergibt sich sofort, daß die für sich betrachtete Stützkraft N_1 in allen Schrägen die gleiche Spannkraft hervorruft:

$$\pm D = \frac{N_1}{2 \cdot \sin\varphi} = \frac{N_1}{2} \cdot \sqrt{1 + \left(\frac{t}{h}\right)^2}\,.$$

Das Vorzeichen ist bei den nach der Mitte fallenden Schrägen positiv, bei den nach der Mitte steigenden negativ (S. 10). Die Einflußlinien für diesen Teil der Stab-

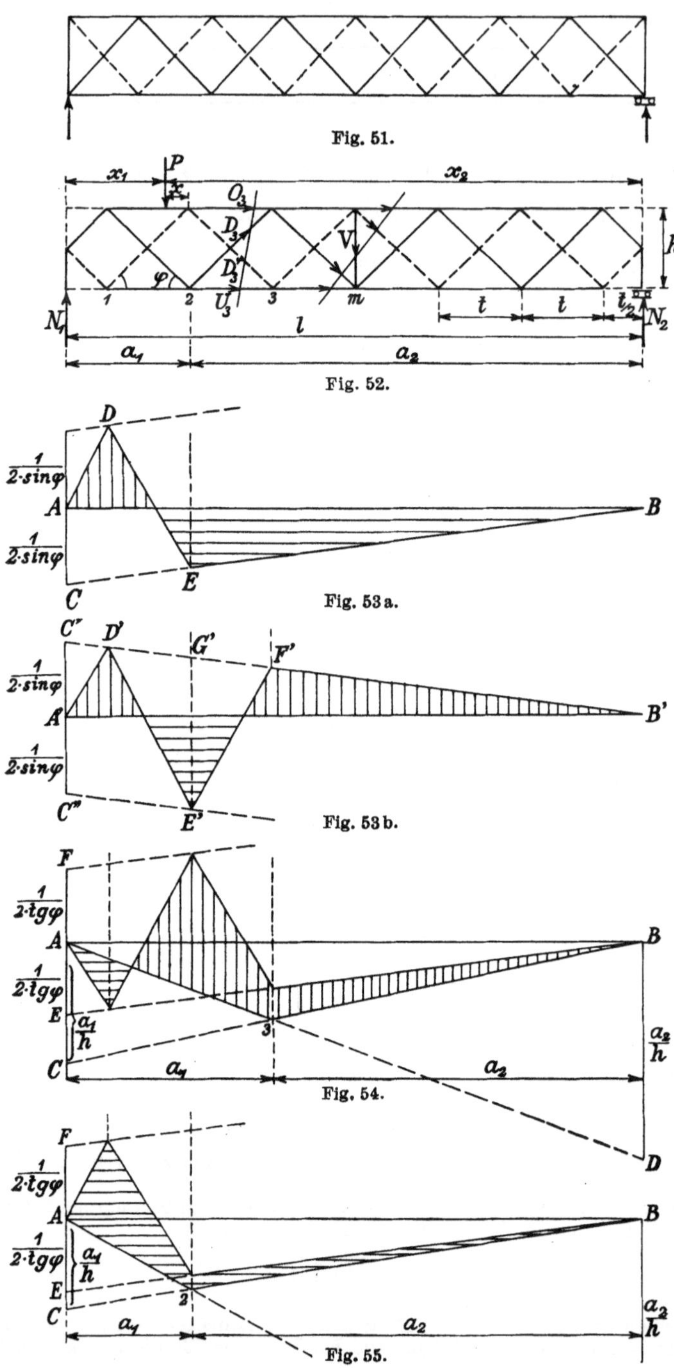

Fig. 51.

Fig. 52.

Fig. 53 a.

Fig. 53 b.

Fig. 54.

Fig. 55.

kraft ergeben sich also in Fig. 53a und b als die Linie $\overline{BC}$ für die beliebig herausgegriffene Schräge D_3 und $\overline{B'C'}$ für die entsprechende D_3', denn N_2 ist ja dem Abstande x_2 der Kraft P vom anderen Auflager proportional. Sie sind maßgebend für den ganzen zwischen den Schrägen und dem anderen Auflager 2 befindlichen Trägerteil.

Die Belastung des Knotenpunktes 2 durch die Kraft $P \cdot \frac{t-x}{t}$ wirkt nur auf die gestrichelten Schrägen, und das Schnittverfahren ergibt sofort den Einfluß für die Last 1

$$-D_3' = \frac{1}{\sin\varphi} \cdot \frac{t-x}{t}.$$

Er wird am einfachsten für $x = 0$ als die Strecke $\overline{E'G'} = \frac{1}{\sin\varphi}$ gezeichnet, indem man ebenfalls $\overline{A'C''} = \frac{1}{2 \cdot \sin\varphi}$ aufträgt und durch C'' die Parallele zu $C'B'$ zieht.

Das Entsprechende gilt für die Schräge D_3 des zweiten Schrägensystems, für die man also den Linienzug $ADEB$ erhält.

Für die Gurtungen liefert das Schnittverfahren gemäß Fig. 52

$$+O_3 \cdot h - D_3 \cdot h \cdot \sin\left(\frac{\pi}{2} - \varphi\right) = M_3 = 0\,,$$

$$-U_3 \cdot h + D_3' \cdot h \cdot \cos\varphi + M_2 = 0\,,$$

also folgt

$$O_3 = -\frac{M_3}{h} + P \cdot \left(1 - \frac{x}{t}\right) \cdot \operatorname{cotg}\varphi\,,$$

$$U_3 = +\frac{M_2}{h} - P \cdot \left(1 - \frac{x}{t}\right) \cdot \frac{t}{h}\,.$$

Es sind also von der Einflußlinie für $\frac{M}{h}$ in Abzug zu bringen die im Verhältnis $\cos\varphi = 1 : \sqrt{1 + \left(\frac{h}{t}\right)^2}$ verkleinerten Werte der in der Fig. 53 dargestellten Einflußlinien. Man erhält so die Fig. 54 für U_3 und entsprechend die Fig. 55 für O_3.

Für den lotrechten Stab in der Mitte ergibt das Schnittverfahren die Gleichung

$$+V + D_m' \cdot \sin\varphi + D_m \cdot \sin\varphi - N_1 + P = 0\,.$$

Nun ist

$$D_m' \cdot \sin\varphi = -\frac{1}{2} \cdot N_2\,,$$

$$D_m \cdot \sin\varphi = +\frac{1}{2} N_1 - P \cdot \frac{x}{t}\,,$$

$$N_1 + N_2 = P\,,$$

also

$$V = -P\left(\frac{1}{2} - \frac{x}{t}\right).$$

Damit erhält man die Einflußlinie der Fig. 56. Der Stab erfährt also unter einer über die ganze Länge gleichförmig verteilten Belastung, wie etwa dem Eigengewicht, nur eine recht geringe Beanspruchung.

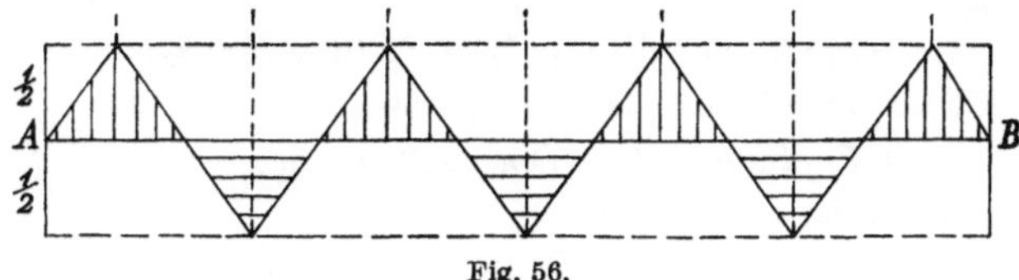

Fig. 56.

Die Schrägen der Träger werden je nach der Laststellung gezogen oder gedrückt. Lange gedrückte Stäbe fallen nun, da sie auf Knickung zu berechnen sind, recht schwer aus; um sie zu vermeiden, wendet man häufig bei Trägern, deren Felder durch Lotrechte abgeteilt sind, sich kreuzende, im allgemeinen an der Kreuzungsstelle frei aneinander vorübergehende Gegenschrägen aus Flacheisen an. Die eine von ihnen gibt ohne weiteres nach, wenn sie Druck erhält, und dadurch wird die andere gezogen.

Für die Berechnung wird nur eine von beiden Gegenschrägen, gleichgültig welche, als vorhanden angesehen; die andere erfährt eben die Spannkraft Null.

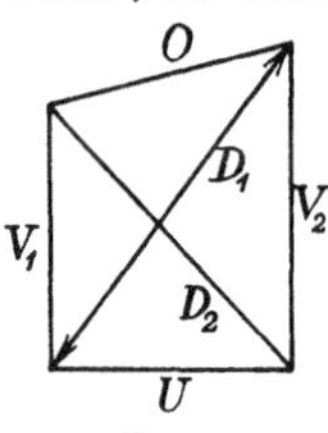

Fig. 57.

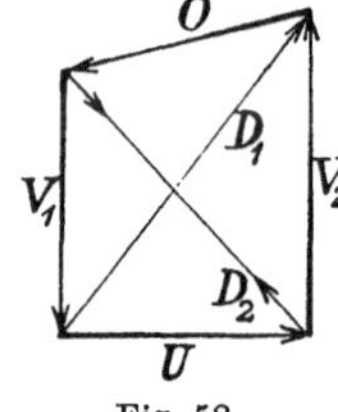

Fig. 58.

Liefert die Rechnung etwa eine bestimmte Druckkraft D_1, so ruft sie in den anderen Stäben des zugehörigen Stabviereckes der Fig. 57 die in Fig. 58 gezeichneten Spannkräfte hervor, die ja mit ihr im Gleichgewicht sein müssen. Dieselben Spannkräfte ergibt aber auch die Zugkraft D_2 in der anderen Schrägen. Man erkennt aus der Fig. 58, daß sich die Zugkraft in der Gegenschräge zur berechneten Druckkraft in der ersten Schrägen verhält wie die entsprechenden Schrägenlängen zueinander.

Stehen beide Schrägen genau oder nahezu senkrecht aufeinander, so wird an dem statischen Verhalten nichts geändert, wenn sie an der Kreuzungsstelle vernietet werden.

Beispiel 18. Zu zeichnen sind die Einflußlinien für die Auflagerkräfte und das Biegungsmoment an irgendeiner Stelle eines Dreigelenkträgers.

Um gleich die allgemeine, beliebig verwendbare Lösung zu erhalten, werde von vornherein ein unsymmetrischer Träger nach Fig. 59 angenommen. A, B, C sind die Gelenke, D ist die Stelle, für die das Biegungsmoment in Abhängigkeit von dem Abstand x_1 der lotrechten Last $P = 1$ t bestimmt werden soll.

Die Richtung der Auflagerkraft N_2 an dem vorläufig unbelastet gedachten Teil ist durch die Gerade BC gegeben (Bd. I, S. 21). Zieht man ferner die Gerade AD, so liefert der Schnittpunkt E beider Geraden die Laststelle, die für den Punkt D das Biegungsmoment 0 ergibt. Für den Fall ist in Fig. 59 am Auflager A das Kräftedreieck N_1, V_1, H_1 gezeichnet und man entnimmt ihr sofort den Zusammenhang

$$\frac{H_1}{V_1} = \frac{a_1}{b_1} \qquad \text{oder} \qquad H_1 \cdot b_1 = V_1 \cdot a_1 .$$

Nun ist das Biegungsmoment für die Stelle D. wenn P rechts von D steht, nach Fig. 59

$$M = V_1 \cdot a_1 - H_1 \cdot b_1 ,$$

hat also den Wert 0, wenn die Wirkungslinie von P durch die sogenannte Lastscheide E geht.

Im übrigen ergeben die Gleichgewichtsbedingungen für die

wagerechten Kräfte: $H_1 = H_2$,
lotrechten Kräfte: $+V_1 + V_2 = P$,
Drehmomente in bezug auf den Punkt C am
linken Teil: $+V_1 \cdot l_1 - H \cdot h_1 - P \cdot (l_1 - x_1) = 0$,
rechten Teil: $-V_2 \cdot l_2 + H \cdot h_2 = 0$.

Wird die dritte Gleichung mit h_2 erweitert und die vierte mit h_1, so erhält man durch Addition

$$+V_1 \cdot l_1 \cdot h_2 - V_2 \cdot l_2 \cdot h_1 = P \cdot (l_1 - x_1) \cdot h_2 .$$

Der zweiten Gleichung läßt sich die Form geben

$$+V_1 \cdot l_2 \cdot h_1 + V_2 \cdot l_2 \cdot h_1 = P \cdot l_2 \cdot h_1 ,$$

und die Addition beider ergibt dann

$$V_1 \cdot (l_1 \cdot h_2 + l_2 \cdot h_1) = P \cdot (l_1 \cdot h_2 + l_2 \cdot h_1 - x_1 \cdot h_2) ,$$

also:

$$V_1 = P \cdot \left(1 - \frac{x_1 \cdot h_2}{l_1 \cdot h_2 + l_2 \cdot h_1}\right) = P \cdot \left(1 - \frac{\frac{x_1}{l_1}}{1 + \frac{h_1}{h_2} \cdot \frac{l_2}{l_1}}\right).$$

Damit folgt aus der zweiten Gleichung

$$V_2 = P - V_1 = P \cdot \frac{\frac{x_1}{l_1}}{1 + \frac{h_1}{h_2} \cdot \frac{l_2}{l_1}}$$

und dann aus der vierten

$$H = V_2 \cdot \frac{l_2}{h_2} = P \cdot \frac{\frac{x_1}{l_1}}{\frac{h_2}{l_2} + \frac{h_1}{l_1}}.$$

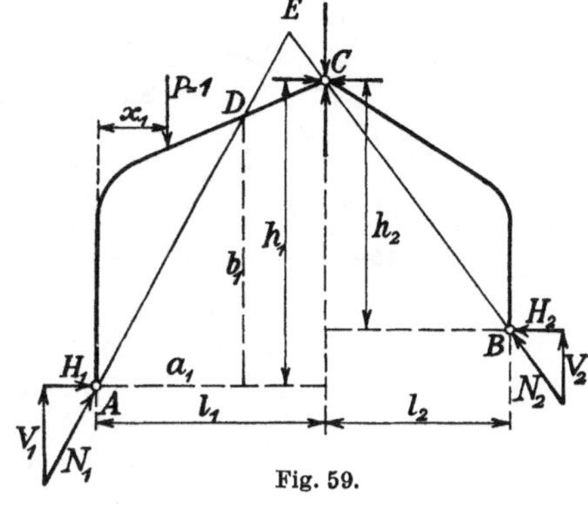

Fig. 59.

Setzt man hierin $x_1 = l_1$, so erkennt man, daß die Fig. 60 die Einflußlinie für die Auflagerkraft H darstellt, zunächst nur auf der Strecke AC für den linken Teil der Fig. 59; doch ist der rechte Teil genau ebenso zu behandeln. Ebenso ergibt sich die Fig. 61 für die Auflagerkraft V_2, die bei A den Wert 0 und bei B den Wert 1 zeigen muß, und die Fig. 62 für V_1, die letztere, indem man den Klammerausdruck in der Gleichung für V_1 auf den gemeinsamen Hauptnenner bringt, dann $x_1 = l_1$ setzt und schließlich oben und unten durch den verbleibenden Zähler dividiert. Es ist ja auch selbstverständlich, daß die Angaben für V_1 aus denen für V_2 durch Vertauschen der Zeigerzahlen gebildet werden.

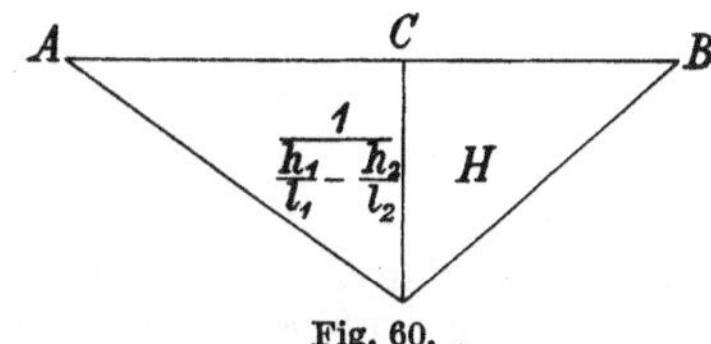

Fig. 60.

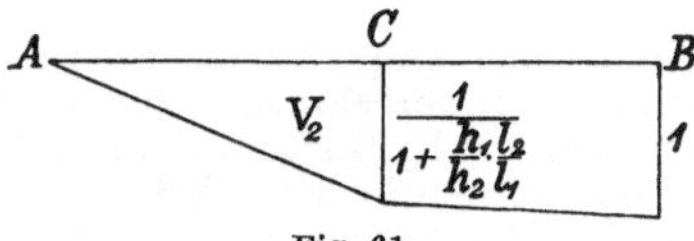

Fig. 61.

Befindet sich die Last zwischen D und C, so gilt für das Biegungsmoment bei D (Fig. 59)

$$M = +V_1 \cdot a_1 - H \cdot b_1$$

oder mit den vorstehenden Werten von V_1 und H

$$M = P \cdot \left(a_1 - \frac{a_1 \cdot \frac{x_1}{l_1}}{1 + \frac{h_1}{h_2} \cdot \frac{l_2}{l_1}} - \frac{b_1 \cdot \frac{x_1}{l_1}}{\frac{h_1}{l_1} + \frac{h_2}{l_2}}\right).$$

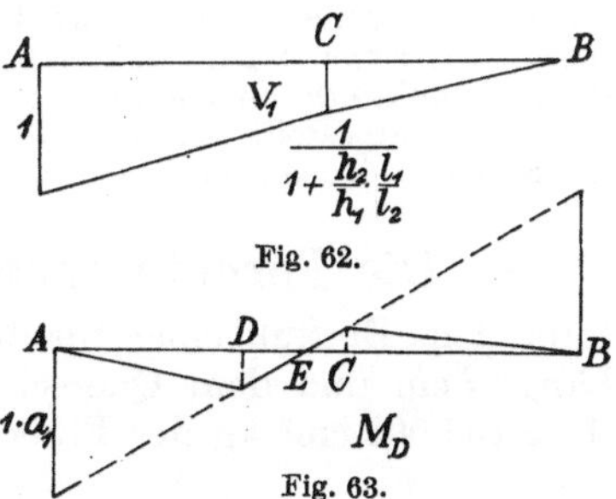

Fig. 62.

Fig. 63.

Trägt man also in A, wo $x_1 = 0$ ist, die Strecke $1 \cdot a_1$ auf (Fig. 63), so ist die Einflußlinie für die Strecke DC, die ja eine Gerade sein muß (S. 34), dadurch und durch den Punkt E der Fig. 59 gegeben. Ohne weiteres ist klar, daß für $x_1 = 0$ das Moment ebenfalls 0 ist; hiermit ist die gerade Einflußlinie für die Laststellungen zwischen A und D bestimmt. Entsprechend erhält man sogleich die Einflußlinie für die Strecke BC.

Steht die Last P nicht lotrecht, so gelten dieselben Beziehungen und Konstruktionen, nur sind die Bezugsachsen AB der Fig. 60 bis 63 senkrecht zur Wirkungslinie der Kraft zu ziehen und die Strecken a_1, x_1, l_1, l_2 in der Achsenrichtung zu messen, dagegen die Strecken h_1 und h_2 in der Kraftrichtung[16]). Ein Beispiel dafür gibt die Fig. 64 für die Windkräfte P' bzw. P''. Die Begründung der Vor-

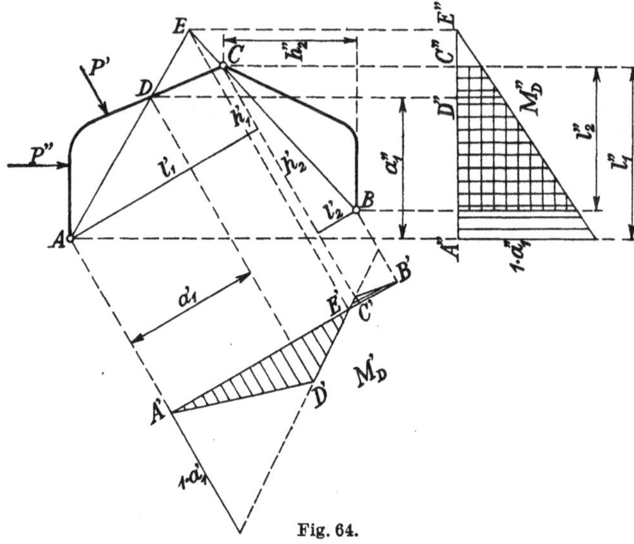

Fig. 64.

schrift liegt darin, daß die Form und Lage des Trägers in Fig. 59 ganz willkürlich war, maßgebend für die Ansätze war nur die Kraftrichtung. Um das von vornherein deutlich zu machen, wurde in Fig. 59 eine praktisch kaum jemals vorkommende Form gezeichnet.

Besteht jeder Trägerteil aus zwei Gurtungen mit Füllungsgliedern, so hat man die Einflußlinien der Momente für die Knotenpunkte jeder Gurtung zu zeichnen und kann daraus die Gurtungsspannkräfte bestimmen. Die Spannkräfte der Füllungsglieder werden in dem Fall am besten durch eine Rechnung gemäß der auf S. 9 für den Parallelträger durchgeführten ermittelt. Zur Vereinfachung der Arbeit führt man die Momentenermittlung nicht für alle Knotenpunkte durch, sondern nur für eine Reihe beliebig gewählter, und trägt die Größen der berechneten Momente in den betreffenden Punkten senkrecht zur Gurtungsachse auf. Verbindet man die Endpunkte durch Kurvenzüge, so ist damit der Gesamtverlauf der Biegungsmomente dargestellt. Nötigenfalls kann ein Einzelwert für eine besonders wichtige Stelle noch nachträglich genau bestimmt werden.

6. Die Formänderung ebener Fachwerke.

Unter dem Einfluß einer Spannkraft $\pm S$ kg ändert ein Stab von der Länge l cm und dem Querschnitt F cm² bei der Elastizitätsziffer $\alpha = 1 : 2\,100\,000$ cm²/kg des Flußeisens seine Länge (Bd. IV, S. 3) um

$$\pm\lambda = \pm\alpha \cdot \frac{S \cdot l}{F} \text{ cm}, \tag{35}$$

worin das positive Vorzeichen eine Verlängerung durch die positiv gerechnete Zugkraft und das negative eine Verkürzung durch die negativ angesetzte Druckkraft angibt.

---

16) Kögler, Otto Mohr zum 80. Geburtstag, 1916.

Findet gleichzeitig noch eine Temperaturänderung um $\pm t^\circ$ C statt, so ändert der Stab seine Länge l noch um

$$\pm \lambda_t = \pm \alpha_w \cdot l \cdot t \text{ cm}, \tag{36}$$

worin für Flußeisen anzusetzen ist

$$\alpha_w = \frac{10^{-4}}{8{,}5} \frac{\text{cm}}{{}^\circ\text{C}}.$$

Stoßen die beiden, in den Punkten A und B der Fig. 65 festen Stäbe l_1 und l_2 unbelastet in dem Gelenk C zusammen, und erfährt etwa bei einer bestimmten Belastung der Stab l_1 die Verlängerung λ_1, dagegen der Stab l_2 die Verkürzung λ_2, so verschiebt sich der Endpunkt C des ersteren Stabes um λ_1 nach A' und der des zweiten um λ_2 nach B'. Damit die Dreieckverbindung der Fig. 65 erhalten bleibt, müssen beide Stäbe sich um die festen Gelenke A bzw. B in die gestrichelte Lage drehen, und der Gelenkpunkt C ist dadurch nach dem Schnittpunkt C' der gezeichneten Kreise gewandert.

Fig. 65.

Der Deutlichkeit halber sind die λ im Verhältnis zu den l viel zu groß gezeichnet. In Wirklichkeit sind die Kreisbogen $A'\,C'$ bzw. $B'\,C'$ so kurz, daß sie ohne Fehler als zu den ursprünglichen Stablängen senkrechte Geraden dargestellt werden können. Um ein klares einfaches Bild zu erhalten, zeichnet man das Viereck bei C der Fig. 65 in noch wesentlich mehr vergrößertem Maßstab getrennt von einem beliebig gewählten Anfangspunkt $O = C$ aus auf (Fig. 66).

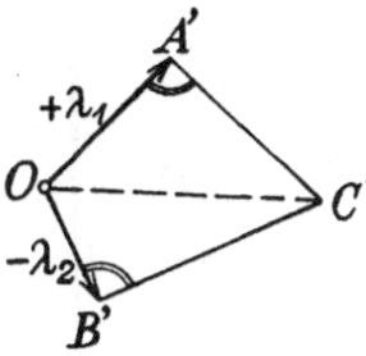

Fig. 66.

Sind die Punkte A und B nicht fest, sondern erfahren sie ihrerseits bestimmte Verschiebungen, so werden zuerst diese Verschiebungen hinreichend vergrößert von dem Festpunkt O aus nach Größe und Richtung als OA' bzw. OB' aufgetragen (Fig. 67). Daran setzen sich die Verlängerung $\lambda_1 = \overline{A'A''}$ bzw. die Verkürzung $\lambda_2 = \overline{B'B''}$ parallel zu l_1 bzw. l_2 in der richtigen Richtung, die Fig. 65 angibt, an. In ihren Endpunkten A'' bzw. B'' werden Senkrechte errichtet, die sich im Punkt C' schneiden, und die Strecke $\overline{OC'}$ stellt die Gesamtverschiebung des Punktes C der Fig. 65 nach Größe (in dem angenommenen Vergrößerungsmaßstab) und Richtung dar[17]).

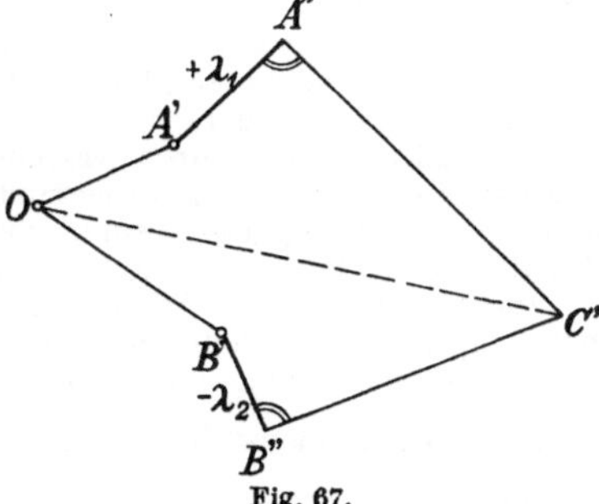

Fig. 67.

Will man einen derartigen **Verschiebungsplan** für ein ganzes Fachwerk aufzeichnen, so muß man von einem Stab ausgehen, der keine Drehung, sondern nur eine Längenänderung erfährt.

[17]) Williot, Genie Civil 1877.

Beispiel 19. Zu bestimmen ist die Verschiebung des freien Endpunktes des Trägerauslegers in Beispiel 15 unter dem Eigengewicht q und unter der Last P der Laufkatze. Temperaturänderungen sind hier bedeutungslos, weil sie den ganzen Träger gleichmäßig beeinflussen.

Die Fig. 68 wiederholt die Skizze des Auslegers im Maßstab 1 : 200. Die Spannkräfte und Querschnitte werden den Zusammenstellungen 1 und 3 des Beispiels 15 entnommen. Als Stablängen sind durchweg die Systemlängen in Rechnung zu stellen, auch bei den Füllungsgliedern, die an den Enden durch die Knotenbleche etwas versteift werden. Man erhält so gemäß Formel (35) die folgende Zusammenstellung:

Feld	1	2	3	4	
$+O$ q	—	0,69	2,25	5,08	t
P	—	6,50	15,05	27,01	t
F_O	31,0	31,0	31,0	53,0	cm²
l_O	3,47	3,40	3,40	3,40	m
$-U$ q	0,69	2,25	5,08	9,02	t
P	6,50	15,05	27,01	39,01	t
F_U	50,2	50,2	75,2	95,2	cm²
l_U	3,40	3,40	3,40	3,40	m
$-V$ q	1,225	2,45	3,675	4,90	t
P	6,50	13,00	13,00	13,00	t
F_V	31,0	50,2	50,2	50,2	cm²
l_V	3,10	3,80	3,80	3,80	m
$+D$ q	1,945	3,33	5,00	6,665	t
P	9,80	19,60	19,60	19,60	t
F_D	16,2	26,4	26,4	26,4	cm²
l_D	4,60	5,10	5,10	5,10	m
$+\lambda_O$ q	—	0,0036	0,01175	0,0155	cm
P	—	0,0339	0,0786	0,0824	cm
$-\lambda_U$ q	0,00222	0,00726	0,01095	0,01535	cm
P	0,02095	0,0486	0,0584	0,0664	cm
$-\lambda_V$ q	0,00583	0,00882	0,01325	0,01765	cm
P	0,0309	0,0468	0,0468	0,0468	cm
$+\lambda_D$ q	0,0263	0,0306	0,0460	0,0613	cm
P	0,1325	0,1802	0,1802	0,1802	cm
f q	3,51	2,84	1,99	1,13	mm
P	16,80	12,13	7,34	3,50	mm
f_0	15,5	10,5	7,2	3,6	mm
Knotenpunkt	0	1	2	3	

Aus ihr ergeben sich dann die nach den vorstehenden Regeln vom Knotenpunkt $4u$ aus gezeichneten Verschiebungspläne der Fig. 69 und 70 für die Eigen- bzw. Nutzlast des Trägers, wobei die Richtung der Lotrechten V_4 als unverändert angesetzt ist. Die lotrechten Abstände der Untergurtknotenpunkte von dem Anfangspunkt $4u$ in diesen Figuren sind die Durchbiegungen f, die am Schluß der Zusammenstellung aufgeführt sind. Sie sind ferner in Fig. 71 in natürlicher Größe über der im Verhältnis 1 : 200 verkleinerten Trägerlänge aufgetragen.

Vorteilhaft wird der Träger beim Bau so angelegt, daß er unter dem Eigengewicht und der unbelasteten Laufkatze gerade wagerecht liegt. Bei der Nutzlast 7,5 t und dem Gewicht der vollbelasteten Laufkatze 4 · 6,5 t sind also die Werte von f_P der Zusammenstellung mit $1 - \dfrac{7,5}{4 \cdot 6,5} = 0,711$ zu multiplizieren und dann zu f_q zu addieren, um die Strecke f_0 zu erhalten, um die die unteren Knotenpunkte höher zu legen sind.

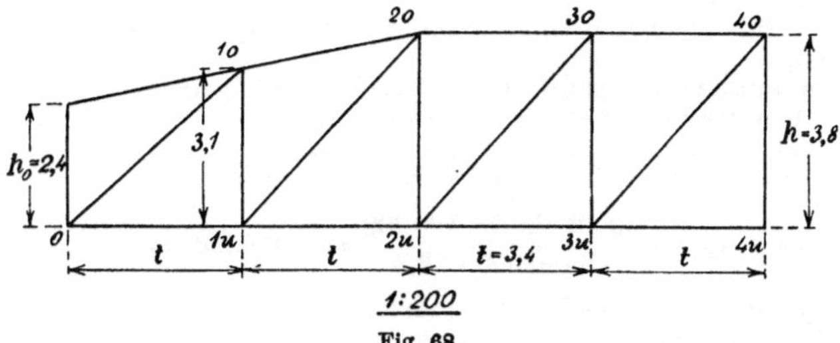

Fig. 68.

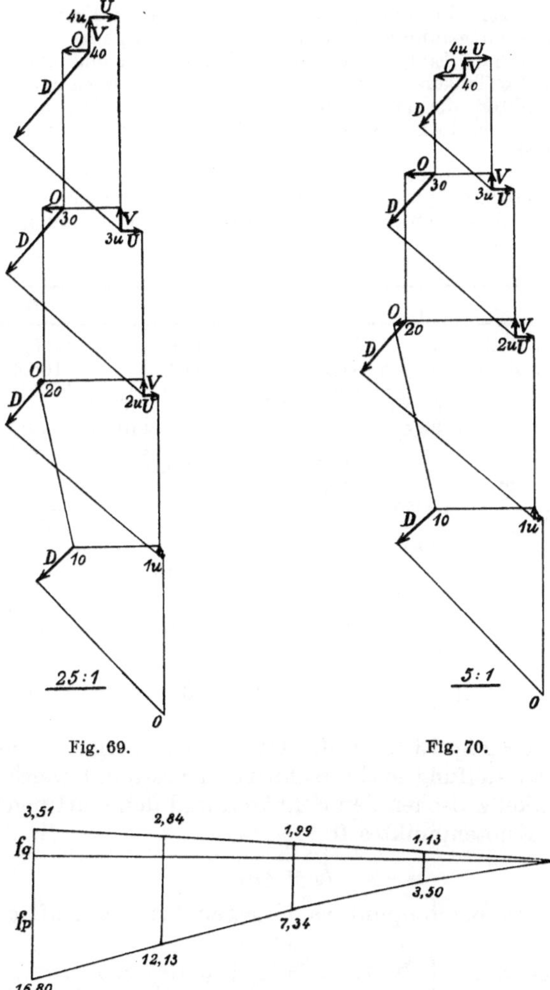

Fig. 69. Fig. 70.

Fig. 71.

Beispiel 20. Anzugeben ist die Durchbiegung der einzelnen Knotenpunkte des im Beispiel 6 berechneten Unterzuges, dessen Gerippe die Fig. 72 noch einmal zur Hälfte zeigt.

Man entnimmt dem Beispiel 6 die ersten Zeilen der folgenden Zusammenstellung. Mit den Angaben der Fig. 72 ergeben sich daraus gemäß Formel (35) die Verlängerungen bzw. Verkürzungen λ der Zusammenstellung. Ferner erhält man als Verkürzung des die Knotenpunkte 0 und 0′ verbindenden Stabes V

$$\lambda_V = -\frac{0{,}82 \cdot 28{,}7 \cdot 100000}{2100000 \cdot 28{,}2} = -0{,}0398 \text{ cm}.$$

Der einzige Stab, der seine Richtung unverändert beibehält, ist der in der Mitte befindliche U_4. Von ihm aus muß also der Verschiebungsplan (Fig. 73) begonnen werden, und zwar ist für die Trägerhälfte nur die Verlängerung $\frac{1}{2} \cdot \lambda_{U_4}$ aufzutragen. Daran ist die Verkürzung λ_{D_4} anzusetzen. Die im Anfangs- und Endpunkt errichteten Senkrechten schneiden sich in dem verschobenen Knotenpunkt 4′. Wird in derselben Weise fortgefahren, so ergibt sich leicht der ganze Verschiebungsplan.

Zieht man durch die Endpunkte 0 bzw. 0′ Wagerechte und unter den einzelnen Knotenpunkten des Trägers Lotrechte dazu, so liefern deren Längen bis zu den Verschiebungspunkten die gesuchten Durchbiegungen. Die ausgezogene Verbindungslinie der Durchbiegungsendpunkte gilt für den Obergurt, die gestrichelte für den Untergurt.

Damit die Beanspruchung der auf dem Unterzug liegenden Fußbodenträger (S. 12) mit der Berechnung übereinstimmt, sind die Knotenpunkte des Unterzuges beim Zulegen um die in den letzten Zeilen der Zusammenstellung stehenden Beträge zu heben.

Feld		1		2		3		4		
$-O$		27,0		66,65		93,0		106,2		t
F_O		69,4		69,4		105,4		105,4		cm²
$+U$	0		50,20		83,75		102,6		109,5	t
F_U	34,7		69,4		105,4		105,4		105,4	cm²
$\pm D$		34,2		24,45		14,65			4,9	t
F_D		37,4		23,8		17,4			8,7	cm²
$-\lambda_O$		0,278		0,686		0,631		0,720		mm
$+\lambda_U$	0		0,517		0,568		0,696		0,743	mm
$\pm\lambda_D$		0,484		0,561		0,446		0,298		mm
f_O	0,40		9,2		16,8		21,9		24,0	mm
f_U	0	5,1		13,7		20,0		23,6		mm
Knoten-punkt	0 0′	1′	1	2′	2	3′	3	4′	4	

An Hand der Fig. 73 kann die Durchbiegung des Parallelträgers mit Schrägenaussteifung leicht rechnerisch bestimmt werden. Bezeichnet γ den Winkel zwischen den Schrägen und den Gurtungen, so ist die Senkung des Knotenpunktes 0

$$f_0 = \lambda_V,$$

die Senkung des Knotenpunktes 1′ gegenüber der Auflagerstelle 0′

$$f_1' = +f_0 + \left(\sum_m^{1'} \lambda_U + \sum_m^{0} \lambda_O\right) \cdot \operatorname{cotg}\gamma + \lambda_{D_1} \cdot \frac{1}{\sin\gamma},$$

die Senkung des Knotenpunktes 1

$$f_1 = -f_0 + f_1' + \left(\sum_m^{1'} \lambda_U + \sum_m^{1} \lambda_O \right) \cdot \operatorname{cotg} \gamma + \lambda_{D_1} \cdot \frac{1}{\sin \gamma},$$

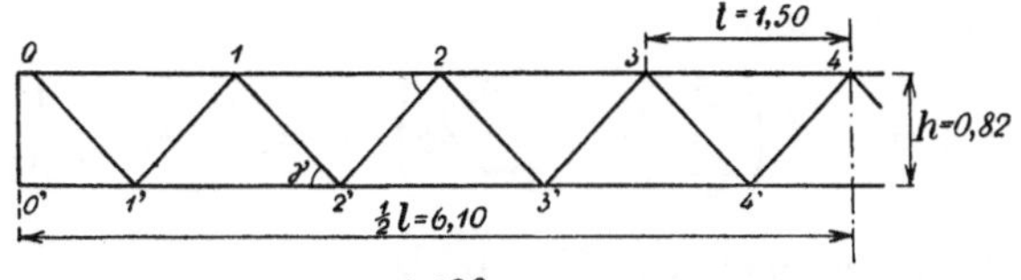

Fig. 72.

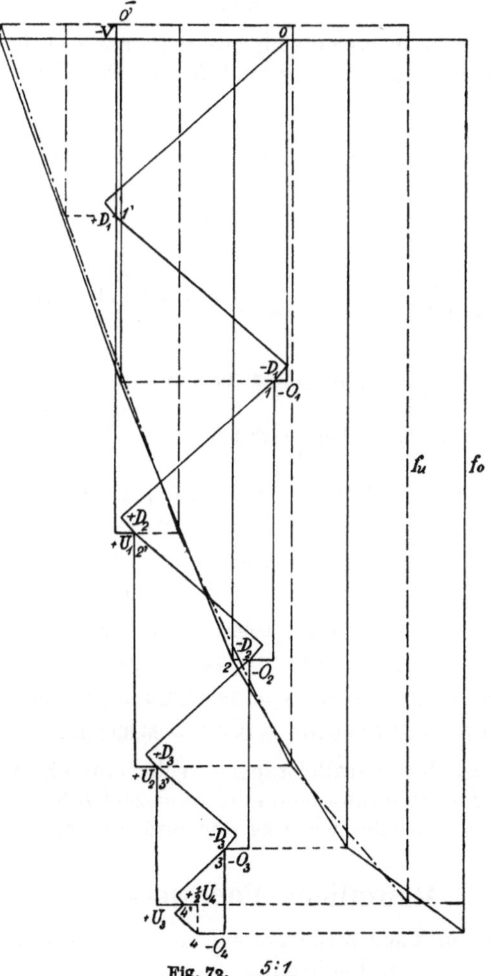

Fig. 73. 5:1

die des Knotenpunktes 2'

$$f_2' = +f_0 + f_1 + \left(\sum_m^{2'} \lambda_U + \sum_m^{1} \lambda_O\right) \cdot \operatorname{cotg}\gamma + \lambda_{D_2} \cdot \frac{1}{\sin\gamma}, \tag{37a}$$

die des Knotenpunktes 2

$$f_2 = -f_0 + f_2' + \left(\sum_m^{2'} \lambda_U + \sum_m^{2} \lambda_O\right) \cdot \operatorname{cotg}\gamma + \lambda_{D_2} \cdot \frac{1}{\sin\gamma} \tag{37b}$$

usw.

Mit den Bezeichnungen der Fig. 72 ist

$$\operatorname{cotg}\gamma = \frac{t}{2h} \quad \text{und} \quad \frac{1}{\sin\gamma} = \sqrt{1 + \left(\frac{t}{2h}\right)^2}. \tag{38}$$

Entsprechende Formeln lassen sich mit Hilfe einer einfachen Skizze des zugehörigen Verschiebungsplanes auch für die Parallelträger mit anderen Füllungssystemen angeben.

Beispiel 21. Die Aufgabe des Beispiels 20 ist rein rechnerisch zu lösen. Man entnimmt der Zusammenstellung in Beispiel 20 die Verlängerungen bzw. Verkürzungen λ der einzelnen Stäbe sowie die Senkung

$$f_0 = \lambda_V = 0{,}40 \text{ mm}.$$

Es ist ferner nach den Formeln (38)

$$\operatorname{cotg}\gamma = \frac{1{,}50}{2 \cdot 0{,}82} = 0{,}914, \quad \frac{1}{\sin\gamma} = \sqrt{1 + 0{,}914^2} = 1{,}355$$

und schließlich

$$\sum_m^{0} (\lambda_O + \lambda_U) = 4{,}468 \text{ mm},$$

wenn l_{U_4} nur halb gerechnet wird (Beispiel 20).

Damit wird nach den Formeln (37)

$$f_1' = 0{,}40 + 4{,}468 \cdot 0{,}914 + 0{,}484 \cdot 1{,}355 = 0{,}40 + 4{,}084 + 0{,}66 = 5{,}14 \text{ mm},$$
$$f_1 = -0{,}40 + 5{,}144 + 4{,}190 \cdot 0{,}914 + 0{,}66 = 9{,}23 \text{ mm},$$
$$f_2' = 0{,}40 + 9{,}234 + 3{,}673 \cdot 0{,}914 + 0{,}561 \cdot 1{,}355 = 13{,}75 \text{ mm},$$
$$f_2 = -0{,}40 + 13{,}753 + 2{,}987 \cdot 0{,}914 + 0{,}76 = 16{,}84 \text{ mm},$$
$$f_3' = 0{,}40 + 16{,}843 + 2{,}419 \cdot 0{,}914 + 0{,}446 \cdot 1{,}355 = 20{,}06 \text{ mm},$$
$$f_3 = -0{,}40 + 20{,}057 + 1{,}788 \cdot 0{,}914 + 0{,}604 = 21{,}90 \text{ mm},$$
$$f_4' = 0{,}40 + 21{,}895 + 1{,}092 \cdot 0{,}914 + 0{,}278 \cdot 1{,}355 = 23{,}67 \text{ mm},$$
$$f_4 = -0{,}40 + 23{,}670 + 0{,}372 \cdot 0{,}914 + 0{,}377 = 23{,}99 \text{ mm}.$$

Die Rechnung ist bei Parallelträgern recht einfach, während bei anderen Systemen die Zeichnung schneller zum Ziel führt. Ihr Anwendungsgebiet ist etwa dasselbe wie das der Kräftepläne.

7. Räumliche Fachwerke.

Für die räumlichen Fachwerke gelten, sinngemäß erweitert, die in Abschnitt 2 für die ebenen Fachwerke zusammengestellten Regeln:

Um ein starres und statisch bestimmtes Raumfachwerk zu erhalten, ist jeder Knotenpunkt mit drei anderen, die nicht in derselben Ebene liegen, durch je einen Stab zu verbinden.

An einem festen Auflager f hat die Stützkraft drei aufeinander senkrecht stehende Seitenkräfte von vorläufig unbekannter Größe, deren Richtungen beliebig angenommen werden können.

An einem allseitig in einer Ebene beweglichen Auflager b_e ist die Richtung der Auflagerkraft — senkrecht zur Ebene — bekannt und nur ihre Größe vorläufig unbekannt.

An einem in einer geraden Linie geführten Auflager b_l sind die Richtungen der beiden Auflagerseitenkräfte — senkrecht zur Geraden — von vornherein gegeben oder anzunehmen, und nur ihre Größen sind noch zu bestimmen.

In jedem Knotenpunkt K gilt die Bedingung, daß die Summe der Seitenkräfte in bezug auf jede von drei zu einander senkrechten Richtungen Null beträgt.

Hiernach lautet die Abzählregel für die statische Bestimmtheit eines räumlichen Fachwerkes aus s Stäben:

$$s + 3f + 2b_l + b_e = 3k. \tag{39}$$

Ist die linke Seite dieser Gleichung größer als die rechte, so ist das System statisch unbestimmt; ist sie kleiner, so ist das Fachwerk beweglich. Paare von Gegenschrägen, die sehr häufig angewendet werden, sind nur einfach zu zählen (S. 50).

Freilich werden räumliche Ausnahmefachwerke, die der Abzählformel genügen und doch stark beweglich sind, ziemlich häufig erhalten. Bisweilen zeigt erst die Berechnung der Stabkräfte an, daß das Fachwerk unbrauchbar ist[3a]) (vgl. S. 27). Durchweg nach dem Mittelpunkt des Grundvielecks gerichtete Führungen sind bei geradzahligen Vielecken jedenfalls zu vermeiden, weil sie Verschiebungen ergeben können, die die Standsicherheit ausschließen.

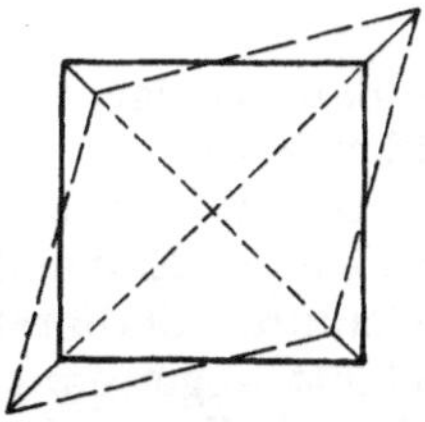

Beispiel 22. Bei einem Quadrat nach Fig. 74 gestattet die durch den Mittelpunkt gehende Bewegungsrichtung der Eckpunkte die gestrichelte Verschiebung, die das darüber errichtete Fachwerk unbrauchbar macht[18]). Mindestens ein Eckpunkt muß bei solchen geradzahligen Grundvielecken in einer anderen Richtung als nach dem Mittelpunkt geführt werden.

Fig. 74.

Ein Merkmal eines brauchbaren Fachwerkes liefert oft die folgende Überlegung[9]): Die meisten räumlichen Fachwerke sind durch ringförmig geschlossene Reihen von wagerecht liegenden Stäben in mehrere Geschosse geteilt. Denkt man sich ein derartiges Fachwerk in einem solchen Ring mit k_0 Knotenpunkten durch eine wagerechte Ebene geschnitten, so müssen bei statischer Bestimmtheit und Standsicherheit des oberen Teiles $k_0 + 3$ Auflagerbedingungen erfüllt sein. Zu dem Zweck könnte man etwa

[18]) Hübner, Z. d. V. d. I. 1897.

drei Knotenpunkte auf einer Geraden und die übrigen auf einer Ebene führen. Werden aber alle Knotenpunkte k_0 durch die Verbindung mit dem unteren Teil des Fachwerkes festgemacht, wobei die k_0 Ringstäbe unten an dem abgeschnittenen Fachwerkteil überflüssig werden, so sind $3 \cdot k_0$ Bedingungsgleichungen zu erfüllen. Es sind also

$$3k_0 - k_0 - (k_0 + 3) = k_0 - 3$$

Stäbe überzählig. Ebensoviel Schrägen sind zur Versteifung des letzten oberen Ringes nötig, wenn, wie gewöhnlich, alle Ringe dieselbe Zahl Knotenpunkte haben. Läßt man sie fort, so ist das Fachwerk standsicher und statisch bestimmt. Es entspricht also der Anforderung, wenn alle Fußpunkte fest gelagert sind und der obere Ring offen bleibt.

Da ein räumlicher Kräfteplan nicht unmittelbar gezeichnet werden kann, so erfolgt die Ermittlung der in dem Knotenpunkte mit den bekannten Lasten und Stabkräften zusammenstoßenden unbekannten Kräfte gewöhnlich rechnerisch: Man wählt drei aufeinander senkrechte Richtungen x, y, z zweckmäßig so, daß mindestens eine davon mit möglichst vielen Stabrichtungen des Fachwerks zusammenfällt, und zerlegt die im Knotenpunkt angreifenden äußeren Kräfte P in die entsprechenden Seitenkräfte X, Y, Z nach diesen Richtungen, ebenso alle Stabkräfte S in S_x, S_y, S_z. Dann lauten die Gleichgewichtsbedingungen

$$\Sigma S_x + \Sigma X = 0, \quad \Sigma S_y + \Sigma Y = 0, \quad \Sigma S_z + \Sigma Z = 0. \qquad (40)$$

Hat nun ein Stab, der die Spannkraft S erfährt, die Länge l, und haben seine Projektionen auf die drei Bezugsachsen die Längen a, b, c, so erhält man sofort aus ähnlichen Dreiecken

$$\frac{S_x}{S} = \frac{a}{l}, \quad \frac{S_y}{S} = \frac{b}{l}, \quad \frac{S_z}{S} = \frac{c}{l}$$

oder

$$S_x = a \cdot \frac{S}{l}, \quad S_y = b \cdot \frac{S}{l}, \quad S_z = c \cdot \frac{S}{l}, \qquad (41)$$

so daß als eigentliche Unbekannte vorteilhaft das Verhältnis $\frac{S}{l}$ eingeführt wird.

Dem Momentenverfahren entspricht das folgende: Der Knotenpunkt O, in dem der Einfachheit halber nur eine äußere Kraft P und die drei unbekannten Stabkräfte S_1, S_2, S_3 angreifen mögen, wird durch einen Schnitt abgetrennt, der vorteilhaft parallel einer Projektionsebene ist oder mit ihr zusammenfällt. Die Fig. 75 gibt ein perspektivisches Bild davon, die Fig. 76 die Grundriß- und Aufrißprojektionen. Man zerlegt nun die Kraft P in der durch ihre Wirkungslinie gehenden lotrechten Ebene in

$$P \cdot \sin\delta = P \cdot \frac{h}{l_0},$$

worin l_0 die wahre Länge der Wirkungslinie OD zwischen dem Knotenpunkt und der Schnittebene bezeichnet, und

$$P \cdot \cos\delta,$$

die im Grundriß unmittelbar erscheint. Entsprechend wird die Spannkraft S_1 zerlegt in $S_1 \cdot \frac{h}{b_1}$ senkrecht zur Schnittebene $A'B'C'$ und in $S_1 \cdot \cos\alpha$ parallel dazu. Verschiebt man jetzt die Kräfte in ihren Wirkungslinien bis zu dem Punkt D bzw. A, so ergeben nur die senkrecht zur Schnittebene stehenden Seitenkräfte Drehmoment ein bezug auf die Gerade BC, da die anderen sie schneiden. Man erhält so die Momentengleichung

$$S_1 \cdot \frac{h}{b_1} \cdot a_1 - P \cdot \frac{h}{l_0} \cdot a_0 = 0\,,$$

woraus folgt

$$\frac{S_1}{l_1} = \frac{P}{l_0} \cdot \frac{a_0}{a_1}\,. \tag{42}$$

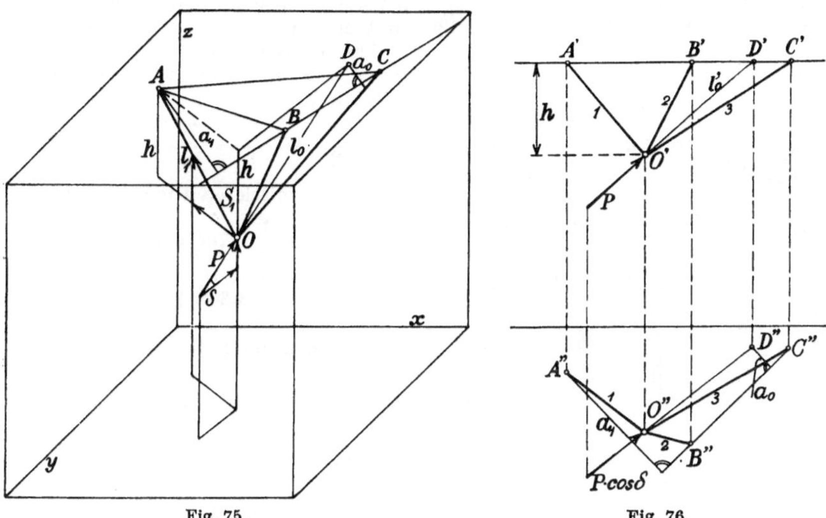

Fig. 75. Fig. 76.

Gleiche Formeln ergeben sich für die Spannkraftverhältnisse $\frac{S_2}{l_2}$ bzw. $\frac{S_3}{l_3}$ in bezug auf die Achsen AC bzw. AB.

An unbelasteten Knotenpunkten ist häufig der leicht einzusehende Satz[3a]) von Vorteil: Wenn die in einem Punkt angreifenden Kräfte sich in zwei Gruppen teilen lassen, deren jede in einer einzigen Ebene wirkt, so ist die Wirkungslinie der Mittelkraft jeder Gruppe die Schnittgerade der beiden Ebenen.

In vielen Fällen ist die Zurückführung auf ebene Aufgaben möglich (Bd. I, Abschnitt 8), die der Vollständigkeit halber in einigen nachfolgenden Beispielen vorgeführt wird.

Infolge der steifen Ausgestaltung der Knotenpunkte sind die räumlichen Fachwerke wesentlich weniger beweglich, als die übliche Berechnung, die Kugelgelenke voraussetzt, annehmen läßt.

Beispiel 23. Ein zweiteiliger Teleskop-Gasbehälter von 5000 m³ Inhalt habe die äußeren Durchmesser

$$d_1 = 21{,}20\ \mathrm{m}\,, \qquad d_2 = 21{,}80\ \mathrm{m}\,, \qquad d_0 = 22{,}50\,,$$

die Höhen $h_1 = h_2 = h_0 = 7{,}10$ m.

Anzugeben sind die größten in dem achteckigen Führungsgerüst durch den Winddruck auftretenden Spannkräfte.

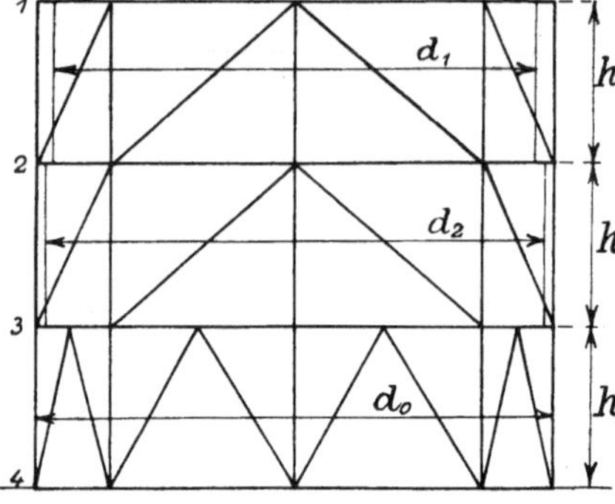
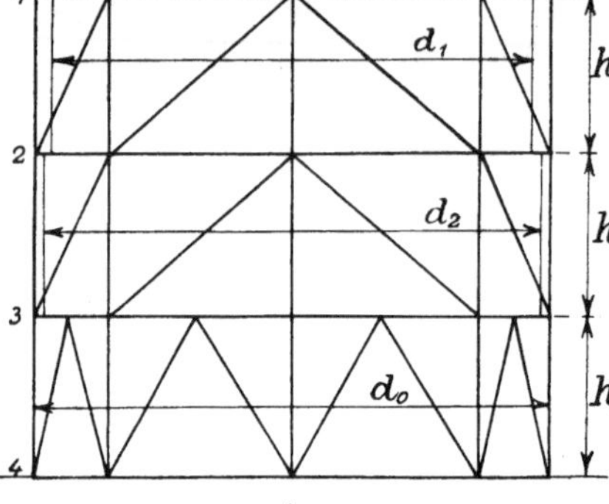

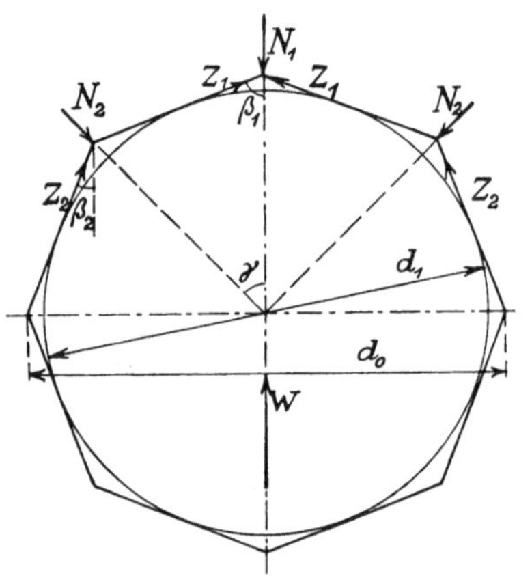

Fig. 77.

Der auf den oberen Teil des Behälters wirkende Winddruck beträgt nach Bd. I, S. 17,

$$W' = \frac{2}{3} \cdot 21{,}2 \cdot 7{,}1 \cdot 0{,}150 = 15{,}05\ \mathrm{t}\,,$$

der auf den unteren Teil kommende

$$W'' = \frac{2}{3} \cdot 21{,}8 \cdot 7{,}1 \cdot 0{,}150 = 15{,}48\ \mathrm{t}\,.$$

Um ein etwaiges Kippen und Ecken zu berücksichtigen, werden diese Kräfte um $\frac{1}{6}$ erhöht[9]).

Die in der oberen Ringfläche angreifende Gesamtkraft ist demnach gemäß Fig. 77

$$W_1 = \frac{1}{2} \cdot W' \cdot \frac{7}{6} = \frac{7}{12} \cdot 15{,}05 = 8{,}78\ \mathrm{t}\,,$$

die in dem mittleren Ring wirkende

$$W_2 = \frac{1}{2} \cdot (W' + W'') \cdot \frac{7}{6} = \frac{7}{12} \cdot 30{,}53 = 17{,}80\ \mathrm{t}\,,$$

die in dem unteren Ring

$$W_3 = \frac{1}{2} \cdot W'' \cdot \frac{7}{6} = \frac{7}{12} \cdot 15{,}48 = 9{,}03\ \mathrm{t}\,.$$

a) Die Führungsrollen am Behälter sind radial gerichtet.

Die ungünstigste Beanspruchung findet statt, wenn der Winddruck gemäß der unteren Fig. 77 wirkt, und infolgedessen nur drei Führungsrollen anliegen. (Auch wenn das Führungsgerüst mehr als 8 Hauptkanten hat, liegen nur 3 Führungsrollen, wie gezeichnet, an[19]).

Man erhält sogleich in jedem Ring die Gleichgewichtsbedingungen

$$N_1 + 2 \cdot N_2 \cdot \cos\gamma = W\,. \tag{43}$$

Das ist auch der einzige Zusammenhang, der außer dem der Symmetrie unmittelbar aufzustellen ist. Einen weiteren liefert die allerdings naheliegende Annahme[20]), daß sich die wagerechten Kräfte H[20a]) in den beeinflußten Stäben der Ringe verhalten wie die Kosinus ihrer Neigungswinkel gegen die Wirkungslinie der Windkraft W:

$$\frac{H_2}{H_1} = \frac{\cos\beta_2}{\cos\beta_1}\,. \tag{44}$$

Schreibt man die Gleichgewichtsbedingungen für die wagerechten Kräfte auf:

$$2 \cdot H_1 \cdot \cos\beta_1 + 2 \cdot H_2 \cdot \cos\beta_2 = W\,,$$

---

19) Hacker, Z. d. V. d. I. 1899. 20) Niemann, Z. d. V. d. I. 1894.

20a) In Fig. 77 steht dafür Z.

und setzt hierin den aus Gleichung (44) folgenden Wert von H_2 ein, so wird

$$H_1 = \frac{W}{2} \cdot \frac{\cos\beta_1}{\cos^2\beta_1 + \cos^2\beta_2}, \qquad H_2 = \frac{W}{2} \cdot \frac{\cos\beta_2}{\cos^2\beta_1 + \cos^2\beta_2}. \tag{45}$$

Die Wände, die nicht an einen gedrückten Pfosten angrenzen, bleiben spannungslos.

Im Fall des Achtecks ist nun

$$\beta_1 = 67\tfrac{1}{2}°, \qquad \cos\beta_1 = 0{,}3827, \qquad \cos^2\beta_1 = 0{,}1464,$$

$$\beta_2 = 22\tfrac{1}{2}°, \qquad \cos\beta_2 = 0{,}9239, \qquad \cos^2\beta_2 = 0{,}8536,$$

also

$$H_1 = 0{,}19135 \cdot W, \qquad H_2 = 0{,}46195 \cdot W.$$

Den mittleren Auflagerdruck ergibt dann die untere Fig. 77

$$N_1 = 2 \cdot H_1 \cdot \cos\beta_1 = 0{,}1464 \cdot W,$$

und damit erhält man aus Gleichung (43) die beiden anderen:

$$N_2 = \frac{W - N_1}{2 \cdot \cos\gamma} = \frac{0{,}8536}{2 \cdot 0{,}7071} \cdot W = 0{,}6038 \cdot W.$$

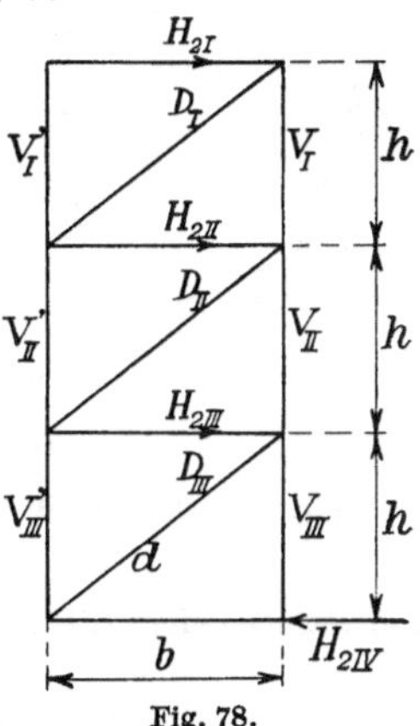

Fig. 78.

In der am stärksten beanspruchten Wand 2 (Fig. 78) wirken nun die wagerechten Kräfte

$$H_{2I} \sim 0{,}462 \cdot 8{,}78 = 4{,}06 \text{ t},$$

$$H_{2II} \sim 0{,}462 \cdot 17{,}80 = 8{,}22 \text{ t},$$

$$H_{2III} \sim 0{,}462 \cdot 9{,}03 = 4{,}17 \text{ t}.$$

Ferner ist die Wandbreite

$$b = d_0 \cdot \sin\frac{\gamma}{2} = 22{,}50 \cdot 0{,}3827 = 8{,}61 \text{ m},$$

und die Schrägenlänge

$$d = \sqrt{b^2 + h^2} = \sqrt{8{,}61^2 + 7{,}10^2} = 11{,}16 \text{ m}.$$

Damit ergibt sich die nachstehende Zusammenstellung gemäß den Darlegungen in Beispiel 5.

Ring	I	II	III	IV	
Querkraft ΣH	4,06	12,28	16,45	16,45	t
Moment	0	28,82	116,0	233,0	mt
$V = \frac{M}{b}$	−3,35	−13,48	−27,04	—	t
$V' = \frac{M}{b}$	0	+3,35	+13,48	—	t
$D = \frac{d}{b} \cdot \Sigma H$	+5,26	+15,91	+21,31	—	t
$V' \cdot 0{,}415$	0	+1,39	+5,59	—	t
$V + V' \cdot 0{,}415$	−3,35	−12,09	−21,45	—	t

Zu den Kräften V treten noch die Kräfte V' der nächsten Wand, die aus den in der Zusammenstellung niedergeschriebenen hervorgehen durch Multiplikation mit $\frac{0{,}19135}{0{,}46195} = 0{,}415$.

Selbstverständlich sind in jedem Feld Gegenschrägen anzuordnen.

Die Pfosten erfahren noch Biegungen durch die Kräfte N_2, wenn die Führungsräder auf halber Pfostenhöhe stehen, allerdings bei entsprechend verringerter Windkraft W.

b) Die Führungsrollen stehen am Behälter tangential, so daß sie zu je zwei den Führungspfosten umfassen.

Es liegen dann 6 Rollen an den Führungen an (auch bei mehr als 8 Ecken des Führungsgerüstes nur ebensoviel), und es gilt jetzt noch Fig. 79

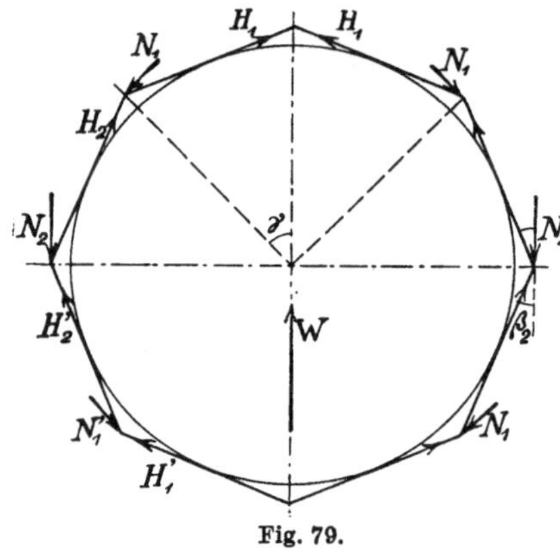

Fig. 79.

$$2 \cdot N_2 + 4 \cdot N_1 \cdot \sin\gamma = W. \qquad (46)$$

Im vorliegenden Fall ist

$$H_2 = H_2' \quad \text{und} \quad H_1 = H,$$

da die Winkel

$$\beta_2 = \beta_2' = 22\tfrac{1}{2}°$$

bzw.

$$\beta_1 = \beta_1' = 67\tfrac{1}{2}°$$

einander gleich sind. Damit wird

$$\left.\begin{aligned} H_1 &= \frac{W}{4} \cdot \frac{\cos\beta_1}{\cos^2\beta_1 + \cos^2\beta_2}, \\ H_2 &= \frac{W}{4} \cdot \frac{\cos\beta_2}{\cos^2\beta_1 + \cos^2\beta_2} \end{aligned}\right\} \qquad (47)$$

und mit den obigen Zahlenwerten

$$H_1 = 0{,}0857 \cdot W, \qquad H_2 = 0{,}2310 \cdot W.$$

Der Fig. 79 wird noch entnommen der Auflagerdruck

$$N_2 = 2 \cdot H_2 \cdot \cos\beta_2 = 0{,}427 \cdot W,$$

und damit liefert die Gleichung (46)

$$N_1 = \frac{\frac{1}{2}W - N_2}{2 \cdot \sin\gamma} = \frac{0{,}073}{2 \cdot 0{,}7071} \cdot W = 0{,}0516 \cdot W.$$

Die Stabspannkräfte ergeben sich dann aus der folgenden Zusammenstellung, nur etwa halb so groß als unter a).

Ring	I	II	III	IV	
H_2	2,03	4,11	2,09	—	t
ΣH	2,03	6,14	8,23	—	t
M	0	14,41	58,0	116,4	mt
V	−1,67	−6,74	−13,53	—	t
V'	0	+1,67	+ 6,74	—	t
$V' \cdot 0{,}362$	0	+0,60	+ 2,44	—	t
$V + V' \cdot 0{,}362$	−1,67	−6,14	−11,09	—	t
D	+2,63	+7,96	+10,67	—	t

c) Am besten wird der Grundannahme entsprochen, wenn die Tangentialführung in der Mitte der Wände erfolgt[21]). Die größte Beanspruchung findet statt, wenn die Windkraft nach Fig. 80 wirkt. Selbstverständlich ist hier ohne weiteres $N = H$; ferner gilt, da hier wieder 6 Rollen anliegen (auch bei mehr als 8 Ecken nur ebensoviel),

$$2 \cdot H_2 + 4 \cdot H_1 \cdot \cos\beta_1 = W, \qquad (48)$$

und als Grundannahme

$$\frac{H_2}{H_1} = \frac{1}{\cos\beta_1}. \qquad (49)$$

[21]) Müller—Breslau 1893, Z. d. V. d. I. 1898.

Aus beiden Gleichungen folgt leicht

$$H_1 = \frac{W}{2} \cdot \frac{\cos\beta_1}{1 + 2 \cdot \cos^2\beta_1}, \qquad H_2 = \frac{W}{2} \cdot \frac{1}{1 + 2 \cdot \cos^2\beta_1} \tag{50}$$

oder mit

$$\beta_1 = 45°, \quad \cos\beta_1 = 0{,}7071, \quad \cos^2\beta_1 = 0{,}500,$$
$$H_1 = 0{,}1768 \cdot W, \quad H_2 = 0{,}250 \cdot W.$$

Die weitere Berechnung liefert die Spannkräfte in den einzelnen Stäben nur rund halb so groß wie die unter b) stehende:

Ring	I	II	III	IV	
H_2	1,02	2,05	1,04	—	t
ΣH	1,02	3,07	4,11	—	t
M	0	7,24	29,04	58,22	mt
V	−0,84	−3,38	−6,77	—	t
V'	0	+0,84	+3,38	—	t
$V' \cdot 0{,}447$	0	+0,38	+1,51	—	t
$V + V' \cdot 0{,}447$	−0,84	−3,00	−5,26	—	t
D	+1,32	+3,90	+5,33	—	t

Beispiel 24. Anzugeben ist der Gang der Berechnung für eine Schwedler-Kuppel (Fig. 81).

Sie besitzt in gleichmäßigem Winkelabstand angeordnete Sparren, die sich alle in der Mittelachse des Bauwerks schneiden und durch vieleckige Ringe verbunden werden, die ihrerseits in wagerechten Ebenen liegen. Die einzelnen trapezförmigen Felder werden durch Zug- (Gegen-) Schrägen ausgesteift. Sämtliche Auflagerpunkte sind fest. Das System ist stabil und statisch bestimmt, wenn der obere Ring offen bleibt (S. 60), der durch eine Laterne abgedeckt ist.

Bei flachen Kuppeln wählt man gewöhnlich[9]) die Form der Sparren als Parabel von der Höhe $h = (\frac{1}{6} \div \frac{1}{7}) \cdot d$,

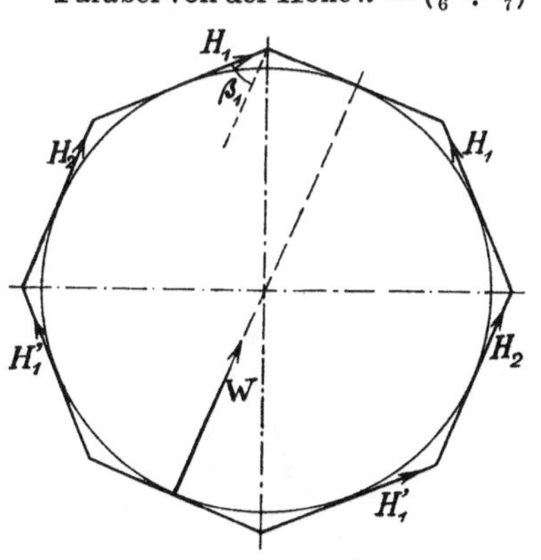

Fig. 80.

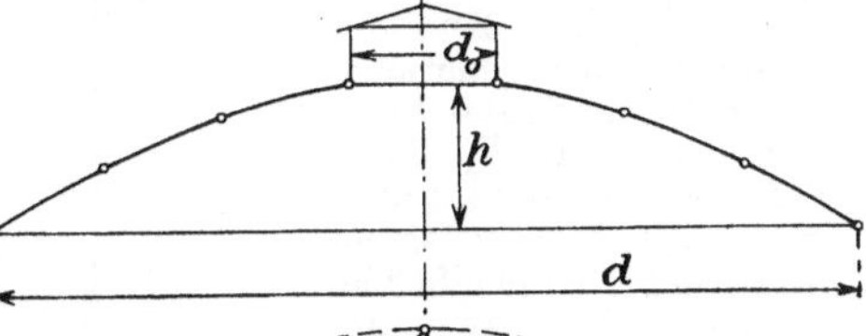

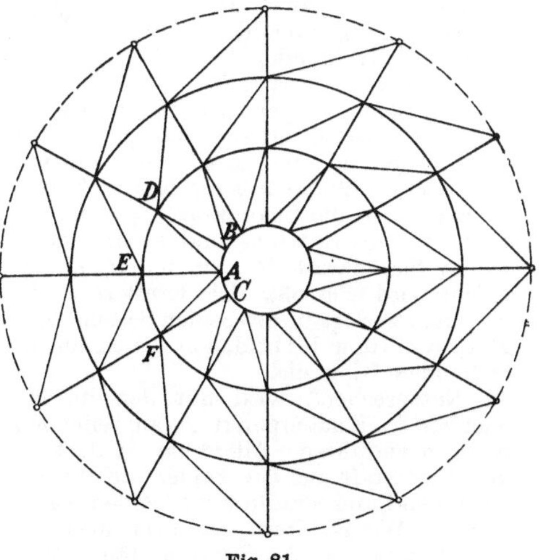

Fig. 81.

den Laternendurchmesser $d_0 = (\frac{1}{5} \div \frac{1}{6}) \cdot d$. Die immer durch 4 teilbare Zahl i der Sparren und die j der Zwischenringe im Verhältnis zum Durchmesser d enthält die Zusammenstellung:

$d =$	6	10	14	20	26 m
$i =$		8	12	16	20
$j =$		2	3	4	5

Das Eisengewicht der Kuppel, das gleichmäßig über alle Knotenpunkte zu verteilen ist, kann geschätzt werden[9]) zu

$$G = \frac{d}{2}(d^2 + 11) - (d^2 + 3)\ \mathrm{t},$$

das der Laterne bei Durchschnittshöhe zu

$$G' = 22 \cdot d^2 + 0{,}17\ \mathrm{t},$$

wenn beidemal die Durchmesser in Dekametern gerechnet werden. Hierzu kommt das Gewicht der Deckung, das bei Teerpappe auf 2,5 cm starker Verschalung einschließlich der Holzpfosten und -sparren rund 70 kg/m² beträgt.

Der Winddruck auf die eine Kuppelhälfte ist in bekannter Weise (Bd. I, S. 38) für jeden Knotenpunkt zu bestimmen; dabei ist zu beachten, daß die Windkraft auf Flächen F, die mit der wagerechten Windrichtung den Winkel α bilden und mit einer wagerechten Grundebene den Winkel β, gegeben ist durch

$$P = F \cdot p \cdot \sin^2\alpha \cdot \sin^2\beta\,. \tag{51}$$

Entsprechend sind die Schneelasten der anderen Kuppelhälfte zu ermitteln, wobei nur zu beachten ist, daß der Übergang von 0 bis zum Höchstbetrag stetig stattfindet, abgesehen von dem Raum hinter der Laterne.

Auf jeden Knotenpunkt kommen hiernach lotrechte Gewichts- bzw. Schneelastkräfte P_1, dazu auf der Windseite senkrecht zu den Hauptsparren und der Kuppelfläche stehende P_2 bzw. am obersten Ring von der Laterne herrührende, in der lotrechten Sparrenebene wirkende, wagerechte Windkräfte P_3.

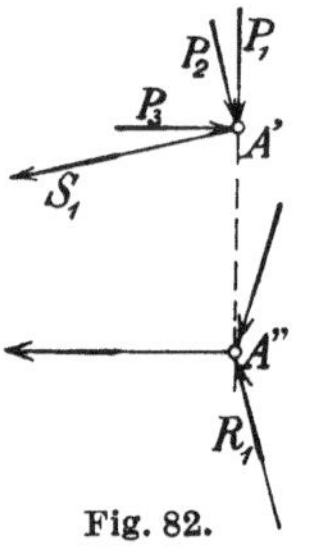

Fig. 82.

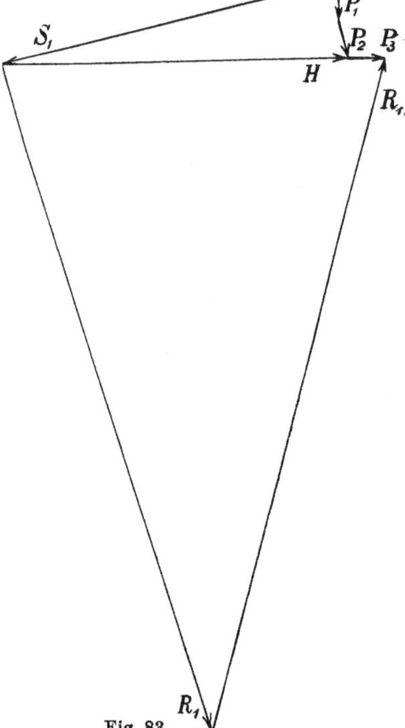

Fig. 83.

Zur Spannkraftberechnung werden etwa in dem Knotenpunkt A des inneren Ringes (Fig. 82) die äußeren Kräfte P_1 und P_2 zerlegt in die Spannkraft S_1 nach der Richtung des Sparrens und in die wagerechte Seitenkraft H_1, zu der P_3 hinzugefügt wird (Fig. 83). Die Kraft $H_1 + P_3$ wird nun zerlegt in die beiden Seitenkräfte R_1 in Richtung der beiden in A zusammentreffenden Ringteile.

Entsprechend wird mit den im benachbarten Knotenpunkt B angreifenden Kräften verfahren. Allerdings ist dort P_3 die Mittelkraft aus den beiden auf die zugehörigen Laternenwände wirkenden wagerechten Windkräften, die also nicht in die Hauptebene des Sparrens fällt. Man zerlegt sie in eine in der Sparrenebene liegende Seitenkraft und eine in die Ringstrebe AB fallende. Bei der weiteren Zerlegung ergeben sich so eine kleinere Sparrenkraft S_2 und kleinere Ringkräfte R_2 als im Punkte A.

Das Ringstück AB steht demnach unter der Wirkung der Knickkraft R_1. Der Kraftunterschied $R_1 - R_2$ muß von der Zugschrägen des Trapezes $ABDE$ aufgenommen werden.

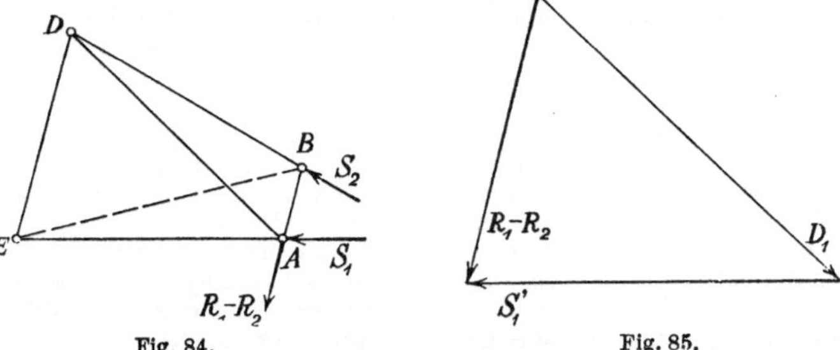

Fig. 84. Fig. 85.

Aus der Kräfteaufstellung der Fig. 84 folgt das zugehörige Kräftedreieck der Fig. 85, das die Spannkraft D_1 in der Schrägen AD liefert und die Zusatzdruckkraft S_1' in dem Sparren AE.

Ebenso ergibt sich in dem benachbarten Trapez $AEFC$ (Fig. 86) der Unterschied $R_1 - R_3$ am Ringstück AC, der zerfällt in die Spannkraft D_2, der Zugschrägen AF und die Druckkraft S_1'' in dem Sparren AE (Fig. 87).

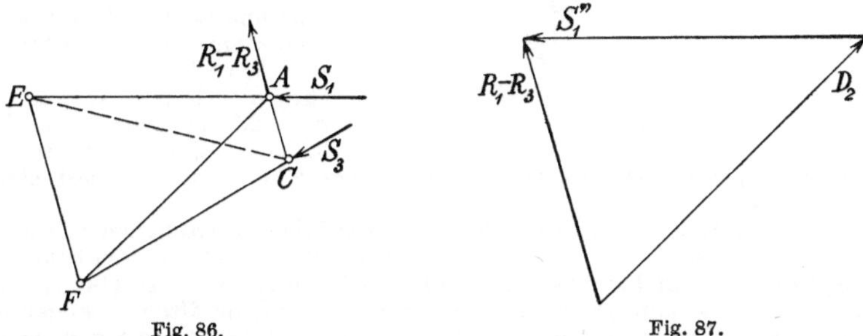

Fig. 86. Fig. 87.

Der Sparren AE wird also auf Knicken beansprucht von der Gesamtkraft $S_1 + S_1' + S_1''$. Hiernach sind sämtliche Stäbe zu berechnen, die am innersten Ring angreifen.

Im Knotenpunkt E des zweiten Ringes greifen die in Fig. 88 eingezeichneten Kräfte ein. Man zerlegt zuerst die Schrägenspannkräfte D_1 und D_2 in den Ebenen ihres Trapezes nach den Richtungen des Sparrens und der Ringstäbe gemäß den Fig. 89 und 90. Darauf sind die im Punkt E in der Hauptebene des Sparrens wir-

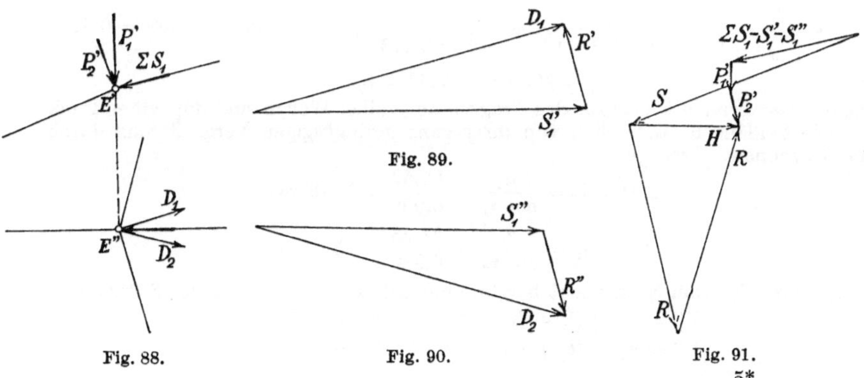

Fig. 88. Fig. 89. Fig. 90. Fig. 91.

kenden Kräfte nach der Richtung des Sparrens und der Wagerechten zu zerlegen (Fig. 91). Die wagerechte Kraft H wird dann weiter nach den Richtungen der Ringstäbe zerlegt. Die beiden Ringstäbe erhalten so die Spannkräfte $R - R'$ bzw. $R - R''$. Im übrigen ist sinngemäß nach den obigen Angaben fortzufahren.

Durch ein gleiches Verfahren erhält man schließlich die Auflagerkräfte N. Für die Bemessung maßgebend sind natürlich die größten Werte der in demselben Ring ermittelten Spannkräfte.

Es ist leicht, aus den gegebenen Figuren auch rechnerische Beziehungen herzuleiten; am übersichtlichsten sind entschieden die Kräftepläne.

Statt die Kuppel an allen Auflagerstellen fest zu machen, kann man die Auflagerpunkte miteinander durch einen äußeren Ring verbinden und jedes Auflager nach einer Richtung beweglich machen, jedoch so, daß sich nicht mehrere Bewegungsrichtungen in demselben Punkt schneiden. Am zweckmäßigsten ist die Bewegungsrichtung senkrecht zu dem folgenden Stab des äußeren Ringes zu wählen[9]), wenn man in demselben Sinne um die ganze Kuppel herumgeht.

Beispiel 25. Zu berechnen sind die Spannkräfte in den einzelnen Stäben der Drahtseilbahnstütze nach Fig. 92. Sie stehe im Punkte A der Bahn, aus der die Fig. 92 die drei benachbarten Stützpunkte B, A, C wiedergibt.

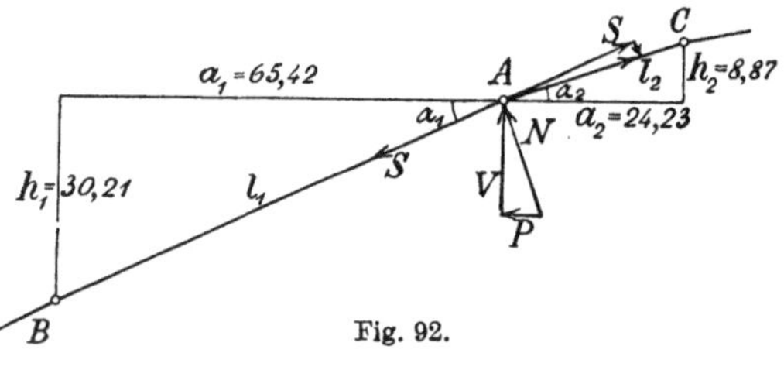

Fig. 92.

Das Tragseil für die beladenen Wagen von $d_1 = 3{,}2$ cm Durchmesser und $F_1 = 6{,}63\,\text{cm}^2$ Querschnitt sei an der Stelle A mit $S_1 = 20$ t angespannt, das für die leeren Wagen von $d_2 = 2{,}3$ cm Dmr. und $F_2 = 3{,}33\,\text{cm}^2$ Querschnitt sei mit $S_2 = 10$ t angespannt. Die leeren Wagen wiegen 230 kg, die Nutzlast 400 kg bei 5 hl Raumbedarf.

Unter Regelverhältnissen ist die Seilreibung auf den Stützschuhen sehr gering (vgl. Bd. II, S. 32), so daß die Spannkraft im Seil auf beiden Seiten der Stütze die gleiche S_1 bzw. S_2 ist, und zwar in der geraden Richtung AB bzw. AC (Bd. I, S. 25). Die Auflagerkraft N halbiert den Winkel zwischen den Seilkräften S, so daß ihre Neigung gegen die Lotrechte $\beta = \frac{1}{2}(\alpha_1 + \alpha_2)$ ist, wie sich leicht aus Fig. 92 ergibt.

Man entnimmt der Fig. 92 auch sofort

die lotrechte Auflagerkraft $V = S \cdot (\sin\alpha_1 - \sin\alpha_2)$,
die wagerechte Auflagerkraft $P = S \cdot (\cos\alpha_2 - \cos\alpha_1)$,
oder mit den gegebenen Zahlenwerten

$$V_2' = 10 \cdot \left(\frac{30{,}21:65{,}42}{\sqrt{1 + (30{,}21:65{,}42)^2}} - \frac{8{,}87:24{,}23}{\sqrt{1 + (8{,}87:24{,}23)^2}}\right) = 10 \cdot (0{,}420 - 0{,}344) = 0{,}76\,\text{t}$$

$$P_2' = 10 \cdot \left(\frac{1}{\sqrt{1 + (8{,}87:24{,}23)^2}} - \frac{1}{\sqrt{1 + (30{,}21:65{,}42)^2}}\right) = 10 \cdot (0{,}939 - 0{,}908) = 0{,}31\,\text{t},$$

also

$$N_2 = \sqrt{0{,}76^2 + 0{,}31^2} = 0{,}82\,\text{t}.$$

Die entsprechenden Werte für das Tragseil der vollen Wagen sind doppelt so groß.

Die Seillängen, abgesehen von ihrer ganz geringfügigen Vergrößerung durch den Durchhang, betragen

$$\overline{AB} = l_1 = \frac{a_1}{\cos\alpha_1} = \frac{65{,}42}{0{,}908} = 72{,}05\,\text{m},$$

$$\overline{AC} = l_2 = \frac{a_2}{\cos\alpha_2} = \frac{24{,}23}{0{,}939} = 25{,}81\,\text{m}.$$

Damit wird die vom Seilgewicht herrührende lotrechte Belastung der Stütze A

$$V_1'' = q_1 \cdot \tfrac{1}{2}(l_1 + l_2) = 5{,}7 \cdot \tfrac{1}{2} \cdot 97{,}86 \sim 280\,\text{kg},$$

$$V_2'' = q_2 \cdot \tfrac{1}{2}(l_1 + l_2) = 3{,}0 \cdot \tfrac{1}{2} \cdot 97{,}86 \sim 150\,\text{kg}.$$

Dazu tritt das Gewicht je eines Wagens, die als dicht bei bzw. auf der Stütze stehend angenommen werden, einschließlich des zugehörigen Gewichtes des Zugseiles von der Länge des Wagenabstandes $l = 55$ m und dem Gewicht $q = 0{,}54$ kg/m mit

$$V_1''' = 660\,\text{kg}, \qquad V_2''' = 260\,\text{kg}.$$

Die Belastung durch die Mittelkräfte der annähernd ebenso, wie Fig. 92 angibt, geneigten Zugseilspannkräfte wird reichlich dadurch berücksichtigt, daß man die vorstehenden Werte je um 10 kg erhöht.

Quer zur Bahnrichtung wirkt auf die Tragseile eine Windkraft bei $q_w = 200\,\text{kg/m}^2$ von

$$W_1' = \tfrac{1}{2} \cdot 97{,}86 \cdot 0{,}032 \cdot \tfrac{2}{3} \cdot 200 \sim 210\,\text{kg},$$

$$W_2' = \tfrac{1}{2} \cdot 97{,}86 \cdot 0{,}023 \cdot \tfrac{2}{3} \cdot 200 = 150\,\text{kg}.$$

Auf jeden Wagen kommt bei 1 m Länge und 0,7 m Höhe des Kastens mit einer Laufwerkfläche von rund $0{,}35 \cdot 0{,}6\,\text{m}^2$

$$W_1'' = W_2'' = (0{,}7 + 0{,}28) \cdot 200 \sim 180\,\text{kg}$$

und auf jedes Zugseil bei $d_0 = 1{,}2$ cm Stärke

$$W_1''' = W_2''' = 0{,}012 \cdot 55 \cdot \tfrac{2}{3} \cdot 200 \sim 90\,\text{kg}.$$

Die statische Berechnung muß aber noch den nur ausnahmsweise vorkommenden Fall berücksichtigen, daß die Schmierung der Seilauflagerschuhe gänzlich vernachlässigt wird, also darin die Reibungsziffer $\mu = 0{,}16$ (Bd. II, S. 30) zutrifft. Dann ist die wagerechte Kraft in der Seilbahnrichtung

$$P_2'' = \mu \cdot N_2 = 0{,}16 \cdot 0{,}82 \cdot 1000 = 415\,\text{kg}$$

und

$$P_1'' = 2 P_2'' = 830\,\text{kg}.$$

Durch Summierung der gleich bezeichneten Lasten ergeben sich so die in Fig. 93 eingetragenen

$$V_1 = 2470\,\text{kg}, \qquad P_1 = 1450\,\text{kg}, \qquad W_1 = 480\,\text{kg},$$

$$V_2 = 1180\,\text{kg}, \qquad P_2 = 725\,\text{kg}, \qquad W_2 = 420\,\text{kg}.$$

Weiter ist noch das Gewicht der Stütze anzusetzen, das nach bewährten Ausführungen beträgt

$$G = 160 \cdot h = 160 \cdot 7{,}7 = 1230\,\text{kg}.$$

Es wird schätzungsweise auf die einzelnen Knotenpunkte gemäß den Angaben der linken Seite der Fig. 93 verteilt. Dazu kommen noch die ebenfalls eingetragenen Gewichte der Tragseilauflagerschuhe und Zugseiltragrollen.

Das letzte ist der Winddruck auf die Seitenwände der Stütze, der mit den an die rechte Seite der Fig. 93 angeschriebenen Zahlen zu rechnen ist.

Da der Oberteil der Stütze fast stets in gleicher Weise ausgeführt wird, so setzt man vorläufig, um dieselbe Rechnung immer wieder verwenden zu können,

$$V_1 = 1\,\text{t}, \qquad P_1 = 1\,\text{t}, \qquad W_1 = 1\,\text{t}$$

und berechnet die durch jede einzelne dieser Kräfte entstehenden Spannkräfte für sich, wobei nur die nach einer Richtung wirkenden Gegenschrägen beachtet werden.

Die beiden Kräfte $\frac{1}{2} W_2$ beanspruchen die beiden oberen Querträger bei A und A' auf Zug und ergeben in der Ebene AB bzw. $A'B'$ den Kräfteplan der Fig. 94, wobei davon abgesehen werden kann, daß alle Stäbe S im Teil AB um das

$$\sqrt{1 + \left(\frac{1}{8{,}5}\right)^2} = \sqrt{1{,}014} = 1{,}007\,\text{fache}$$

länger sind, als die Zeichnung der Fig. 93 ergibt. Im unteren Teil BC beträgt dieser Faktor 1,005.

Die beiden lotrechten Kräfte $\frac{1}{2} V_1$ sind gemäß Fig. 95 zu zerlegen. Die wagerechten Seitenkräfte $0{,}06\,V_1$ werden von der Verbindung der beiden Querträger

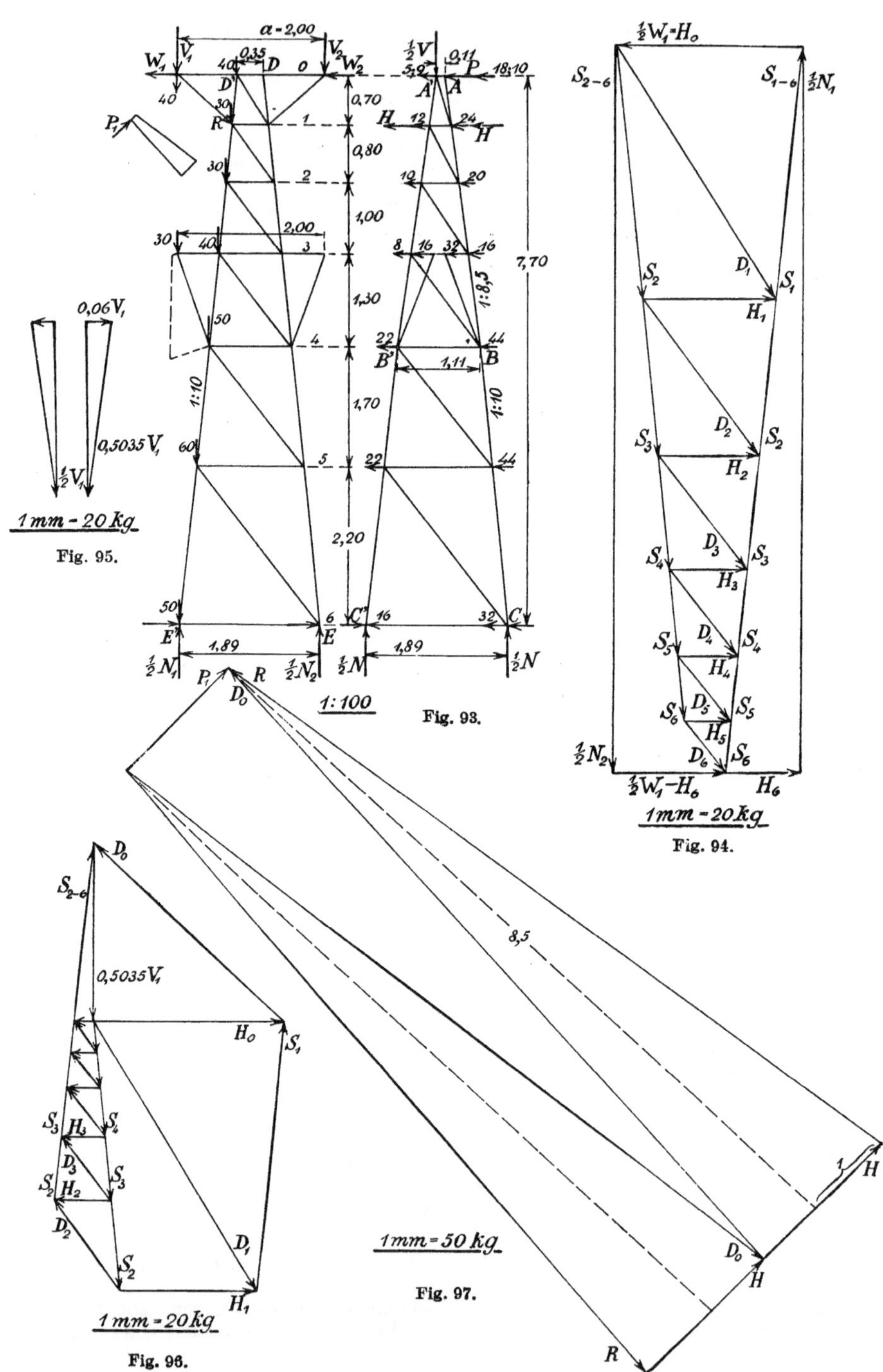

Fig. 95.

Fig. 93.

Fig. 94.

Fig. 96.

Fig. 97.

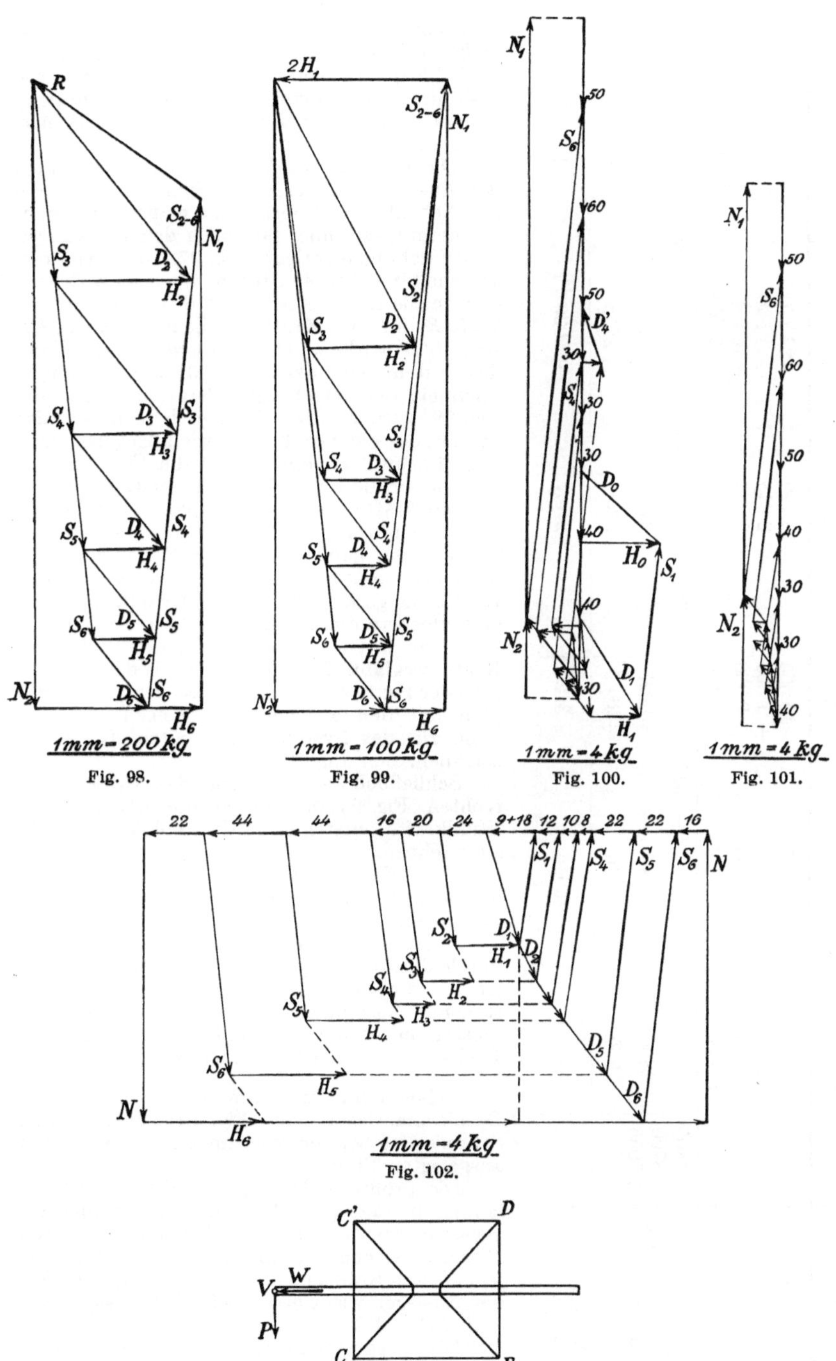

Fig. 98.

Fig. 99.

Fig. 100.

Fig. 101.

Fig. 102.

Fig. 103.

Feld		1		2		3		4		5		6	
Stab S_C		−2675		−12 535		−16 665		−19 720		−22 770		−24 310	
„ $S_{C'}$		−2540		− 6 005		− 1 805		− 2 845		− 1 530		− 190	
„ S_D		− 915		− 360		+ 8 050		+12 655		+16 275		+19 225	
„ S_E		− 765		− 4 100		+ 875		+ 3 770		+ 5 765		+ 7 305	
Fig. 93 links: H	+1805		−1675		−6515		−5740		−4925		−3435		−3910
D ↙	−8750	+2860		+10820		+8695		+6190		+4765		+3765	
D ↗	+7055	+950		+5770		+3800		+3300		+2555		+2040	
Fig. 93 rechts: D ↙		—		+5945		+3120		+2105		+2030		+1630	

aufgenommen, und die in die Ebenen AB bzw. $A'B'$ der Fig. 93 fallenden Kräfte $0{,}5035 \cdot V_1 = 503{,}5$ kg ergeben in denselben Wänden wie $\frac{1}{2} W_1$ den Kräfteplan der Fig. 96. Im übrigen gilt auch hier die bei Fig. 94 gemachte Bemerkung über die Stablängen.

Die Kraft P_1 wird in der Ebene der beiden den Auslegerarm stützenden Schrägen D_0, die in der Nebenfigur 93 oben links maßstäblich richtig herausgezeichnet ist, nach den Richtungen dieser Schrägen zerlegt (Fig. 97). Jede von den so erhaltenen Stabkräften wird wieder zerlegt in eine in die Ebene AB bzw. $A'B'$ fallende Seitenkraft R und zwei Kräfte H, die in der Ebene ED bzw. $E'D'$ wirken. Die Kraft R belastet dann das System der linken Fig. 93, wie dort eingezeichnet; den zugehörigen Kräfteplan gibt die Fig. 98 wieder. Die Kräfte H belasten das System der rechten Fig. 93 wie angegeben; den zugehörigen Kräfteplan zeigt die Fig. 99.

Die an die linke Fig. 93 angesetzten Eigengewichtskräfte gelten für die betreffenden Knotenpunkte, die zwei Ebenen angehören. Es wird ein ganz belangloser Fehler gemacht, wenn man die auf der linken Hälfte eingetragenen Kräfte als ganz in der Ebene der linken Fig. 93 angreifend annimmt und dafür die an den rechten Knotenpunkten derselben Figur wirkenden Kräfte wegläßt. Man erhält hiermit den Kräfteplan der Fig. 100. Einen entsprechenden Kräfteplan mit den gleichen Belastungen hat man dann für das System der rechten Fig. 93 zu zeichnen, den Fig. 101 wiedergibt.

Schließlich ist noch für das System der rechten Fig. 93 der durch die angetragenen Windkräfte entstehende Kräfteplan (Fig. 102) zu zeichnen.

Man erkennt sofort, daß Eigengewicht und Winddruck bei Stützen mittlerer Höhe ohne Bedeutung sind.

Addiert man die in den einzelnen Stäben durch die oben angegebenen Belastungen auftretenden Spannkräfte, so erhält man die nebenstehende Zusammenstellung, in der die Eckpfosten mit den an den Fußpunkten stehenden Buchstaben (Fig. 103) bezeichnet sind.

Beispiel 26. Zu bestimmen sind die in dem Drehkranausleger der Fig. 104 auftretenden Spannkräfte bei der gezeichneten, am weitesten ausgelegten Stellung.

Die größte Belastung bei der Höchstausladung beträgt $Q_0 = 2{,}1$ t; der Haken und das Belastungsgewicht für die Senkung des leeren Hakens wiegen zusammen $G_1 = 0{,}12$ t, das jeder festen Rolle mit Lagerung i. M. $G_0 = 0{,}05$ t; der Ausleger wiegt einschließlich Laufsteg bzw. Leiter $G = 1{,}2$ t.

Die Gesamtbelastung der Spitze beträgt

demnach $Q = Q_0 + G_1 = 2{,}22$ t. Schätzt man den Wirkungsgrad einer halbumfaßten Seilrolle zu $\eta = 0{,}95$, so beträgt der Seilzug

$$S_1 \sim \frac{Q}{\eta} = \frac{2{,}22}{0{,}95} = 2{,}43 \text{ t}.$$

Gehalten wird der Kranausleger von zwei parallelen viersträngigen Flaschenzügen mit der Gesamtkraft S.

Der erste Kräfteplan (Fig. 105) wird vorteilhaft, weil dabei nur die Hauptstäbe Spannungen erhalten und die Füllungsstäbe unbeansprucht bleiben, nur für die Belastung durch die äußeren Kräfte Q, S_1, S, N_2 gezeichnet, von denen die beiden letzteren vorläufig noch nicht bekannt sind. Man beginnt am Lastende mit dem Kräfteviereck Q, S_1, U_1, O_1, geht dann zu dem Knotenpunkt oben links mit dem Kräftedreieck O_1, D, O_2 und darauf zu dem Knotenpunkt des gebrochenen Untergurtes mit dem Kräftesechseck D, U_1, S_1, S_1, S, U_2. Es bestimmt die Größe der Haltekraft S aus der Bedingung, daß die übrigen Füllungsstäbe, außer der Hauptschrägen D, keine Beanspruchung erhalten. Anderenfalls würde sich das letzte Krafteck O_2, U_2, N_2, das ein Dreieck sein muß, nicht schließen.

Alle ermittelten Kräfte verteilen sich zu gleichen Teilen auf zwei Stabsysteme, deren geringe Neigung gegeneinander mit nur ganz kleinem Fehler vernachlässigt werden kann.

Um die von den Eigengewichten hervorgerufenen Auflager- und Spannkräfte zu bestimmen, zeichnet man einen zweiten Kräfteplan in so großem Maßstab, daß die einzelnen Kräfte deutlich genug werden. Das Gesamtgewicht G wird über die 8 Knotenpunkte des Untergurtes und die 7 des Obergurtes überschlägig so verteilt, daß auf die letzteren nur je die Hälfte des auf die Untergurtpunkte entfallenden Betrages kommt, also auf jeden Punkt O 50 kg, auf jeden Punkt U 100 kg.

Da alle Belastungen lotrecht wirken, wird die zugehörige Haltekraft S vorteilhaft rechnerisch aus der Momentengleichung für die Auflagerstelle ermittelt, nachdem die Hebelarme aus der Zeichnung abgegriffen sind:

$$\begin{aligned} S \cdot 3{,}00 = {} & 0{,}05 \cdot (0{,}89 + 1{,}77 + 2{,}71 + 3{,}68 + 4{,}66 + 6{,}60 + 8{,}00) \\ & + 0{,}10 \cdot (0 + 1{,}13 + 2{,}27 + 3{,}39 + 4{,}50 + 5{,}67 + 7{,}51 + 9{,}50) \\ & + 0{,}05 \cdot 9{,}50 + 0{,}25 \cdot 5{,}67 . \end{aligned}$$

Hieraus folgt

$$S = \frac{1}{3{,}00} \cdot (0{,}05 \cdot 43{,}48 + 0{,}10 \cdot 45{,}31) = 2{,}24 \text{ t}.$$

Damit läßt sich der Kräfteplan der Fig. 106, von der äußeren Spitze des Auslegers anfangend, zeichnen. Die erhaltenen Spannkräfte verteilen sich ebenfalls wieder je zur Hälfte auf die beiden genau genug als parallel angesehenen Stabsysteme der Fig. 104. Es ist stets zweckmäßig, den Kräfteplan für das Eigengewicht für sich zu zeichnen, wenn es nur obenhin geschätzt ist, weil man dann die etwaige Richtigstellung durch einfache Maßstabänderung vornehmen kann.

Beim Schwenken des Auslegers um die Drehachse des Kranes treten während der Andrehzeit an jedem Punkt, wo Lasten angreifen, Trägheitskräfte auf, deren Wirkungslinien in wagerechten Ebenen liegen. Macht der Kran, wie gewöhnlich angegeben wird, in der gezeichneten Auslage 2 volle Umdrehungen in der Minute, so ist seine Winkelgeschwindigkeit $\omega = \frac{2 \cdot 2\pi}{60} \frac{1}{\text{sk}}$. Wird nun die Anfahrzeit zu 2 sk, dem 15. Teil der für die volle Schwenkung verfügbaren Zeit, angesetzt, so beträgt die Winkelbeschleunigung $\varepsilon = \frac{2 \cdot 2\pi}{60 \cdot 2} \frac{1}{\text{sk}^2}$. Ein im Abstand r m von der Drehachse befindliches Gewicht G ruft also die wagerechte Trägheitskraft hervor

$$P = \frac{G \cdot r \cdot \varepsilon}{g} = \frac{2 \cdot 2\pi}{60 \cdot 2} \cdot \frac{1000}{9{,}81} \cdot G \cdot r = 10{,}68 \cdot G \cdot r \text{ kg}.$$

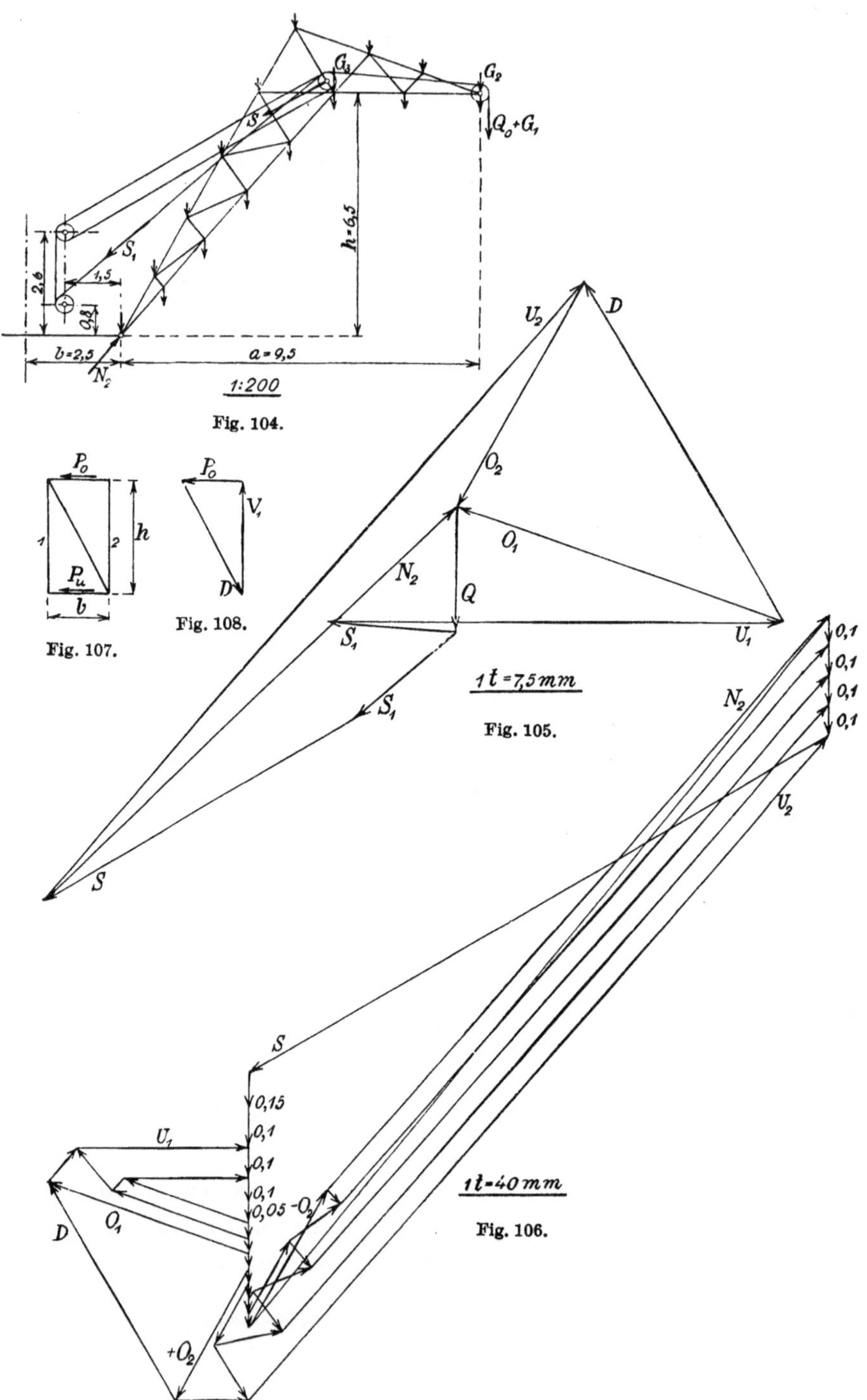

Fig. 104.

Fig. 105.

Fig. 106.

Fig. 107.

Fig. 108.

Man erhält so mit den vorstehenden Zahlenwerten für die Abstände, die hier durchweg um 2,50 erhöht werden müssen, vom unteren Auflager angefangen, die Kräfte

$$P_U = 2{,}7 \quad 3{,}9 \quad 5{,}1 \quad 6{,}3 \quad 7{,}5 \quad 30{,}6 \quad 10{,}6 \quad 19{,}3 + 285\,\text{kg}\,,$$

$$P_O = \quad 1{,}8 \quad 2{,}3 \quad 2{,}8 \quad 3{,}3 \quad 38{,}0 \quad 4{,}9 \quad 5{,}6\,\text{kg}\,.$$

Wenn auch die Obergurtkräfte recht klein sind, so müssen doch, um unzulässige Verbiegungen zu vermeiden, zu ihrer Ableitung nach dem kräftigeren Untergurt, in der Ebene des ersten und dritten Füllungsstabes, von der Spitze aus gezählt, Aussteifungsschrägen nach Fig. 107 angeordnet werden, die natürlich für die Drehung nach der anderen Seite auch in der zweiten Richtung vorhanden sein müssen. Das Kräftedreieck der Fig. 108 zeigt die in den Stäben V_1 und D' infolge der Kraft P_O entstehenden Kräfte. Im Untergurt zerlegt sich die Zugkraft D' derart, daß P_O zu P_U hinzukommt und in dem dazu senkrechten Stabe die Zugkraft $V_2 = V_1$ auftritt. Aus den ähnlichen Dreiecken der Fig. 107 und 108 ergibt sich sofort $V = P_O \cdot \dfrac{h}{b}$.

Entsprechende Versteifungen werden auch in den Ebenen der kürzeren Schrägen des unteren Teilträgers der Fig. 104 angebracht sowie bei der nach der oberen Ecke gehenden Schrägen D des Kräfteplans Fig. 105. Die Kräfte V sind durchweg so gering, daß sie schon in der geschätzten Gewichtsbelastung der unteren Knotenpunkte enthalten sind.

Damit ergibt sich die Belastung des vorderen Untergurtteiles gemäß Fig. 109. Die Spannkraftermittlung wird hier vorteilhaft rechnerisch durchgeführt, weil der Kräfteplan bei hinreichender Deutlichkeit der Lasten sehr lang und ungenau ausfallen würde. Da die Kräftedreiecke denen des Stabsystems ähnlich sind, erhält man sofort

$$\pm U_1 = \frac{304 \cdot 3{,}83}{0{,}78 - 0{,}15} \cdot \sqrt{1 + \left(\frac{0{,}63}{2 \cdot 3{,}83}\right)^2} = \frac{304 \cdot 3{,}83 \cdot 1{,}0034}{0{,}63} = 1851\,\text{kg}\,.$$

Dazu kommt noch eine in der Mitte befindliche Belastung

$$-U_1 = \frac{16 \cdot 1{,}84 \cdot 1{,}0034}{0{,}78} = 38\,\text{kg}\,.$$

Da die Spannkraft in der Schrägen offensichtlich nur wenig größer ist als der letztere Betrag, so kann ihre genaue Bestimmung unterbleiben. Man berechnet noch

$$\pm N_1 = \frac{1}{1{,}0034} \cdot (1851 + 38) \sim 1885\,\text{kg}\,.$$

Stab	O_1	U_1 vorn	U_1 hinten	O_2	U_2 oben	U_2 unten	D	S	N	
	+3,10	−4,09	−4,09	+2,29	−6,95	−6,95	−3,51	+3,23	−5,08	t
	+0,36	−0,21	−0,29	+0,25 / −0,26	−1,47	−1,29	−0,43	+1,12	−1,53	t
	—	—	—	—	±2,97	—	—	±3,64	—	t
	—	±1,85	±1,89	—	—	±0,76	—	—	±0,76	t
Max.	+3,46	−6,15	−6,27	+2,54	−11,39	−9,00	−3,94	+7,99	−7,37	t
Min.	—	−2,45	−2,49	+2,03	−5,45	−7,48	—	+0,71	−5,85	t
F	2,87	5,22		2,12	9,5		3,28	—	—	cm^2
J	—	41,0		—	59,8		30,4	—	—	cm^4
Form	∣6,0·0,8	⊐ 14		∣5,0·0,8	⊐ 14		└7,5·7,5·1,0	—	—	
F	4,8/3,2	20,4		4,0/2,4	20,4		14,1/12,1	—	—	cm^2
J	—	62,7		—	62,7		35,9	—	—	cm^4
G	3,77	16,0		3,14	16,0		11,07	—	—	kg/m

Die beiden Kräfte N_1 sind nun nach den Richtungen S und U_2 zu zerlegen (Fig. 110). Die Druckkraft N_1 entlastet den Flaschenzug S auf ihrer Seite um 8,46 t und übt auf U_2' einen Zug von 5,70 t aus. Das Umgekehrte gilt von der Zugkraft N_1 auf ihrer Seite.

Mit Beachtung der vorstehenden Angaben erhält man aus den obigen Zahlenwerten von P die in Fig. 111 eingetragenen Belastungen des Untergurtteiles U_2.

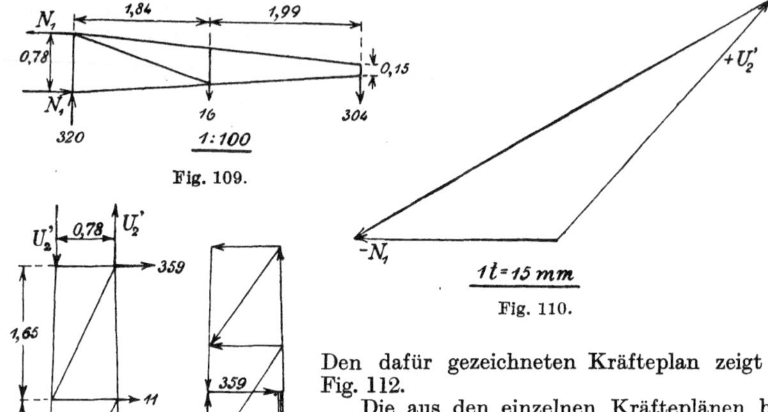

Fig. 109.

Fig. 110.

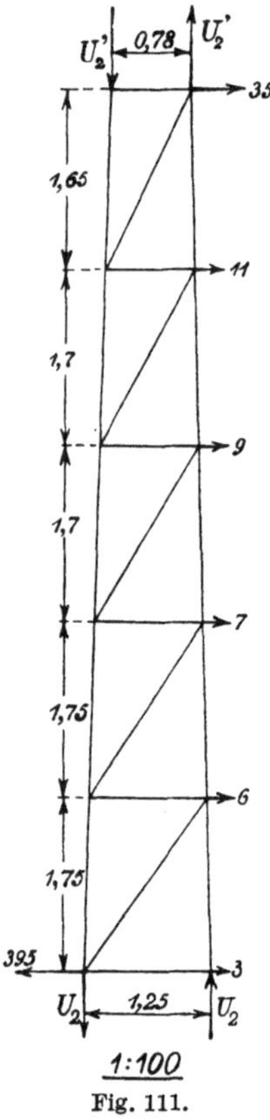

1:100

Fig. 111.

1t = 25 mm

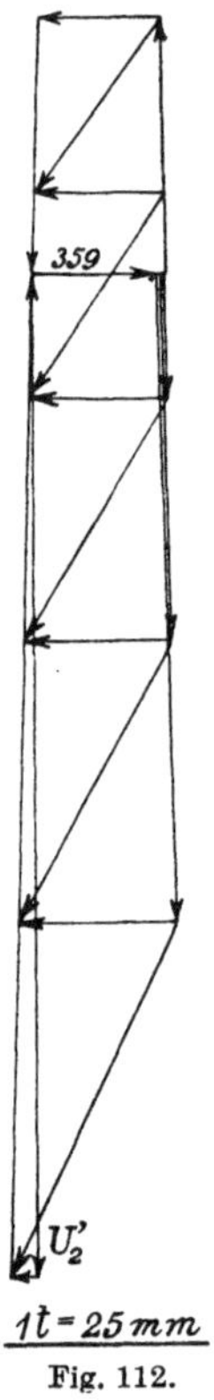

Fig. 112.

Den dafür gezeichneten Kräfteplan zeigt die Fig. 112.

Die aus den einzelnen Kräfteplänen bzw. Rechnungen gewonnenen Größt- und Kleinstwerte der Hauptstabkräfte enthält die vorstehende Zusammenstellung. Hieraus ergeben sich die darunterstehenden Gesamtwerte und damit in bekannter Weise die erforderlichen Mindestquerschnitte bzw. Trägheitsmomente. Die übrigen Füllungsglieder werden mit den gewöhnlich nicht unterschrittenen Querschnitten

L 5,5 · 5,5 · 0,8 bzw. | 5,0 · 0,7 cm

ausgeführt.

Wird die Zugkraft S von 2 viersträngigen Flaschenzügen aufgenommen, so kommt man dafür auf dieselbe Seilstärke wie für das Lastseil.

Streng genommen sind die verschiedenen Auflagerkräfte N nicht zu addieren, weil sie jedesmal andere Richtung haben. Doch sind die Abweichungen nicht so erheblich, daß das obige, auf dem einfachsten Wege erhaltene Ergebnis dadurch wesentlich geändert wird.

Beispiel 27. Zu berechnen ist das in Fig. 114 in zwei Ansichten dargestellte Fahrgestell für den in Beispiel 12 untersuchten Ausleger-Drehkran.

Die in den Ecken des rechteckigen Drehkranuntergestells nach Fig. 113 wirkenden Belastungen durch alle Eigengewichte und die am Haken hängende Last beträgt nach Beispiel 12 auf der Seite

der Last je $\frac{N_1}{2} = \frac{40,41}{2} = 20,205\,\text{t}$,

des Gegengewichtes je $\frac{N_2}{2} = \frac{4,69}{2} = 2,345\,\text{t}$.

Die von der Trägheit des Drehkrans beim Schwenken herrührenden Belastungskräfte der Untergestellecken sind nach Beispiel 12 mit dem passenden Wert für die Andrehzeit ($t = 2,5$ sk)

$$N_1' = \frac{23,4 + 5,4}{2,5} = 11,52 \text{ t}$$

in der Neigung

$$\operatorname{tg} \alpha_1 = \frac{12,50}{18,95} = 0,660\,,$$

$$N_2' = \frac{8,0}{2,5} = 3,20 \text{ t}$$

in der Neigung

$$\operatorname{tg} \alpha_2 = \frac{4,10}{5,95} = 0,6895\,.$$

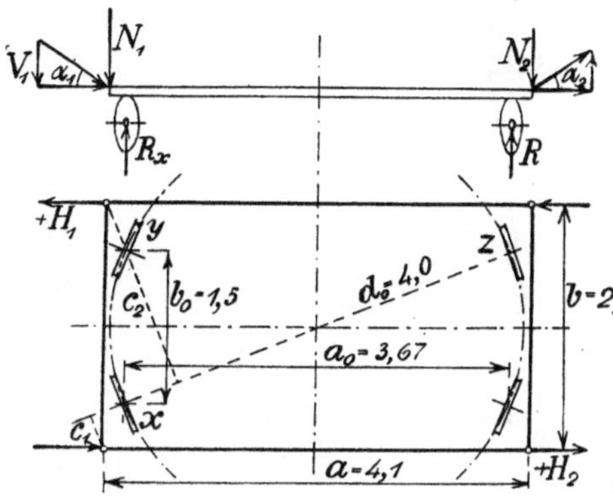

1:100

Fig. 113.

Damit erhält man die Seitenkräfte

$$H_1 = N_1' \cdot \cos \alpha_1 = \frac{11,52}{\sqrt{1 + 0,660^2}} = 9,62 \text{ t}\,,$$

$$V_1 = H_1 \cdot \operatorname{tg} \alpha_1 = 9,62 \cdot 0,660 = 6,35 \text{ t}\,,$$

$$H_2 = N_2' \cdot \cos \alpha_2 = \frac{3,20}{\sqrt{1 + 0,6895^2}} = 2,635 \text{ t}\,,$$

$$V_2 = H_2 \cdot \operatorname{tg} \alpha_2 = 2,635 \cdot 0,6895 = 1,815 \text{ t}\,.$$

Dazu kommen noch die Gewichte der Räder von 0,60 m Durchmesser mit ihren Lagern und Achsen von je $N_0 = 0,12$ t, die auf einem Kreis von $d_0 = 4,0$ m Durchmesser stehen, und zwar in $b_0 = 1,50$ m bzw. $a_0 = 1,833$ m Abstand (Fig. 113).

Um hieraus die wirklichen Raddrücke wenigstens näherungsweise zu bestimmen, wäre nach den Angaben in Bd. I, S. 138, zu verfahren. Man bemerkt aber, daß in dem hier gegebenen, ungünstigsten Fall das eine Rad keinen Druck mehr erhält. Infolgedessen können die drei anderen mit aller Sicherheit berechnet werden. Es wird mit $c_1 = 0,68$ m und $c_2 = 3,78$ m

$$N_x = \frac{1}{1,5} \cdot [1,95 \cdot (+20,205 + 6,35 + 2,345 - 1,815) - 0,45 \cdot (+20,205 - 6,35 + 2,345 + 1,815)] = 29,80 + 0,12 \text{ t}\,,$$

$$N_z = \frac{1}{3,67} \cdot [3,885 \cdot (+2 \cdot 2,345 + 1,815 - 1,815) - 0,215 \cdot (+2 \cdot 20,205 - 6,35 + 6,35)] = 2,70 + 0,12 \text{ t}\,,$$

$$N_y = \frac{4,0}{3,67^2} \cdot [3,78 \cdot (+20,205 - 2,345 - 6,35 + 1,815) - 0,68 \cdot (+20,205 - 2,345 + 6,35 + 1,815)] = 9,70 + 1,12 \text{ t}\,.$$

Dazu tritt in wagerechter Ebene das Drehmoment der Trägheitskräfte

$$M_P = b \cdot (H_1 + H_2) = 2,40 \cdot (9,62 + 2,635) = 29,42 \text{ mt}$$

und das Drehmoment der Bewegungswiderstände, das sich nach den Angaben in Bd. II bestimmt zu

$$M_R \backsim 0,58 \text{ mt}\,,$$

also zusammen $M = 30$ mt.

Bei dem Zahnkranzdurchmesser 3,90 m ergibt sich daraus der beim Andrehen vorübergehend auftretende Zahndruck

$$P = \frac{30}{3,90} \backsim 7,70 \text{ t}\,.$$

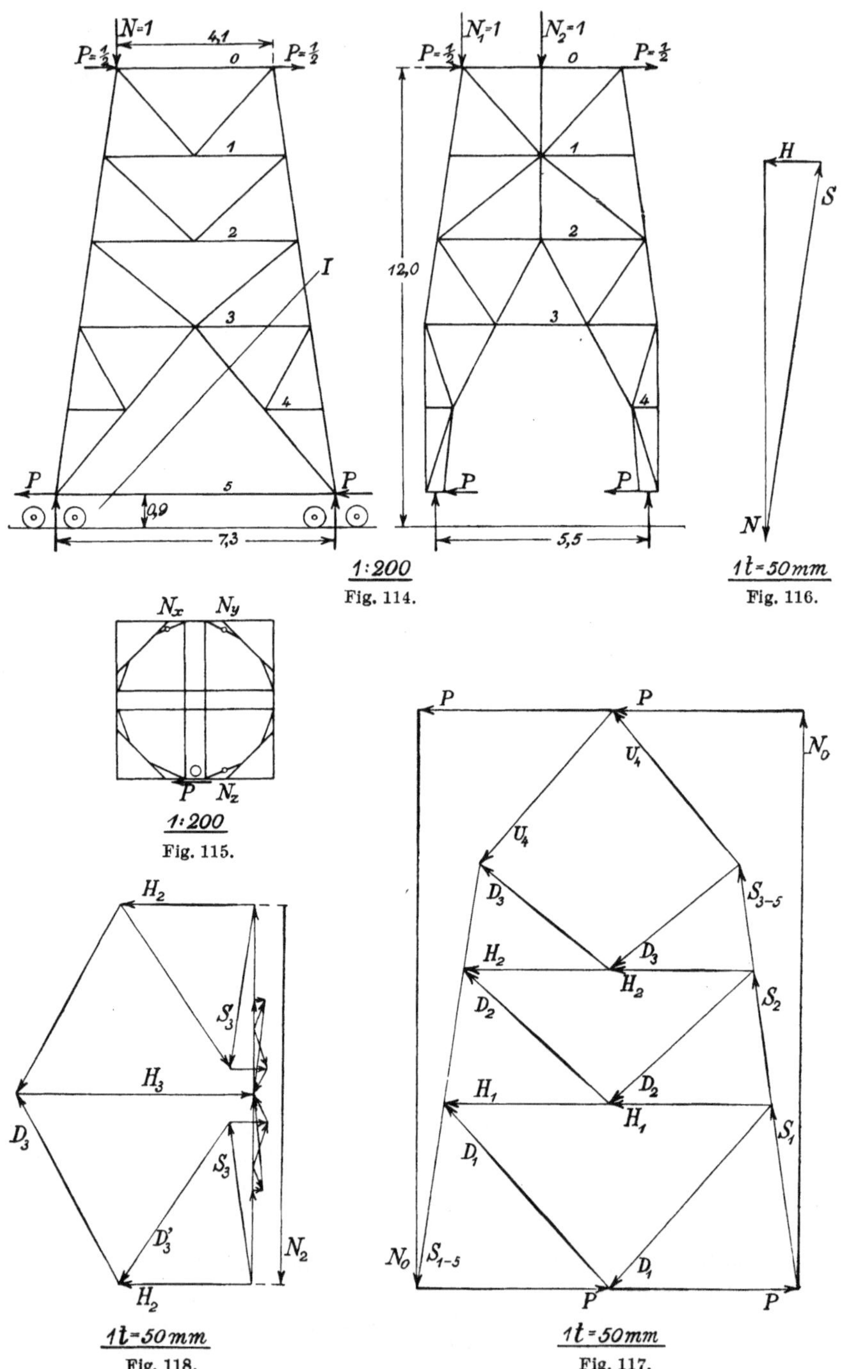

Fig. 114.

Fig. 115.

Fig. 116.

Fig. 117.

Fig. 118.

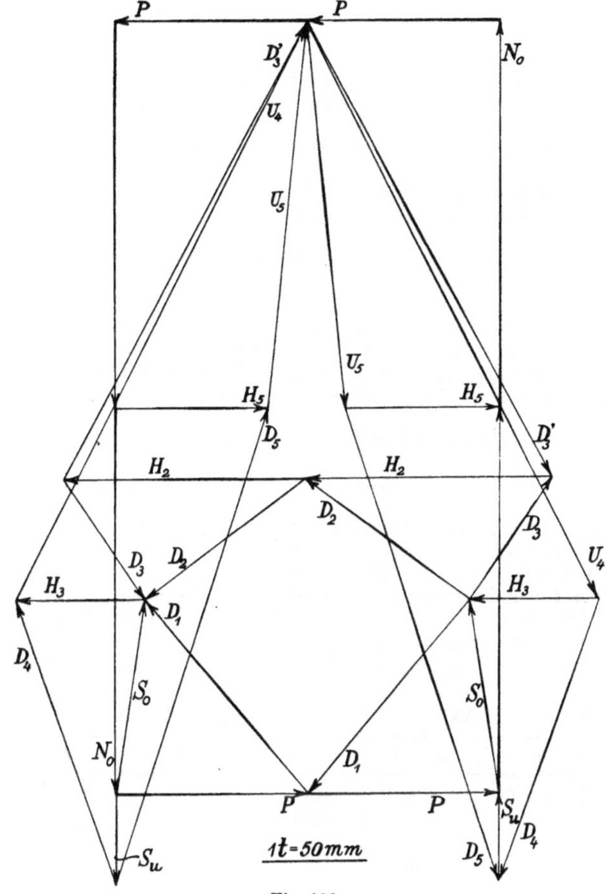

Fig. 119.

Die ungünstigste Beanspruchung des Fahrgestells durch die vorstehenden Kräfte tritt bei Stellung des Drehkrans gemäß Fig. 115 ein. Die eine Wand wird durch den Zahndruck P in wagerechter Richtung in der Mitte des oberen Hauptträgers belastet und im Abstand 0,25 m von der Mitte durch die lotrechte Kraft $\frac{1}{2} N_z$, während der weitere Anteil $\frac{1}{2} N_z \cdot \frac{1,5}{1,9} \backsim 0,4\, N_z$ im Abstande 0,70 m von der Mitte wirkt. Die hierzu parallele Wand wird durch die Kräfte $\frac{1}{2} N_x$ bzw. $\frac{1}{2} N_y$ in je 0,25 m von der Mitte lotrecht belastet und durch die Kräfte 0,4 N_x bzw. 0,4 N_y im Abstand 0,70 m. Da das Anfahren des ganzen Kranes bei seiner Verschiebung immer langsam erfolgt, weil der dafür eingebaute kleine Motor kein schnelles Anfahren zuläßt, so sind die dabei auftretenden Massenkräfte gering, und die hier gegebene Belastung ist die ungünstigste.

Damit die Kräftepläne bequem auch für jeden anderen Belastungsfall verwendet werden können, zeichnet man sie mit der Belastung 1 t, und zwar getrennt für die einzelnen möglichen Belastungen. Natürlich werden die beiden ebenen Stabsysteme der Fig. 114 statisch bestimmt ausgebildet. Das der linken Fig. 114 enthält 17 Knotenpunkte, 32 Stäbe und 2 bewegliche Auflager, das der rechten Fig. 114 enthält 21 Knotenpunkte, 49 Stäbe ohne den Stab H_3 in der Mitte, der spannungslos bleibt, und 2 bewegliche Auflager. Die Abzählformel (3) ist also beidemal erfüllt. Freilich wird je nach der Belastung eine Anzahl von Stäben spannungslos, so daß die Abzählung wenig Bedeutung hat.

Unter der in einer oberen Ecke angreifenden lotrechten Kraft $N = 1$ t ergibt sich für die Wand der linken Fig. 114 näherungsweise das Kräftedreieck der Fig. 116. Die Kraft S wirkt in dem unter N stehenden Stützpfosten und die Kraft H in den Wagerechten *0* und *5*, oben drückend, unten ziehend; die übrigen Stäbe bleiben spannungslos.

Unter der wagerechten Belastung $2P = 1$ t ergeben sich die gleichen wagerechten Auflagerkräfte und die lotrechten

$$N_0 = 2P \cdot \frac{h}{b} = 2 \cdot \frac{1}{2} \cdot \frac{11{,}1}{7{,}3} = 1{,}52 \text{ t}.$$

Damit läßt sich der Kräfteplan der Fig. 117, ausgehend von den oberen Eckpunkten, zeichnen. Man kommt damit bis an den äußeren Knotenpunkt in der Wagerechten *3* und muß dann die Kraft H_3 nach dem Schnittverfahren (Schnitt I) durch die Momentengleichung in bezug auf den rechten Auflagerpunkt berechnen:

$$+H_3 \cdot 4{,}40 + 2P \cdot 11{,}10 - N_0 \cdot 7{,}30 = 0.$$

Nach der vorhergehenden Gleichung ist also $H_3 = 0$. Ferner werden noch $D_4 = H_4 = H_5 = 0$.

Bei der Wand der rechten Fig. 114 gilt unter der Belastung $N_1 = 1$ t wieder die Fig. 116 für den oberen Teil. Für den unteren wird der Einfachheit halber mit einem bedeutungslosen Fehler angenommen, daß sich die Auflagerkraft $N_0 = 1$ t ausschließlich auf den lotrechten äußeren Stab S_0 überträgt.

Unter der Belastung $N_2 = 1$ t ergibt sich der Kräfteplan der Fig. 118. Der unter N_2 stehende Stab überträgt die Kraft bis zu dem mittleren Knotenpunkt der Wagerechten 2, und die übrigen daneben befindlichen Stäbe bleiben spannungslos.

	Fig. 114 links.		Fig. 114 rechts.			
Stab	$N=1$	$2P=1$	$N_1=1$	$N_2=1$	$2P=1$	Stab
Ho	0,15	0,50	0,15	—	0,50	H_0
S_1	1,01	0,49	1,01	—	0,51	S_1
D_1	—	0,645	—	—	0,66	D_1
H_1	—	0,43	—	—	—	H_1
			—	1,0	—	V_1
S_2	1,01	0,64	1,01	—	0,51	S_2
D_2	—	0,515	—	—	0,52	D_2
H_2	—	0,38	—	0,35	0,635	H_2
			—	1,0	—	V_2
S_3	1,01	1,125	1,01	0,43	0,51	S_3
D_3	—	0,435	—	0,565	0,38	D_3
H_3	—	—	—	0,52	1,35	D'_3
			—	0,10	0,335	H_3
			—	0,62	—	H'_3
S_4	1,01	1,125	1,0	0,53	0,24	S_4
D_4	—	—	—	0,08	—	D_4
H_4	—	—	—	—	—	H_4
U_4	—	0,525	—	0,075	1,69	U_4
S_5	1,01	1,125	1,0	0,53	0,24	S_5
H_5	0,15	—	—	0,09	1,31	D_5
U_5	—	0,525	0,5	0,025	0,40	H_5
			—	0,10	1,01	U_5

Für die wagerechte Belastung 2 $P = 1$ t berechnet man wieder die Auflagerkraft

$$N_0 = 2 \cdot \frac{1}{2} \cdot \frac{11,1}{5,5} = 2,02 \text{ t}.$$

Man beginnt den Kräfteplan dafür (Fig. 119) an dem oberen Eckpunkt und bemerkt sogleich, daß die Stäbe V_2 und H_2 die Spannkraft 0 erhalten müssen. Dann muß aber sofort bei dem unteren Auflager begonnen werden. Es erhalten ferner noch H_4 und das mittlere H_3 die Spannkraft 0.

Alle so ermittelten Spannkräfte sind in der folgenden Zusammenstellung aufgeführt. Sie sind noch mit den Zahlenwerten der wirklichen Lasten zu multiplizieren und dann nach den obigen Angaben zu addieren. Von der Wiedergabe dieser Zahlengruppierungen wurde abgesehen.

Für eine genaue Untersuchung wäre noch je ein Kräfteplan zu zeichnen über die Beanspruchung der beiden Wände durch die Eigengewichte, die hier in den oberen Knotenpunkten zu je 400 kg, in den unteren zu je 150 kg angesetzt werden können. Dazu käme noch das Gewicht des Fahrmotors mit seinen Trageisen, Wellen usw. Schließlich wäre noch der Winddruck auf den Drehkran und den Turm mit 50 kg/m² anzusetzen und eine entsprechende Untersuchung durchzuführen, nachdem die Breiten der Stäbe auf Grund der Zusammenstellung ermittelt sind. Die zugehörigen Kräftepläne bieten nichts neues, so daß ihre Wiedergabe unterbleiben kann.

II. Statisch unbestimmte Fachwerke.

8. Die Hauptsätze zur Berechnung.

Ein richtig gebildetes Stabsystem ist statisch unbestimmt, wenn die linke Seite der Abzählformeln (3) bzw. (39) größer ist als die rechte. Je nach der Anzahl Einheiten, um die die linke Seite überwiegt, unterscheidet man einfach, zweifach, dreifach usw. statisch unbestimmte Systeme. Zu den Gleichgewichtsbedingungen sind dann soviel Gleichungen aus den elastischen Formänderungen des Systems hinzuzunehmen, wie der Grad der statischen Unbestimmtheit erfordert.

Man kann dabei so vorgehen, wie es an eingespannten bzw. mehrfach unterstützten Trägern im Abschnitt 7 des 3. Bandes durchgeführt ist. Das nächstgelegene ist im allgemeinen, da die kleinen elastischen Verschiebungen der Hauptpunkte des Systems benutzt werden sollen, die Aufstellung von Arbeitsgleichungen der beteiligten Kräfte.

Da bei der stets als sehr klein vorausgesetzten Formänderung Gleichgewicht zwischen allen Kräften des Systems bestehen soll, es also als Ganzes genommen weder Verschiebungen noch Verdrehungen erfährt, so muß die Arbeit sämtlicher äußeren Kräfte, der Belastungen P und der Auflagerkräfte, gleich der Arbeit aller inneren Kräfte, der Stabkräfte S, sein[22]):

$$\sum(\pm P \cdot \delta y) = +\sum S \cdot \delta s\,. \tag{52}$$

Hierin ist $\pm\delta y$ die Verschiebung des Angriffspunktes der Kraft P in Richtung ihrer Wirkungslinie oder entgegengesetzt dazu und $\pm\delta s$ die Verlängerung bzw. Verkürzung des Fachwerkstabes, auf den die Spannkraft $\pm S$ einwirkt. Dabei ist der Faktor $\frac{1}{2}$ beiderseits gestrichen, der den richtigen Arbeitswert für eine von 0 bis zu dem Höchstwert P bzw. S zunehmende Kraft ergibt (Bd. IV, S. 6).

Beide Arbeiten können statt durch Kräfte auch durch Temperaturänderungen einzelner Fachwerkstäbe hervorgerufen werden.

Die Gleichung (52) gilt in der Form für Fachwerke aus geraden Stäben, deren gelenkig zusammengeschlossene Knotenpunkte allein von äußeren Kräften P angegriffen werden. Sind einzelne Stäbe gekrümmt, wie bei Bogenträgern, oder Knotenpunkte starr ausgebildet, wie bei Rahmen (Fig. 2), oder Stäbe unmittelbar belastet, wie bei Kranträgern, so treten Momente M und Querkräfte Q hinzu. Die Arbeit eines Drehmomentes wird nun dargestellt durch das Produkt des Momentes mit dem Dreh-

---

[22]) Navier, 1821, Mm. de l'Acad. des Sciences, Paris 1827.

winkel $\delta\varphi$ (Bd. III, S. 115), der hier ebenfalls als sehr klein vorauszusetzen ist. Ganz allgemein hat man demnach die Arbeitsgleichung zu schreiben:

$$\sum(\pm P\cdot\delta y \mp M\cdot\delta\varphi \mp Q\cdot\delta y' - S\cdot\delta s) = 0\,. \tag{52a}$$

Es ist dabei nicht nötig, daß die Formänderungen die unter den angegebenen Kräften usw. tatsächlich stattfindenden sind, sondern sie können einem beliebig gewählten anderen Gleichgewichtszustand entnommen sein, wenn sie nur der Bedingung genügen, daß sie in dem gegebenen Stabsystem gleichzeitig möglich sind. Sie sind deshalb in der Formel für das Prinzip der gedachten Verrückungen als willkürliche Variationen δ gekennzeichnet worden (Bd. III, S. 116).

Wird auf den Knotenpunkt 1 eines spannungslosen Fachwerkes die Last 1 t aufgebracht, so erfahren sämtliche Knotenpunkte Verschiebungen δ in bestimmten Richtungen, die mit Hilfe der Angaben des Abschnittes 5 bestimmt werden können. Hat die aufgebrachte Last die Größe $P_1\,t$, so sind alle Verschiebungen das P_1fache der vorigen. Für den beliebig herausgegriffenen Knotenpunkt n ergibt sich also die von der Last P_2 im Knotenpunkt 1 herrührende Verschiebung zu $\delta_{n,1}\cdot P_1$. Entsprechend gilt für die Verschiebung des Knotenpunktes n nach derselben Richtung durch eine im Knotenpunkt 2 angreifende Kraft $P_2 : \delta_{n,2}\cdot P_2$ usw.

Die Gesamtverschiebung des Knotenpunktes n nach einer bestimmten Richtung unter dem Einfluß der Knotenpunktlasten $P_1, P_2 \ldots P_m$ ist somit nach dem Prinzip der Summierung der Wirkungen

$$\delta_n = \delta_{n,1}\cdot P_1 + \delta_{n,2}\cdot P_2 + \cdots + \delta_{n,m}\cdot P_m\,, \tag{53}$$

worin die δ der rechten Seite alle dieselbe vorher festgesetzte Richtung haben und nur abhängig sind von dem Aufbau des Fachwerkes und den Richtungen der Kräfte P. Sind die Richtungen der einzelnen δ verschieden, so sind die einzelnen Beträge geometrisch zu addieren, falls die absolute Gesamtverschiebung ermittelt werden soll.

Der Einfachheit halber wurde jetzt nur mit zwei Belastungen P_1 und P_2 gerechnet. Zuerst werde P_1 langsam aufgebracht, und ihr Knotenpunkt *1* verschiebe sich dann in der Kraftrichtung um den Betrag $\delta_{1,1}\cdot P_1$, so daß die Kraft P_1 die Arbeit leistet (Bd. IV, S. 6)

$$A_{1,1} = \tfrac{1}{2}\cdot P_1^2\cdot\delta_{1,1}\,.$$

Wird jetzt ebenso die Kraft P_2 im Knotenpunkt *2* aufgebracht, so leistet sie dort in Richtung ihrer Wirkungslinie die Arbeit

$$A_{2,2} = \tfrac{1}{2}\cdot P_2^2\cdot\delta_{2,2}\,.$$

Da nun der Knotenpunkt *1* sich jetzt um den Betrag $\delta_{1,2}\cdot P_2$ in der Richtung der Kraft P_2 verschiebt, so leistet die auf dem ganzen Wege in voller Stärke wirkende Kraft P_1 die Arbeit

$$A_{1,2} = P_1\cdot P_2\cdot\delta_{1,2}\,.$$

Die Gesamtarbeit ist demnach

$$\sum A = \tfrac{1}{2}\cdot P_1^2\cdot\delta_{1,1} + \tfrac{1}{2}\cdot P_2^2\cdot\delta_{2,2} + P_1\cdot P_2\cdot\delta_{1,2}\,.$$

Werden die beiden Kräfte in umgekehrter Reihenfolge aufgebracht, so ist selbstverständlich die Gesamtarbeit derselben Kräfte in denselben Richtungen dieselbe, die sich schreibt

$$\sum A = \tfrac{1}{2} \cdot P_2^2 \cdot \delta_{2,2} + \tfrac{1}{2} \cdot P_1^2 \cdot \delta_{1,1} + P_2 \cdot P_1 \cdot \delta_{2,1} .$$

Der Vergleich beider Gleichungen ergibt[23])

$$\delta_{1,2} = \delta_{2,1} :$$

Unter der Wirkung der Kraft $P_1 = 1$ t im Knotenpunkt *1* verschiebt sich der Knotenpunkt *2* in der Richtung der dortigen Kraft P_2 um ebensoviel, wie sich der Punkt *1* in der Richtung von P_1 verschiebt, wenn die Kraft $P_2 = 1$ t auf den Knotenpunkt *2* aufgebracht wird.

Statt der Belastung P kann auch die Querkraft Q an beliebiger Stelle genommen werden.

Eine gleiche Überlegung lehrt, daß der Satz sinngemäß auch für Momente M und Drehwinkel $d\varphi$ gilt, so daß man beispielsweise aussagen kann[24]): Unter der Wirkung des Momentes $M = 1$ cmt auf die Gerade AB verschiebt sich der Punkt C in der Richtung der dort angreifenden Kraft P um ebensoviel Zentimeter, als sich die Gerade AB in Bogenmaß dreht, wenn die Kraft $P = 1$ t im Punkt C aufgebraucht wird (Fig. 120).

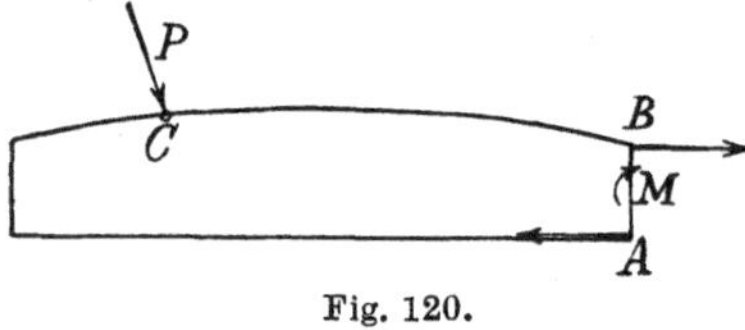

Fig. 120.

Sind etwa alle Kräfte lotrechte Gewichte, so ist die Biegungslinie des Fachwerkes, die für eine an beliebiger Stelle wirkende Kraft 1 t gezeichnet wird, die Einflußlinie für die Durchbiegung[24]). Denn die an der Stelle *1* wirkende Kraft 1 t ruft an einer anderen Stelle *2* des Fachwerkes eine bestimmte Durchbiegung $\delta_{1,2}$ hervor, und umgekehrt ruft nach Formel (48) dieselbe an der Stelle *2* wirkende Kraft 1 t im Punkte *1* dieselbe Verschiebung hervor. Das ist aber die wesentliche Eigenschaft der Einflußlinie (Abschnitt 5).

Die Determinanten. Die Determinante zweiten Grades

$$\begin{vmatrix} a_1 & b_1 \\ a_2 & b_2 \end{vmatrix} = a_1 \cdot b_2 - a_2 \cdot b_1 \tag{54}$$

ist die abgekürzte Schreibung des dahinterstehenden algebraischen Ausdruckes.

Die Determinante dritten Grades zerfällt in drei Unterdeterminanten zweiten Grades, deren Werte die Formel (51) sofort angibt:

$$\begin{vmatrix} a_1 & b_1 & c_1 \\ a_2 & b_2 & c_2 \\ a_3 & b_3 & c_3 \end{vmatrix} = a_1 \cdot \begin{vmatrix} b_2 & c_2 \\ b_3 & c_3 \end{vmatrix} - a_2 \cdot \begin{vmatrix} b_1 & c_1 \\ b_3 & c_3 \end{vmatrix} + a_3 \cdot \begin{vmatrix} b_1 & c_1 \\ b_2 & c_2 \end{vmatrix} . \tag{54 a}$$

Entsprechend (stets mit abwechselndem Vorzeichen) werden Determinanten höheren Grades in eine der Zeilenzahl entsprechende Anzahl von Unterdeterminanten des nächstkleineren Grades zerlegt usw.

---

[23]) Maxwell, Phil. Magaz. 1864.

[24]) Müller-Breslau, Die neueren Methoden der Festigkeitslehre und der Statik der Baukonstruktionen, 1. Aufl. 1886, 3. Aufl. 1904.

In einer Determinante kann man die Zeilen mit den Spalten vertauschen:

$$\begin{vmatrix} a_1 & b_1 \\ a_2 & b_2 \end{vmatrix} = \begin{vmatrix} a_1 & a_2 \\ b_1 & b_2 \end{vmatrix}. \tag{55}$$

Vertauscht man in einer Determinante zwei Zeilen oder zwei Spalten miteinander, so hat die neue Determinante denselben Wert wie die ursprüngliche, nur mit umgekehrtem Vorzeichen.

Sind die Elemente zweier Zeilen oder zweier Spalten einer Determinante entsprechend gleich oder auch nur einander proportional, so hat die Determinante den Wert 0:

$$\begin{vmatrix} a_1 & b_1 & c_1 \\ x \cdot a_1 & x \cdot b_1 & x \cdot c_1 \\ a_3 & b_3 & c_3 \end{vmatrix} = 0. \tag{56}$$

Die Lösung zweier Gleichungen ersten Grades mit zwei Unbekannten:

$$a_1 \cdot x + b_1 \cdot y = c_1,$$
$$a_2 \cdot x + b_2 \cdot y = c_2,$$

kann, wie die übliche Ausrechnung lehrt, einfach geschrieben werden

$$x = \begin{vmatrix} c_1 & b_1 \\ c_2 & b_2 \end{vmatrix} : \begin{vmatrix} a_1 & b_1 \\ a_2 & b_2 \end{vmatrix}, \qquad y = \begin{vmatrix} a_1 & c_1 \\ a_2 & c_2 \end{vmatrix} : \begin{vmatrix} a_1 & b_1 \\ a_2 & b_2 \end{vmatrix}. \tag{57}$$

Ebenso erhält man aus drei Gleichungen ersten Grades:

$$a_1 \cdot x + b_1 \cdot y + c_1 \cdot z = d_1,$$
$$a_2 \cdot x + b_2 \cdot y + c_2 \cdot z = d_2,$$
$$a_3 \cdot x + b_3 \cdot y + c_3 \cdot z = d_3,$$

die Lösung:

$$x = \frac{\begin{vmatrix} d_1 & b_1 & c_1 \\ d_2 & b_2 & c_2 \\ d_3 & b_3 & c_3 \end{vmatrix}}{\begin{vmatrix} a_1 & b_1 & c_1 \\ a_2 & b_2 & c_3 \\ a_3 & b_3 & c_3 \end{vmatrix}}, \qquad y = \frac{\begin{vmatrix} a_1 & d_1 & c_1 \\ a_2 & d_2 & c_2 \\ a_3 & d_3 & c_3 \end{vmatrix}}{\begin{vmatrix} a_1 & b_1 & c_1 \\ a_2 & b_2 & c_2 \\ a_3 & b_3 & c_3 \end{vmatrix}}, \qquad z = \frac{\begin{vmatrix} a_1 & b_1 & d_1 \\ a_2 & b_2 & d_2 \\ a_3 & b_3 & d_3 \end{vmatrix}}{\begin{vmatrix} a_1 & b_1 & c_1 \\ a_2 & b_2 & c_2 \\ a_3 & b_3 & c_3 \end{vmatrix}}. \tag{57a}$$

Die Nennerdeterminante ist immer die gleiche der Faktoren der Unbekannten, in der Zählerdeterminante ist die Spalte der Faktoren der betreffenden Unbekannten durch die Glieder der rechten Seite der Gleichungen ersetzt.

Die Determinanten gestatten also eine einfache Schreibung und übersichtliche Berechnung der Lösung derartiger Gleichungssysteme ersten Grades.

9. Die Arbeitsgleichungen.

Der Träger der Fig. 121 ist innerlich statisch bestimmt, da er aus lauter Dreiecken zusammengesetzt ist, die jeden Knotenpunkt zweistäbig an die vorhergehenden anschließen.

Als Belastung sei vorläufig nur die ruhende Eigengewichtslast des Trägers und der damit verbundenen Fahrbahn einer Laufkatze vorhanden, die in jedem Knotenpunkt dieselben lotrechten Kräfte P ergibt. Zu ihrer Aufnahme sind 4 Auflagerkräfte N_1, N_2, V_3, H_3 vorhanden, zu deren Berechnung jedoch vorerst nur die 3 Gleichgewichtsbedingungen für ebene Kräftesysteme zur Verfügung stehen.

Als statisch unbestimmte Größe werde die Auflagerkraft $N_2 = X$ angenommen. Sie wird vorläufig einmal gleich 0 gesetzt, wodurch man das statisch bestimmte Hauptsystem der Lasten P und der Auflagerkräfte N_{10}, V_{30}, H_{30} erhält. Die letzteren sind leicht zu berechnen, ebenso alle Stabkräfte S_0 nach dem Verfahren des Abschnittes 3.

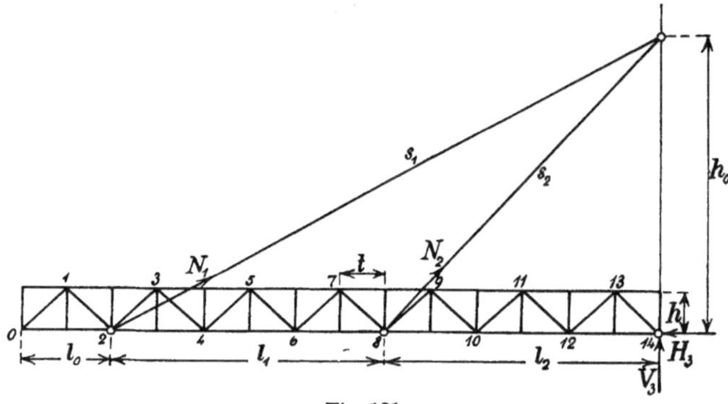

Fig. 121.

Jetzt wird als einzige Belastung des Hauptsystems die Kraft $X = -1$ t in der Wirkungslinie von N_2 angenommen. Man erhält wieder leicht die zugehörigen Auflagerkräfte N_{11}, V_{31}, H_{31} und ebenso die Stabkräfte S_1.

Wenn die Kraft X in ihrer wirklichen Größe und Richtung, also umgekehrt zu der vorstehenden Annahme, wirkt, so hat eine beliebig herausgegriffene Stabkraft den Wert $-S_1 \cdot X$. Dasselbe gilt für alle anderen statischen Größen des Systems. Nach dem Prinzip von der Summierung der Wirkungen ist also die gesamte Stabkraft, wenn sowohl die Lasten P als auch die unbekannte Kraft X gleichzeitig wirken,

$$S = S_0 - S_1 \cdot X .$$

Um nun den Wert X zu bestimmen, wird die Formel (52) des Prinzips der gedachten Verrückungen angewendet auf die Belastung des Hauptsystems $X = -1$ t und die wirkliche Verschiebung δs_2 ihres Angriffspunktes in der Richtung der wirklichen X. Man erhält so, da der Auflagerpunkt *3* als unverrückbar gilt, die Gleichung

$$(-1)(-\delta s_2) + N_{31} \cdot 0 + N_{11} \cdot (-\delta s_1) = +\sum S_1 \cdot \delta s .$$

Hierin ist einzusetzen

$$\delta s = \frac{\alpha \cdot S \cdot s}{F} = \frac{\alpha \cdot s}{F} \cdot (S_0 - S_1 \cdot X) ,$$

$$\delta s_1 = \frac{\alpha \cdot N_1 \cdot s_1}{F_1} = \frac{\alpha \cdot s_1}{F_1} \cdot (N_{10} - N_{11} \cdot X) ,$$

$$\delta s_2 = \frac{\alpha \cdot N_2 \cdot s_2}{F_2} = \frac{\alpha \cdot s_2}{F_2} \cdot (0 + 1 \cdot X) .$$

Daraus ergibt sich bei durchweg gleicher Dehnungsziffer α der Wert der unbenannten Zahlengröße

$$X = \frac{\sum \frac{s}{F} \cdot S_1 \cdot S_0 + \frac{s_1}{F_1} \cdot N_{11} \cdot N_{10}}{\sum \frac{s}{F} \cdot S_1^2 + \frac{s_1}{F_1} \cdot N_{11}^2 + 1^2 \cdot \frac{s_2}{F_2}}. \tag{58}$$

Notwendig ist also, daß sämtliche Querschnitte F, F_1, F_2 vorher mindestens annäherungsweise bestimmt worden sind. Etwa nötige Verbesserungen sind leicht der ausgeführten Zahlengleichung (58) zu entnehmen.

Sind etwa alle Auflagerstellen unverrückbar, so bleiben in der Gleichung (58) nur die beiden, über sämtliche Stäbe des Hauptsystems erstreckten Summen stehen.

Wird der Ausleger der Fig. 121 in der Mitte durch mehrere, etwa 3, Schrägstäbe gehalten, deren Spannkräfte X, Y, Z allein mit Hilfe der Gleichgewichtsbedingungen nicht ermittelt werden können, so ist das System dreifach statisch unbestimmt. Man bildet dann wieder das statisch bestimmte Hauptsystem aus dem Träger mit dem festen Auflager und der äußersten Schrägaufhängung. In ihm liefern die Knotenpunktlasten P die Auflagerkräfte N_{10}, V_{30}, H_{30} und die Stabspannkräfte S_0. Die Belastung -1 t an der Angriffstelle und in Richtung von X die Auflagerkräfte N_{11}, V_{31}, H_{31} und die Stabspannkräfte S_1, die Belastung -1 t an der Angriffstelle und in Richtung von Y die Kräfte N_{12}, V_{32}, H_{32}, S_2, die Belastung -1 an der Angriffstelle und in Richtung von Z die Kräfte N_{13}, V_{33}, H_{33}, S_3. Bei gleichzeitiger Wirkung der Lasten P, $+X$, $+Y$, $+Z$ haben also die Stabkräfte je den Wert

$$S = S_0 - S_1 \cdot X - S_2 \cdot Y - S_3 \cdot Z. \tag{59}$$

Der Bestimmung der unbekannten Zahlengrößen X, Y, Z dienen die Arbeitsgleichungen des Prinzips der gedachten Verrückungen. Die erste wird aufgestellt für die Belastung $X = -1$ t und die wirkliche Verschiebung δs_1 ihres Angriffspunktes:

$$+1 \cdot \delta s_1 + N_{31} \cdot 0 - N_{11} \cdot \delta s_0 = \sum S_1 \cdot \delta s$$

mit

$$\delta s = \frac{\alpha \cdot S \cdot s}{F} = \frac{\alpha \cdot s}{F} \cdot (S_0 - S_1 \cdot X - S_2 \cdot Y - S_3 \cdot Z),$$

$$\delta s_0 = \frac{\alpha \cdot N_1 \cdot s_1}{F_1} = \frac{\alpha \cdot s_1}{F_1} \cdot (N_{10} - N_{11} \cdot X - N_{12} \cdot Y - N_{13} \cdot Z),$$

$$\delta s_1 = \frac{\alpha \cdot N_2 \cdot s_2'}{F_2'} = \frac{\alpha \cdot s_2'}{F_2'} \cdot (0 + 1 \cdot X).$$

Die zweite lautet entsprechend für $Y = -1\,\mathrm{t}$ und die wirkliche Verschiebung δs_2:

$$+1^2\cdot\frac{s_2''}{F_2''}\cdot Y - \frac{s_1}{F_1}\cdot N_{12}\cdot(N_{10} - N_{11}\cdot X - N_{12}\cdot Y - N_{13}\cdot Z)$$
$$= \sum\frac{s}{F}\cdot S_2\cdot(S_0 - S_1\cdot X - S_2\cdot Y - S_3\cdot Z)\,,$$

und die dritte wird

$$+1^2\cdot\frac{s_2'''}{F_2'''}\cdot Z - \frac{s_1}{F_1}\cdot N_{13}\cdot(N_{10} - N_{11}\cdot X - N_{12}\cdot Y - N_{13}\cdot Z)$$
$$= \sum\frac{s}{F}\cdot S_3\cdot(S_0 - S_1\cdot X - S_2\cdot Y - S_3\cdot Z)\,.$$

Hieraus folgt leicht, wenn man zur einfacheren Schreibung die N_1 ebenfalls in die Summen der S hineinbezieht, und zwar auch mit positivem Vorzeichen, falls der Auflagerpunkt sich entgegengesetzt zur Kraftrichtung N_1 verschiebt,

$$X = \frac{\begin{vmatrix} +\sum\frac{s}{F}\cdot S_1\cdot S_0 & +\sum\frac{s}{F}\cdot S_1\cdot S_2 & +\sum\frac{s}{F}\cdot S_1\cdot S_3 \\ +\sum\frac{s}{F}\cdot S_2\cdot S_0 & +\sum\frac{s}{F}\cdot S_2^2 + 1^2\cdot\frac{s_2''}{F_2''} & +\sum\frac{s}{F}\cdot S_2\cdot S_3 \\ +\sum\frac{s}{F}\cdot S_3\cdot S_0 & +\sum\frac{s}{F}\cdot S_3\cdot S_2 & +\sum\frac{s}{F}\cdot S_3^2 + 1^2\cdot\frac{s_2'''}{F_2'''} \end{vmatrix}}{\begin{vmatrix} +\sum\frac{s}{F}\cdot S_1^2 + 1^2\cdot\frac{s_2'}{F_2'} & +\sum\frac{s}{F}\cdot S_2\cdot S_1 & +\sum\frac{s}{F}\cdot S_3\cdot S_1 \\ +\sum\frac{s}{F}\cdot S_1\cdot S_2 & +\sum\frac{s}{F}\cdot S_2^2 + 1^2\cdot\frac{s_2''}{F_2''} & +\sum\frac{s}{F}\cdot S_3\cdot S_2 \\ +\sum\frac{s}{F}\cdot S_1\cdot S_3 & +\sum\frac{s}{F}\cdot S_2\cdot S_3 & +\sum\frac{s}{F}\cdot S_3^2 + 1^2\cdot\frac{s_2'''}{F_2'''} \end{vmatrix}} \qquad (60)$$

und entsprechend Y und Z.

Die Lösung wird aber dadurch sehr umständlich, daß jetzt 4 verschiedene Stabkräfte S für jeden einzelnen Stab zu bestimmen und ihre Produktsummen in die obigen Determinanten einzuführen sind. Man ersetzt deshalb bei mehrfacher statischer Unbestimmtheit das vorstehende Verfahren heutzutage durch andere.

Greift man auf die Grundgleichung (52a) zurück, indem man darin die gegenüber den anderen nahezu verschwindende Arbeit der Querkräfte beiseite läßt, dafür aber bei einem teils fachwerkartig, teils vollwandig ausgeführten System noch die zu den betrachteten Querschnitten der vollwandigen Teile senkrecht stehenden Normalkräfte N mit den von ihnen hervorgerufenen Verschiebungen $\delta s'$ hinzunimmt, so lautet sie, wenn hier die Auflagerkräfte ebenfalls mit P bezeichnet werden:

$$\sum(\pm P\cdot\delta y) = \sum(+M\cdot\delta\varphi + N\cdot\delta s' + S\cdot\delta s):$$

Die Arbeit der äußeren Kräfte ist gleich der Arbeit der inneren Kräfte des Hauptsystems.

Hierin kann eingesetzt werden:

$$\delta s = \frac{\alpha \cdot S \cdot s}{F}, \qquad \delta s' = \frac{\alpha \cdot N \cdot ds'}{F}, \qquad \delta \varphi = \frac{\alpha \cdot M \cdot ds'}{J},$$

so daß die Gesamtarbeit der inneren Kräfte beträgt

$$A = \sum \frac{\alpha}{F} \cdot S^2 \cdot s + \int \frac{\alpha}{J} \cdot M^2 \cdot ds' + \int \frac{\alpha}{F} \cdot N^2 \cdot ds'.$$

Bei einem mehrfach statisch unbestimmten System ist nun

$$S = S_0 - S_1 \cdot X - S_2 \cdot Y - \cdots,$$
$$M = M_0 - M_1 \cdot X - M_2 \cdot Y - \cdots,$$
$$N = N_0 - N_1 \cdot X - N_2 \cdot Y - \cdots,$$

worin X, Y, ... Auflagerkräfte des Hauptsystems seien. Damit erhält man durch Differentiation

$$\frac{\partial A}{\partial X} = \sum \frac{\alpha}{F} s \cdot 2 S \cdot \frac{\partial S}{\partial X} + \int \frac{\alpha}{J} ds' \cdot 2 M \cdot \frac{\partial M}{\partial X} + \int \frac{\alpha}{F} ds' \cdot 2 N \cdot \frac{\partial N}{\partial X}$$

oder mit den obigen Werten für $\frac{\alpha}{F} \cdot S \cdot s$ usw.

$$\frac{1}{2} \frac{\partial A}{\partial X} = \sum \frac{\partial S}{\partial X} \cdot \delta s + \int \frac{\partial M}{\partial X} \cdot \delta s' + \int \frac{\partial N}{\partial X} \cdot \delta s'. \tag{61}$$

Jetzt werde die Ausgangsgleichung, die das Prinzip der gedachten Verrückungen darstellt, angewandt auf den Belastungszustand $X = -1$ t und die wirklichen Verschiebungen. Dann erhält man bei starren Auflagern, wo also die Verschiebung des Angriffspunktes von X den Betrag 0 hat,

$$(-1) \cdot 0 = \sum S_1 \cdot \frac{\alpha \cdot S \cdot s}{F} + \int M_1 \cdot \frac{\alpha \cdot M \cdot ds'}{J} + \int N_1 \cdot \frac{\alpha \cdot N \cdot ds'}{F}.$$

Differentiert man ferner die obigen Gleichungen für S, M, N nach X, so ergibt sich

$$\frac{\partial S}{\partial X} = -S_1, \qquad \frac{\partial M}{\partial X} = -M_1, \qquad \frac{\partial N}{\partial X} = -N_1,$$

womit die vorstehende Gleichung übergeht in

$$0 = -\sum \frac{\partial S}{\partial X} \cdot \delta s - \int \frac{\partial M}{\partial X} \cdot \delta \varphi - \int \frac{\partial N}{\partial X} \cdot \delta s'. \tag{61 a}$$

Der Vergleich der Gleichungen (61) und (61 a) liefert sofort

$$\frac{\partial A}{\partial X} = 0. \tag{62}$$

Entsprechend gilt natürlich

$$\frac{\partial A}{\partial Y} = 0 \text{ usw.:}$$

Bei starren Auflagern wird die durch die äußeren Kräfte verursachte Formänderungsarbeit der inneren Kräfte eines im übrigen beliebig zusammengesetzten Hauptsystems von den statisch unbestimmten Größen zu einem Kleinstwert gemacht[25]). Denn der Größtwert hat keinen Sinn.

Der Satz wird häufig in der Form geschrieben:

$$\sum \frac{\alpha}{F} \cdot S \cdot s \frac{\partial S}{\partial X} + \int \frac{\alpha}{J} \cdot M \cdot ds' \cdot \frac{\partial M}{\partial X} + \int \frac{\alpha}{F} \cdot N \cdot ds' \cdot \frac{\partial N}{\partial X} = 0 \,. \quad (63)$$

Er ist besonders für die Berechnung vollwandiger Systeme mit ruhender Belastung vorteilhaft.

Sind die Auflager nicht starr, so sind die Arbeiten der Auflagerkräfte auf der rechten Seite der Gleichung (63) hinzuzufügen.

Wird dieselbe Rechnung statt mit X und Y mit einer beliebigen gegebenen Kraft P durchgeführt, so ist nur die 0 der linken Seite der Gleichung (61 a) zu ersetzen durch $-1 \cdot \delta y$, und man erhält[25b])

$$\delta y = \frac{\partial A}{\partial P}: \quad (64)$$

Die Verschiebung des Angriffspunktes einer Kraft P in Richtung der Kraft ist gleich dem nach dieser Kraft gebildeten partiellen Differential der Formänderungsarbeit.

Der Satz gilt auch für statisch unbestimmte Systeme, wenn die statisch unbestimmten Größen als unveränderliche Lasten aufgefaßt werden, die auf das statisch bestimmte Hauptsystem einwirken[24]).

Beispiel 28. Zu ermitteln sind die in dem System der Fig. 121 infolge des Eigengewichtes auftretenden Spannkräfte. Es sei die Höhe $h = 1{,}50$ m. die Teilung $t = 1{,}60$ m, der Abstand der beiden Träger des Auslegers $b = 1{,}80$ m, die Höhe $h_0 = 10{,}50$ m. Das Eigengewicht einschließlich des Anteiles der Querverbindungen mit Fahrschiene, Laufplanken usw. kann zu $P = 210$ kg/Teilung angenommen werden, die zur Hälfte in jedem Knotenpunkt der beiden Träger angreifen — in den äußersten Knotenpunkten wirkt natürlich nur $\frac{1}{4} P$. Dazu kommt am äußersten Ende des Auslegers die Einzellast $P_0 = 0{,}5$ kg, an der Angriffstelle von N_1 das halbe Eigengewicht der Zugstangen $P_1 = 200$ kg und an der Angriffstelle von N_2 $P_2 = 150$ kg.

Man berechnet zuerst die Auflagerkräfte des Hauptsystems (für $N_2 = 0$). Die lotrechte Seitenkraft von N_1 folgt aus

$$V_{10} \cdot 12t = 95 \cdot 14t + 200 \cdot 12t + 150 \cdot 6t + 210 \cdot t \cdot \left(\frac{14}{2} + 13 + 12 + \cdots + 1\right)$$

zu

$$V_{10} = \frac{1}{12} \cdot (1330 + 2400 + 900 + 210 \cdot 98) = 2100 \text{ kg},$$

[25]) Zuerst ausgesprochen von Menabrea, C. R. 1858. Der erste befriedigende Beweis stammt von Castiglioni, Theorie de l'équilibre des systèmes élastiques, 1879.

die lotrechte Seitenkraft von N_3 aus

$$V_{30} \cdot 12\,t = -95 \cdot 2\,t + 150 \cdot 6\,t + 210 \cdot t \cdot \left(-\frac{2}{2} - 1 + 1 + 2 + 3 + \cdots 11 + \frac{12}{2}\right)$$

zu

$$V_{30} = \frac{1}{12} \cdot (-190 + 900 + 210 \cdot 70) = 1225\,\text{kg}\,.$$

Die wagerechten Auflagerkräfte sind dann aus ähnlichen Dreiecken

$$H_{10} = V_{10} \cdot \frac{12\,t}{h_0} = \frac{2100 \cdot 12 \cdot 1{,}60}{10{,}50} = 3843\,\text{kg} = H_{30}\,.$$

Jetzt läßt sich der Verlauf der Querkraft Q_0 niederschreiben (Spalte 2 der Zusammenstellung.) Das Biegungsmoment ist nun bei lotrechten Lasten gemäß Formel (8)

$$M_n = t \cdot \sum_0^{n-1} Q_0\,,$$

also die Spannkraft im Obergurt

$$O_0 = -\frac{t}{h} \cdot \sum_0^{n-1} Q_0$$

und die im Untergurt

$$U_0 = +\frac{t}{h} \cdot \sum_0^{n-1} Q_0 - H_{10}\,,$$

worin natürlich H_{10} nur zwischen den Knotenpunkten 2 und 14 abgezogen wird. Mit $\frac{t}{h} = \frac{1{,}60}{1{,}50} = 1{,}0667$ ergeben sich so aus Spalte 3 die Spalten 4 und 5. Die letzte Zeile der Spalte 3 zeigt an, daß die Auflagerkräfte nicht genau genug berechnet sind, sonst müßte dort 0 stehen. Die lotrechten Stäbe bleiben spannungslos, und für die Schrägen gilt

$$D_0 = \pm Q_{n-1} \cdot \sqrt{1 + \left(\frac{t}{h}\right)^2}\,.$$

Danach erhält man aus Spalte 2 mit

$$\sqrt{1 + \left(\frac{t}{h}\right)^2} = \sqrt{1 + \left(\frac{1{,}60}{1{,}50}\right)^2} = 1{,}438$$

die Werte der Spalte 6.

Nun wird das Hauptsystem durch die Kraft $V_2 = X = -1$ t belastet. Damit ist die wagerechte, nach außen gerichtete Belastung

$$H_{21} = -1 \cdot \frac{l_2}{h_0} = -1 \cdot \frac{9{,}6}{10{,}5} = -0{,}915\,\text{t}$$

verbunden. Da V_2 in der Mitte zwischen den beiden Auflagern des Hauptsystems angreift, so ist einfach

$$V_{11} = V_{31} = \tfrac{1}{2}\,\text{t}\,,$$

und damit

$$H_{11} = H_{31} = 0{,}50 \cdot \frac{12 \cdot 1{,}60}{10{,}50} = 0{,}915\,\text{t}\,,$$

nach innen gerichtet.

Jetzt kann wieder der Verlauf der Querkraft Q_1 in Spalte 7 niedergeschrieben werden. Aus den Summenwerten der Spalte 8 ergibt sich sofort wieder (Spalte 9)

$$O_1 = -\frac{t}{h} \cdot \sum_0^{n-1} Q_1$$

1 Knotenpunkt n	2 Q_0	3 $\sum_0^{n-1} Q_0$	4 O_0	5 U_0	6 D_0	7 Q_1	8 $\sum_0^{n-1} Q_1$	9 O_1	10 U_1	11 D_1
0	−200	0	0			0	0	0		
					+288					0
1	−410	−200		−213		0	0		0	
					−590					0
2	(−820) +1280	−610	+651			+500	0	0		
					−1840					−719
3	+1070	+670		−3128		+500	+500		−382	
					+1539					+719
4	+860	+1740	−1855			+500	+1000	−1067		
					−1236					−719
5	+650	+2600		−1069		+500	+1500		+685	
					+920					+719
6	+440	+3250	−3469			+500	+2000	−2133		
					−633					−719
7	+230	+3690		+95		+500	+2500		+1752	
					+331					+719
8	−130	+3920	−4182			+500	+3000	−3200		
					+187	−500				+719
9	−340	+3790		+202		−500	+2500		+2667	
					−489					−719
10	−550	+3450	−3680			−500	+2000	−2133		
					+791					+719
11	−760	+2900		−749		−500	+1500		+1600	
					−1093					−719
12	−970	+2140	−2283			−500	+1000	−1067		
					+1395					+719
13	−1180	+1170		−2595		−500	+500		+533	
					−1697					−719
14	−1285	−10	0			−500	0	0		

und

$$U_1 = + \frac{t}{h} \cdot \sum_0^{n-1} Q_1 - H_{11} + H_{21},$$

(Spalte 10), worin natürlich H_{11} zwischen den Knotenpunkten 2 und 14 abgezogen und H_{21} nur zwischen den Knotenpunkten 8 und 14 zugefügt wird. Schließlich (Spalte 11) wird wieder

$$D_1 = \pm Q_{n-1} \cdot \sqrt{1 + \left(\frac{t}{h}\right)^2}.$$

Als Stabprofile werden vorläufig schätzungsweise angenommen:

$O_{0 \div 5}$, $O_{11 \div 14}$, $U_{0 \div 14}$	⅂⌈	70 · 7	mit $F = 18{,}4$ cm²,
$O_{5 \div 11}$	⅂⌈	160 · 8 / 70 · 7	„ $F = 31{,}6$ „ ,
alle D	⅂⌈	50 · 7	„ $F = 13{,}1$ „ ,
„ V	⅂⌈	50 · 7	„ $F = 13{,}1$ „ .

Wird noch die Schrägenlänge berechnet zu

$$d = \sqrt{t^2 + h^2} = \sqrt{1{,}6^2 + 1{,}5^2} = 2{,}41 \text{ m},$$

12	13	14	15	16	17	18	19	20	21	22	23	24
$O_0 O_1 \frac{2t}{F}$	$U_0 U_1 \frac{2t}{F}$	$D_0 D_1 \frac{d}{F}$	$O_1^2 \frac{2t}{F}$	$U_1^2 \frac{2t}{F}$	$D_1^2 \frac{d}{F}$	O	U	D	O'	U'	D'	Knotenpunkt n
0			0			0			0			0
		0			0			+288			+288	
	0			0			−213			−213		1
		0			0			−590			−590	
0			0			+651			+651			2
		24,34			9,51			−988			−1084	
	20,78			2,54			−2675			−2726		3
		20,37			9,51			+687			+783	
34,42			19,80			−590			−733			4
		16,35			9,51			−384			−480	
	12,74			8,16			−1881			−1789		5
		12,17			9,51			+68			+164	
74,90			46,06			−940			−1226			6
		8,37			9,51			+219			−123	
	2,90			53,36			−1982			−1747		7
		4,38			9,51			−521			−425	
135,46			103,60			−389			−817			8
		2,47			9,51			−665			−569	
	9,38			122,68			−2959			−2601		9
		6,47			9,51			+368			+267	
79,48			46,06			−1151			−1437			10
		10,46			9,51			−61			+35	
	20,86			44,54			−2645			−2431		11
		14,45			9,51			−241			−337	
42,38			19,80			−1118			−1168			12
		18,45			9,51			+543			+639	
	24,06			4,94			−3227			−3155		13
		22,44			9,51			−845			−948	
0			0			0			0			14
	618,08			588,66								

so ergeben sich dann die in den Spalten 12 bis 17 stehenden Produkte, die stets alle positiv einzusetzen sind. Sie sind in t²/cm niedergeschrieben. Die daruntergesetzten Summen sind je das erste Glied von Zähler und Nenner der rechten Seite der Formel (58).

Die Zugstangen des Auflagers *1* haben den Querschnitt ǁ100 · 10 mit $F_1 = 20\,\text{cm}^2$, die des Auflagers *2* ǁ 70 · 0,8 mit $F_2 = 11{,}2\,\text{cm}^2$. Ferner ist

$$s_1 = \sqrt{h_0^2 + (l_1 + l_2)^2} = \sqrt{10{,}5^2 + (12 \cdot 1{,}6)^2} = 21{,}90\ \text{m}\,,$$

$$s_2 = \sqrt{h_0^2 + l_2^2} = \sqrt{10{,}5^2 + (6 \cdot 1{,}6)^2} = 14{,}24\ \text{m}\,,$$

$$N_{10} = \sqrt{V_{10}^2 + H_{10}^2} = V_{10} \cdot \frac{s_1}{h_0} = 2{,}100 \cdot \frac{21{,}90}{10{,}50} = 4{,}380\ \text{t}\,,$$

$$N_{11} = V_{11} \cdot \frac{s_1}{h_0} = 0{,}500 \cdot \frac{21{,}9}{10{,}5} = 1{,}043\ \text{t}\,.$$

Damit wird das zweite Glied des Zählers der Formel (58)

$$\frac{2190}{20} \cdot 4{,}38 \cdot 1{,}043 = 500{,}24\ \text{t}^2/\text{cm}\,,$$

das des Nenners

$$\frac{2190}{20} \cdot 1{,}043^2 = 119{,}08\ \text{t}^2/\text{cm}\,.$$

und das letzte des Nenners lautet hier, wo 1 t nur die lotrechte Seitenkraft war,

$$\frac{1424}{11,2}(1^2 + 0,915^2) = 235,58\ \mathrm{t^2/cm}\,.$$

Gemäß Formel (58) erhält man so

$$X = \frac{618,08 + 500,24}{588,66 + 119,08 + 235,58} = 1,185\,.$$

Mit diesem Wert sind die Zahlen der Spalten 9, 10, 11 zu multiplizieren, und das Ergebnis ist von den entsprechenden Zahlen der Spalten 4, 5, 6 abzuziehen. Die Spalten 18, 19, 20 enthalten die so gewonnenen wahren Werte der Stabspannkräfte. Ferner ist entsprechend

$$N_1 = 4,380 - 1,185 \cdot 1,043 = 3,144\ \mathrm{t}\,,$$
$$N_2 = \sqrt{1^2 + 0,915^2} \cdot 1,185 = 1,606\ \mathrm{t}\,,$$
$$V_3 = 1,225 - 1,185 \cdot 0,50 = 0,632\ \mathrm{t}\,,$$
$$H_3 = 3,843 + 1,185 \cdot 0,915 = 4,928\ \mathrm{t}\,.$$

Die vorstehende Rechnung gilt für den Fall, daß die Längen der Haltestangen im ungespannten Zustand dem geometrischen Zusammenhang der Zeichnung entsprechen. Bei der Belastung senken sich dann die betreffenden Auflagerpunkte des Hauptträgers und es entstehen dabei die errechneten Spannkräfte usw. Gewöhnlich ist aber die Stangenlänge einstellbar, und man regelt sie so ein, daß die Auflagerpunkte des Hauptträgers bei Belastung durch das Eigengewicht in derselben wagerechten Ebene liegen. Die Auflager sind dann im Sinne der vorliegenden Rechnung unverschoben geblieben, so daß in der obigen Gleichung für X nur die ersten Glieder vom Zähler und Nenner übrigbleiben. Man erhält dafür

$$X = \frac{618,08}{588,66} = 1,051\,.$$

Damit wird

$$N_1' = 4,380 - 1,051 \cdot 1,043 = 3,284\ \mathrm{t}\,,$$
$$N_2' = 1,355 \cdot 1,051 = 1,425\ \mathrm{t}\,,$$
$$V_3' = 1,225 - 1,051 \cdot 0,50 = 0,705\ \mathrm{t}\,,$$
$$H_3' = 3,843 + 1,051 \cdot 0,915 = 4,843\ \mathrm{t}\,,$$

und für die Spannkräfte im Träger ergeben sich die Werte der Spalten 21, 22, 23.

Da alle Kräfte als Unterschied zweier, oft nicht sehr voneinander verschiedener Zahlen berechnet werden, so sind die Einzelwerte mit großer Genauigkeit zu bestimmen, damit das Ergebnis richtig wird.

10. Die Einflußlinien.

Bei beweglichen Lasten muß mit den Einflußlinien gearbeitet werden, weil sonst die Summenausdrücke der Formeln (58) und (60) für jede Laststellung neu zu berechnen wären.

Man geht auch hier von der Arbeitsgleichung (52a) aus, die bei einer statisch unbestimmten Größe, etwa $N_2 = X$ in Fig. 121, zweima langesetzt wird, erstens für die äußeren Kräfte des Hauptsystems $X = 0$, N_{10}, $P = +1$ t, die Spannkräfte S_0 und seine Verschiebungen unter der Belastung $X = -1$ t, zweitens für die äußeren Kräfte $X = -1$ t, N_{11}, die Spannkräfte S_1 und die dabei auftretenden Verschiebungen.

Man erhält so die Gleichungen

$$-N_{10} \cdot \delta s_1 + 1 \cdot \delta_x = \sum S_0 \cdot \delta s\,,$$
$$-N_{11} \cdot \delta s_1 + 1 \cdot \delta s_2 = \sum S_1 \cdot \delta s\,.$$

Hierin ist

$$\delta s_1 = N_{11} \cdot \frac{\alpha \cdot s_1}{F_1}\,, \qquad \delta s = S_1' \cdot \frac{\alpha \cdot s}{F}\,,$$

δ_x die einer Biegungslinie entnommene Durchbiegung des Hauptsystems unter der an der Stelle x stehenden Belastung $+1$ t,
δs_2 die dem Verschiebungsplan zu entnehmende Verschiebung des Angriffspunktes von X im Hauptsystem unter der Belastung -1 t an der Stelle und in Richtung von X gerechnet.

Die beiden Arbeitsgleichungen gehen damit über in

$$\sum S_0 \cdot S_1 \cdot \frac{s}{F} + N_{10} \cdot N_{11} \cdot \frac{s_1}{F_1} = \delta_x \cdot \frac{1}{\alpha}\,,$$

$$\sum S_1^2 \cdot \frac{s}{F} + N_{11}^2 \cdot \frac{s_1}{F} = \delta s_2 \cdot \frac{1}{\alpha}\,.$$

Damit lautet die Gleichung (58), in der gemäß der vorstehenden Herleitung jetzt das letzte Glied des Nenners fortfällt[26]),

$$X = \frac{\delta_x}{\delta s_2}: \tag{65}$$

Die Einflußlinie für X wird aus der Biegungslinie des Hauptsystems für die Belastung -1 t an der Angriffstelle und in Richtung von X erhalten, indem man alle Ordinaten durch die dort entstehende Verschiebung dividiert.

Wenn sie ermittelt ist, lassen sich leicht mit Hilfe der Gleichung (59) die Einflußlinien für alle Stabkräfte usw. festlegen.

Ist das System zweifach statisch unbestimmt, indem etwa zwischen N_1 und N_3 zwei Schrägstangen den Hauptträger halten, deren Spannkräfte als Unbekannte X und Y eingeführt werden, so bestimmt man wie oben, wenn der einfacheren Schreibung halber die Auflagerkraft N_1 mit in die Summe der S gezogen wird,

$$\sum S_0 \cdot S_1 \cdot \frac{s}{F} = \delta_x \cdot \frac{1}{\alpha}$$

aus der Belastung $X = 0$, $N_{1,0}$, $P = +1$ t und der Verschiebung für $X = -1$ t,

$$\sum S_1^2 \cdot \frac{s}{F} = \delta s_2' \cdot \frac{1}{\alpha}$$

aus der Belastung $X = -1$ t, N_{11} und der Verschiebung für $X = -1$ t,

$$\sum S_1 \cdot S_2 \cdot \frac{s}{F} = \delta s_{12} \cdot \frac{1}{\alpha}$$

[26]) Müller-Breslau, Z. d. hann. Arch. u. Ing. V. 1885.

aus der Belastung $Y = -1$ t, N_{12} und der Verschiebung für $X = -1$ t,

$$\sum S_0 \cdot S_2 \cdot \frac{s}{F} = \delta_y \cdot \frac{1}{\alpha}$$

aus der Belastung $Y = 0$, N_{10}, $P = +1$ und der Verschiebung für $Y = -1$ t,

$$\sum S_2^2 \cdot \frac{s}{F} = \delta s_2'' \cdot \frac{1}{\alpha}$$

aus der Belastung $Y = -1$ t, N_{12} und der Verschiebung für $Y = -1$ t.

Man erhält dann entsprechend der Formel (60)

$$X = \begin{vmatrix} \delta_x & \delta s_{12} \\ \delta_y & \delta s_2'' \end{vmatrix} : \begin{vmatrix} \delta s_2' & \delta s_{12} \\ \delta s_{21} & \delta s_2'' \end{vmatrix},$$

$$Y = \begin{vmatrix} \delta_y & \delta s_{21} \\ \delta_x & \delta s_2 \end{vmatrix} : \begin{vmatrix} \delta s_2' & \delta s_{12} \\ \delta s_{21} & \delta s_2'' \end{vmatrix}.$$

Die Ausrechnung nach Formel (54) läßt sich umformen in

$$\left.\begin{aligned} X &= \frac{\delta s_2''}{\delta s_2' \cdot \delta s_2'' - \delta s_{12}^2} \cdot \delta_x - \frac{\delta s_{12}}{\delta s_2' \cdot \delta s_2'' - \delta s_{12}^2} \cdot \delta_y, \\ Y &= \frac{\delta s_2'}{\delta s_2' \cdot \delta s_2'' - \delta s_{12}^2} \cdot \delta_y - \frac{\delta s_{21}}{\delta s_2' \cdot \delta s_2'' - \delta s_{12}^2} \cdot \delta_x. \end{aligned}\right\} \tag{66}$$

Hierin sind die Faktoren der δ_x und δ_y unveränderliche Größen, deren Bestandteile ebenso wie die δ_x und δ_y selbst aus den beiden Verschiebungsplänen bzw. Biegungslinien des Hauptsystems für $X = -1$ t und $Y = -1$ t leicht abgegriffen werden können. Damit lassen sich die beiden Einflußlinien bequem zeichnen.

Beispiel 29. Anzugeben sind die größten Spannkräfte, die in dem System der Fig. 121 unter einer Laufkatze von $P = 3{,}6$ t Raddruck im Abstande $a = 2{,}20$ m auftreten.

Zuerst wird das statisch bestimmte Hauptsystem der Fig. 122 oben mit Hilfe von Einflußlinien untersucht. Man trägt unter dem Knotenpunkt 2 die Kraft 1 t auf und erhält durch Verbindung ihres Endpunktes mit dem unter Knotenpunkt 14 gelegenen Punkt der Bezugsachse die Einflußlinie für die Seitenkraft V_{10} der Auflagerkraft. Nun ist nach der Hauptfigur die damit verbundene wagerechte Auflagerkraft

$$H_{10} = V_{10} \cdot \operatorname{cotg} \alpha_1 .$$

Wird also die Größe $1 \cdot \frac{19{,}2}{10{,}5} = 1{,}830$ t unter dem Knotenpunkt 2 aufgetragen, so ergibt sich wie bei V_{10} die Einflußlinie für H_{10}.

Bleibt das vordere Rad der Laufkatze vom äußersten Trägerende um 0,30 m zurück, so ergeben sich schließlich die Angaben der Spalten 2, 3, 4 der folgenden Zusammenstellung aus den Gleichungen

$$V_{10} = \frac{P}{l} \cdot (i \cdot t + i \cdot t - a) \cdot 1,$$

$$H_{10} = \frac{P}{l} \cdot (2 \cdot i \cdot t - a) \cdot 1{,}830,$$

worin die i von dem festen Auflager *3* aus gezählt werden.

Die Gurtungsspannkräfte erhält man mit den Bezeichnungen der dritten Fig. 122 zu

$$\left.\begin{matrix}O_0\\U_0\end{matrix}\right\} = 1\cdot\frac{a_1-a_2}{l}\cdot\frac{P}{h}\cdot\left(1+\frac{a_2-a}{a_2}\right)-H_{10}$$

oder

$$\left.\begin{matrix}O_0\\U_0\end{matrix}\right\} = i\cdot(12-1)\cdot\frac{P\cdot t^2}{l\cdot h}\cdot\left(2-\frac{a}{i\cdot t}\right)-H_{10}=i\cdot(12-i)\cdot\left(2-\frac{1,375}{i}\right)\cdot 0,2846-H_{10}.$$

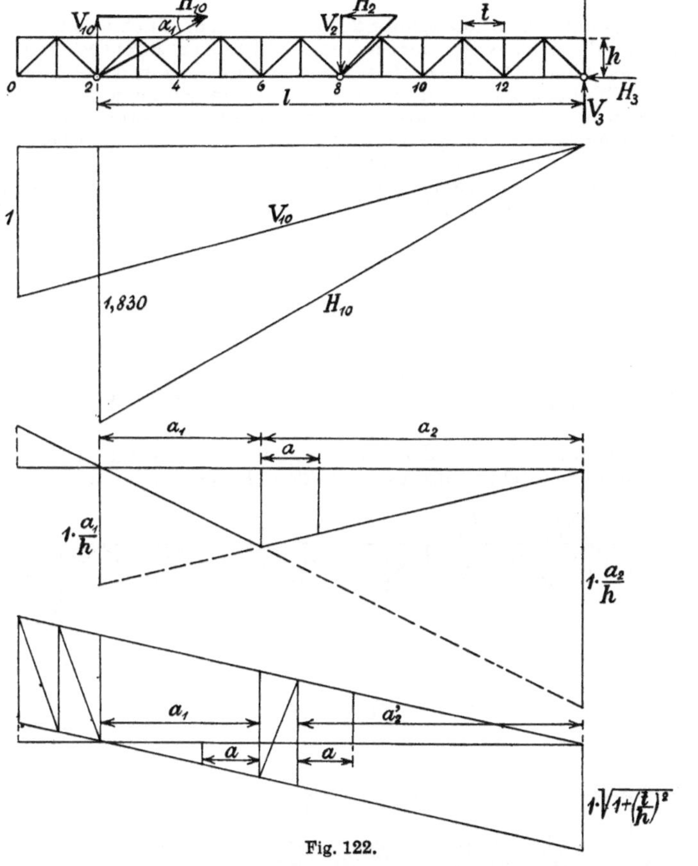

Fig. 122.

Die i werden vom Knotenpunkt 14 aus gezählt, wenn das nächste Rad der Laufkatze dem Knotenpunkt 2 näher steht, anderenfalls wird vom Knotenpunkt 2 aus gezählt. Der Betrag H_{10} ist natürlich nur bei den U abzuziehen. Für den kurzen Ausleger 0 bis 2 berechnet man die Kräfte am besten unmittelbar aus dem Biegungsmoment bei am weitesten außen stehender Laufkatze. Man erhält so die Spalten 5 und 6 der Zusammenstellung. Die eingeklammerten Werte in Spalte 5 sind die U ohne Abzug von H_{10}.

Für die Schrägen gelten die Einflußlinien der untersten Fig. 122. Je nach der Stellung der Last zum Felde erhält man zwei Höchstspannkräfte von entgegengesetztem Vorzeichen. Für die linksstehende Last gilt

$$D_0' = i\cdot\frac{t}{l}\cdot\sqrt{1+\left(\frac{t}{h}\right)^2}\cdot P\cdot\left(2-\frac{a}{i\cdot t}\right) = P\cdot\sqrt{1+\left(\frac{t}{h}\right)^2}\left(\frac{a_1}{l}+\frac{a_2-a}{l}\right)$$

oder mit den gegebenen Zahlenwerten

$$D_0' = i \cdot \left(2 - \frac{1,375}{i}\right) \cdot 0,3895$$

und für die rechts stehende Last entsprechend

$$D_0'' = (11 - i) \cdot \left(2 - \frac{1,375}{11 - i}\right) \cdot 0,3895\,,$$

worin die i diesmal vom Knotenpunkt 2 gezählt werden. Auch hier ist wieder eine Kontrolle, daß die Zahlenwerte der Spalten 7 und 8 in entgegengesetzter Richtung einander gleich sind. Das Vorzeichen hängt bekanntlich von der Richtung der Schrägen ab. Man bemerkt sofort, daß die Schrägen in den Feldern 3 und 14 Druck erhalten, wenn eine Last irgendwo dazwischen steht, und kann danach alle Vorzeichen leicht festlegen. Die Spannkräfte in den Auslegerschrägen bestimmt man vorteilhaft unmittelbar aus den Einflußlinien.

Jetzt wird an der Angriffstelle von N_2 die Belastung $+ V_{21} = 1$ t angenommen, mit der die nach dem äußeren Ende hinwirkende Kraft

$$H_{21} = 1 \cdot \frac{9,6}{10,5} = 0,915 \text{ t}$$

verbunden ist. Sie liefert gemäß Fig. 123 die Auflagerkräfte

$$V_{11} = V_{31} = \tfrac{1}{2} \text{ t} = Q_1$$

und

$$H_{11} = \frac{1}{2} \cdot \frac{19,2}{10,5} = 0,915 \text{ t}\,, \qquad \text{also} \qquad H_{31} = 0\,.$$

Die in dem Hauptsystem auftretenden Spannkräfte sind die in den Spalten 9, 10, 11 der Zusammenstellung des Beispiels 28 stehenden. Die Längenänderungen

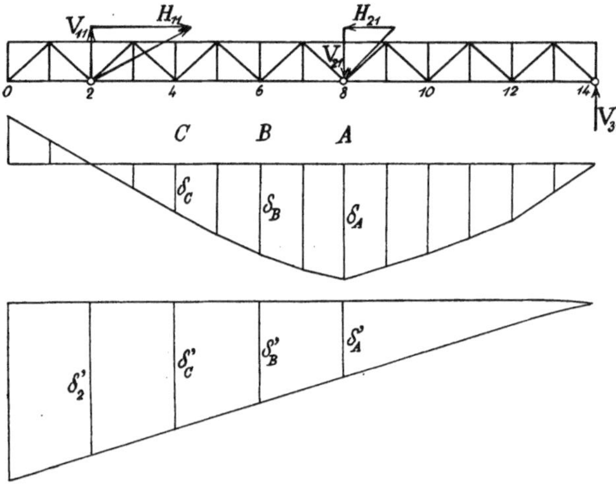

Fig. 123.

der einzelnen Stäbe erhält man, indem die Werte der Spalten 15, 16, 17 der Zusammenstellung in Beispiel 28 mit $\frac{\alpha}{S_1}$ multipliziert werden, worin die Dehnungsziffer $\alpha = \frac{1}{2100}$ cm²/t und die Spannkräfte S_1 in t anzusetzen sind. Es ergeben sich so die Spalten 9, 10, 11 der folgenden Zusammenstellung.

Ist γ der Neigungswinkel, den die Schrägen mit den Gurtungen bilden, so wird

$$\operatorname{cotg}\gamma = \frac{t}{h} = 1{,}067\,, \qquad \frac{1}{\sin\gamma} = \sqrt{1 + 1{,}067^2} = 1{,}462\,.$$

Ferner ist

$$\sum_8^2 (\lambda_U + \lambda_O) = \frac{51{,}78}{1000}\,\text{cm}\,, \qquad \sum_9^{14} (\lambda_U + \lambda_O) = \frac{50{,}67}{1000}\,\text{cm}\,.$$

Näherungsweise wird also der Gurtstab *8—9* als bei der Verbiegung wagerecht bleibend angenommen. Dann liefern die Formeln (37) die folgenden Durchbiegungen des Hauptträgers gegenüber der Verbindungslinie der hier als fest angenommenen Auflagerpunkte:

$$f_3 = 0{,}05178 \cdot 1{,}067 + 0{,}00573 \cdot 1{,}462\,\text{cm}\,,$$
$$f_4 = f_3 + 0{,}05494 \cdot 1{,}067 + 0{,}00665\,\text{cm}\,,$$
$$f_5 = f_4 + 0{,}04610 \cdot 1{,}067 + 0{,}00665\,\text{cm}\,,$$
$$f_6 = f_5 + 0{,}04022 \cdot 1{,}067 + 0{,}00665\,\text{cm}\,,$$
$$f_7 = f_6 + 0{,}02994 \cdot 1{,}067 + 0{,}00665\,\text{cm}\,,$$
$$f_8 = f_7 + 0{,}01544 \cdot 1{,}067 + 0{,}00665\,\text{cm};$$

$$f_{13} = 0{,}05867 \cdot 1{,}067 + 0{,}00665\,\text{cm}\,,$$
$$f_{12} = f_{13} + 0{,}05426 \cdot 1{,}067 + 0{,}00665\,\text{cm}\,,$$
$$f_{11} = f_{12} + 0{,}04542 \cdot 1{,}067 + 0{,}00665\,\text{cm}\,,$$
$$f_{10} = f_{11} + 0{,}03217 \cdot 1{,}067 + 0{,}00665\,\text{cm}\,,$$
$$f_9 = f_{10} + 0{,}02189 \cdot 1{,}067 + 0{,}00665\,\text{cm}\,,$$

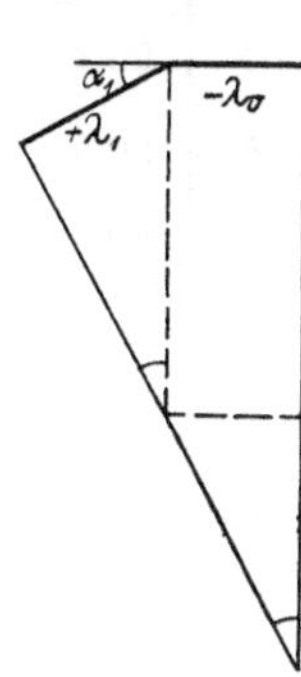

Fig. 124.

deren Ausrechnung die Spalte 12 der Zusammenstellung enthält. Der Gurtungsstab *8—9* erfährt also doch eine geringe Neigung; immerhin ist die Annäherung genügend genau für die Aufzeichnung der Biegungslinie in Fig. 123.

Steht die Last $P = +1$ t auf dem Knotenpunkt *2*, so verkürzt sich der Untergurt um

$$\lambda_U = -\frac{\alpha \cdot l_U \cdot H_{11}}{F_U} = -\frac{12 \cdot 160 \cdot 1{,}830}{2100 \cdot 18{,}4} = -0{,}0909\,\text{cm}\,,$$

und die Zugstange l_1 verlängert sich um

$$\lambda_1 = +\frac{\alpha \cdot l_1 \cdot \sqrt{P^2 + H_{11}^2}}{F_1} = \frac{2190 \cdot \sqrt{1 + 1{,}830^2}}{2100 \cdot 20} = +0{,}1086\,\text{cm}\,.$$

Das Verschiebungsviereck des Punktes *2* ist also das der Fig. 124, dem die Senkung entnommen wird

$$\delta_2' = \frac{\lambda_1}{\sin\alpha_1} + \frac{\lambda_U}{\operatorname{cotg}\alpha_1} = 0{,}1086 \cdot \sqrt{1 + \left(\frac{19{,}2}{10{,}5}\right)^2} + 0{,}0909 \cdot \frac{19{,}2}{10{,}5}\,,$$

also

$$\delta_2' = 0{,}2263 + 0{,}1662 = 0{,}3925\,\text{cm}\,.$$

Hiermit ergibt sich die Verschiebungslinie des hier als starr angenommenen Hauptträgers gemäß der unteren Fig. 123.

An der Biegungslinie der Fig. 123 gilt nun folgende Überlegung: Die an der Stelle A stehende Belastung $V_{21} = 1$ t verursacht dort die Durchbiegung δ_A des Untergurtes und an der beliebig herausgegriffenen Stelle B die Durchbiegung δ_B. Nach dem Vertauschungssatz liefert die an der Stelle B stehende Last bei A die Durchbiegung $\delta_B = \delta_B \cdot \frac{\delta_A}{\delta_A}$ und an einer anderen Stelle C die Durchbiegung $\delta_B \cdot \frac{\delta_C}{\delta_A}$.

1 Knotenpunkt i	2 $2i\cdot t-a$ m	3 V_{10} t	4 H_{10} t	5 O_0 t	6 U_0 t	7 D_0' t	8 D_0'' t	9 $1000\cdot\lambda_O$ cm	10 $1000\cdot\lambda_U$ cm
0	42,0	7,000	12,815	0					
						+3,805	0		
1	39,4	6,567	12,020		−2,740				
						−6,725	0		
2	36,2	6,035	11,045	+7,680					
						0	−8,033		
3	33,0	5,500	10,060	(+5,870)	−4,190				−3,16
						−8,243	+7,255		
4	29,8	4,967	9,095	−10,605				−8,84	
						+1,022	−6,475		
5	26,6	4,433	8,120	(+14,200)	+6,080				+5,88
						−1,800	+5,700		
6	23,4	3,900	7,140	−16,665				−10,28	
						+2,580	−4,916		
7	20,2	3,367	6,167	(+17,970)	+11,803				+14,50
						−3,360	+4,137		
8	17,0	2,833	5,180	(−18,150				−15,44	
						+4,137	−3,360		
9	13,8	2,300	4,210	(+17,970)	+13,760				+21,89
						−4,916	+2,580		
10	10,6	1,767	3,233	−16,665				−10,28	
						+5,700	−1,800		
11	7,4	1,233	2,258	(+14,200)	+11,942				+13,25
						−6,475	+1,022		
12	4,2	0,700	1,281	−10,605				−8,84	
						+7,255	−0,390		
13	1,0	0,167	0,305	(+5,870)	+5,565				+4,41
						−8,033	0		
14	0								
								−53,68	+56,77

Für die Verschiebungslinie ergibt sich ähnlich: Die bei A stehende Last verursacht im Knotenpunkt *2* die Verschiebung δ_A' und an der Stelle A selbst die Verschiebung $\delta_A' \cdot \frac{\delta_A'}{\delta_2'}$, also an einer anderen Stelle C die Verschiebung $\delta_A' \cdot \frac{\delta_C'}{\delta_2'}$.

Die Verschiebung des Knotenpunktes *8* unter dem Einfluß der Kräfte $V_{21} = 1$ t und $H_{21} = 0{,}915$ t ergibt sich dann aus der des Untergurtes

$$+\lambda_{U_1} = (21{,}89 + 13{,}25 + 4{,}41) : 1000 = 0{,}03955 \text{ cm}$$

und der Dehnung der Zugstange 2

$$+\lambda_2 = \frac{\alpha \cdot l_2 \cdot \sqrt{V_{21}^2 + H_{21}^2}}{F_2} = \frac{1424 \cdot \sqrt{1 + 0{,}915^2}}{2100 \cdot 11{,}2} = 0{,}0821 \text{ cm}$$

gemäß Fig. 125 zu

$$\delta_8 = \frac{\lambda_2}{\sin\alpha_2} - \frac{\lambda_{U_1}}{\operatorname{tg}\alpha_2} = 0{,}0821 \cdot \sqrt{1 + \left(\frac{9{,}6}{10{,}5}\right)^2} - 0{,}03955 \cdot \frac{9{,}6}{10{,}5} = 0{,}07513 \text{ cm}.$$

Damit wird schließlich nach Formel (65) die Größe der Unbekannten X an der Stelle C für jede beliebige Laststellung B:

$$X = \frac{\delta_B \cdot \delta_C}{\delta_A \cdot \delta_8} + \frac{\delta_B' \cdot \delta_C'}{\delta_2' \cdot \delta_8}.$$

11	12	13	14	15	16	17	18
$1000 \cdot \lambda_D$	$f = \delta_B$	δ'_B	X	O	U	$+D_{max}$	$-D_{min}$
cm	cm	cm		t	t	t	t
				0			
						+4,003	—
					−2,953		
						—	−7,315
		0,3925		+8,331			
−5,73						+2,200	−5,833
	0,0619	0,3597	0,1725 + 4,395 = 4,5675		−5,171		
+5,73						+4,903	−2,595
	0,1271	0,3270	0,728 + 3,632 = 4,360	−6,688			
−5,73						+3,740	−3,757
	0,1829	0,2941	1,508 + 2,939 = 4,447		+1,247		
+5,73						+2,443	−5,057
	0,2326	0,2615	2,4365 + 2,322 = 4,7585	−7,741			
−5,73						+6,119	−1,677
	0,2712	0,2289	3,315 + 1,778 = 5,093		+1,175		
+5,73						—	−7,530
	0,2943	0,1962	3,901 + 1,306 = 5,207	−2,297			
+5,73						—	−7,674
	0,2598	0,1635	3,040 + 0,908 = 3,948		+0,629		
−5,73						+5,686	−1,810
	0,2298	0,1308	2,3795 + 0,5812 = 2,9605	−11,782			
+5,73						+3,657	−3,843
	0,1889	0,0981	1,6075 + 0,3269 = 1,9345		+6,416		
−5,73						+2,075	−5,422
	0,1338	0,0654	0,8060 + 0,1452 = 0,951	−10,752			
+5,73						+7,210	−0,435
	0,0693	0,0327	0,2159 + 0,0363 = 0,252		+2,276		
−5,73						—	−8,793
		0					

Im vorliegenden Beispiel fallen die Punkte B und C zusammen, und man erhält so

$$X = \frac{\delta_B^2}{0{,}2943 \cdot 0{,}0751} + \frac{\delta_B'^2}{0{,}3925 \cdot 0{,}0751} = \frac{\delta_B^2}{0{,}0222} + \frac{\delta_B'^2}{0{,}02945}.$$

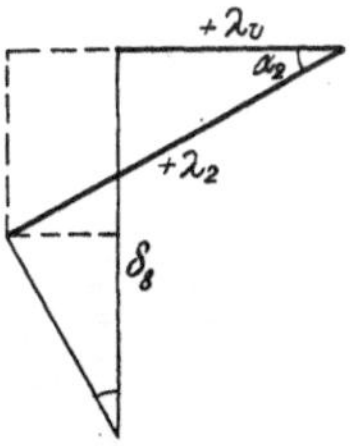

Die δ_B sind der Spalte 12 der Zusammenstellung zu entnehmen und die $\delta'_B = \delta'_2 \cdot \frac{i}{12}$ der Spalte 13, worin die i vom Knotenpunkt *14* aus gezählt werden. Damit folgt die Spalte 14.

Mit diesen Werten sind die Zahlen der Spalten 9, 10, 11 der Zusammenstellung des Beispiels 28 zu multiplizieren und dann von denjenigen der Spalten 5, 6, 7, 8 der hierher gehörigen Zusammenstellung abzuziehen. Schließlich sind noch die Zahlen der Spalten 21, 22, 23 der Zusammenstellung in Beispiel 28 zu addieren, damit man die Gesamtspannkräfte (Spalten 15, 16, 17, 18) erhält.

Fig. 125.

11. Die Belastungsumordnung.

Der Hauptvorzug des in den Abschnitten 9 und 10 behandelten Verfahrens der Arbeitsgleichungen zur Lösung statisch unbestimmter Aufgaben besteht darin, daß es eine einfache Vorschrift für den ganzen

Rechnungsgang aufstellt, die nur noch ein Minimum von Gedankenarbeit erfordert[27]). Sein Nachteil ist die Fehlerempfindlichkeit, die eine große Genauigkeit der Zahlenrechnung, eine größere, als die Unterlagen eigentlich bieten, bei der Auflösung der gegebenen Gleichungen erfordert, ferner die Umständlichkeit der Rechnung. Man sucht deshalb das Verfahren, wo immer angängig, zu vereinfachen.

Viele statisch unbestimmte Aufgaben, besonders wenn mehrfache statische Unbestimmtheit vorliegt, lassen sich nun ohne erhebliche Umstände lösen, wenn das Tragwerk selbst symmetrisch gebildet ist. Es ist nur nötig, die gegebene Belastung in mehrere, der Lage und Größe, jedoch nicht der Richtung nach symmetrische Teilbelastungen umzuformen, die, zusammengenommen, wieder die gegebene Belastung liefern[28]). Durch diese Anwendung des Prinzips der Summierung der Wirkungen zerfällt die Aufgabe in mehrere, oft sehr einfach zu behandelnde Teilaufgaben mit gewöhnlich je einer einzigen statisch unbestimmten Größe, die zusammen eine statisch Unbestimmte weniger enthalten als die gegebene Gesamtaufgabe. Besonders wertvoll ist, daß die Einfachheit und Klarheit des Berechnungsganges Fehler ziemlich ausschließt.

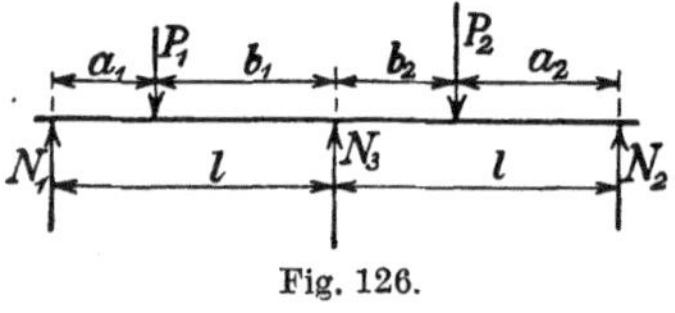

Fig. 126.

Beispiel 30. Anzugeben sind die Auflagerkräfte des auf drei gleich hohen Stützen gelagerten, symmetrischen Trägers von überall gleichem Querschnitt nach Fig. 126 unter der eingetragenen Belastung durch die Einzelkräfte P_1 und P_2.

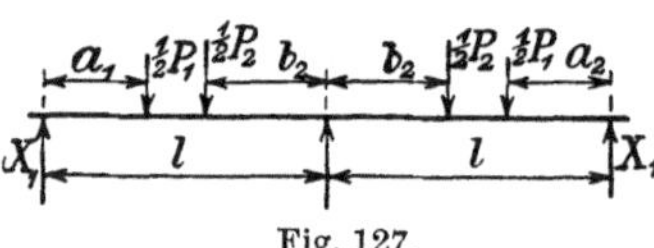

Fig. 127.

Man zerlegt die gegebene Belastung in die achsensymmetrische der Fig. 127 und die punktsymmetrische der Fig. 128 mit den unbekannten Auflagerkräften X_1 bzw. X_2.

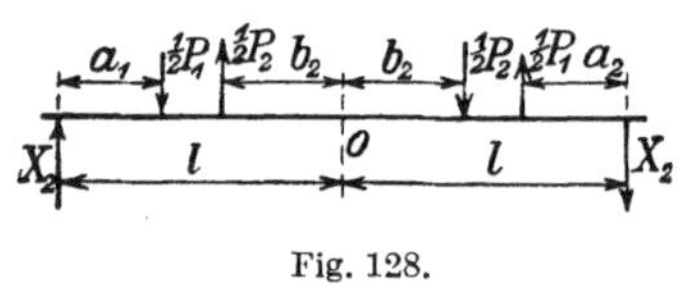

Fig. 128.

Der erstere Träger ist über der Mittelstütze wagerecht eingespannt, und die Momentenflächen der einen Hälfte sind in Fig. 129 dargestellt. Man erhält damit nach Bd. IV, S. 86, die Durchbiegung des äußeren Endes zu

$$0 = X_1 l \cdot \frac{l}{2} \cdot \frac{2}{3} l - \frac{1}{2} P_1 b_1 \cdot \frac{b_1}{2} \cdot \left(a_1 + \frac{2}{3} b_1\right) - \frac{1}{2} P_2 b_2 \cdot \frac{b_2}{2} \cdot \left(a_2 + \frac{2}{3} b_2\right).$$

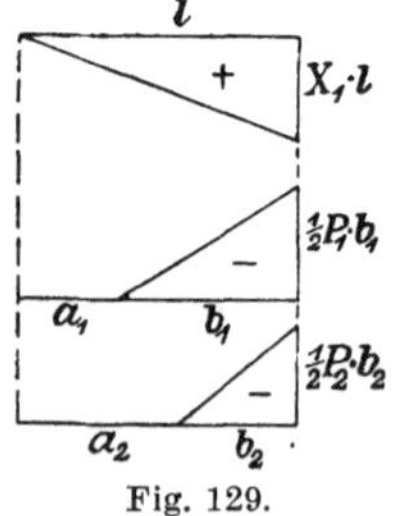

Fig. 129.

Demnach wird

$$X_1 = \frac{3}{4} P_1 \cdot \left(\frac{b_1}{l}\right)^2 \cdot \left(\frac{a_1}{l} + \frac{2}{3} \frac{b_1}{l}\right) + \frac{3}{4} P_2 \cdot \left(\frac{b_2}{l}\right)^2 \cdot \left(\frac{a_2}{l} + \frac{2}{3} \frac{b_2}{l}\right).$$

Der zweite Träger der Fig. 128 ist zur Mitte umgekehrt symmetrisch belastet, so daß sich die Wirkungen aller Kräfte in bezug auf die Mitte aufheben und dort kein Stützendruck vorhanden ist. In bezug auf die Mitte gilt die Momentengleichung

$$+2 \cdot X_2 \cdot l - 2 \cdot \tfrac{1}{2} P_1 \cdot b_1 + 2 \cdot \tfrac{1}{2} P_2 \cdot b_2 = 0,$$

[27]) Föppl: Technische Mechanik Bd. III.

[28]) Andrée, Die Statik des Kranbaues, II. Aufl. 1913; Das B-U-Verfahren, 1919.

also ist

$$X_2 = \frac{1}{2} P_1 \cdot \frac{b_1}{l} - \frac{1}{2} P_2 \cdot \frac{b_2}{l}.$$

Durch Addition beider Teilkräfte ergibt sich sofort

$$N_1 = X_1 + X_2 = \frac{1}{2} P_1 \cdot \frac{b_1}{l} \cdot \left[+1 + \frac{3}{2} \cdot \frac{a_1 \cdot b_1}{l^2} + \left(\frac{b_1}{l}\right)^2\right]$$
$$+ \frac{1}{2} P_2 \cdot \frac{b_2}{l} \cdot \left[-1 + \frac{3}{2} \frac{a_2 \cdot b_2}{l^2} + \left(\frac{b_2}{l}\right)^2\right],$$

$$N_2 = X_1 - X_2 = \frac{1}{2} P_1 \cdot \frac{b_1}{l} \cdot \left[-1 + \frac{3}{2} \cdot \frac{a_1 \cdot b_1}{l^2} + \left(\frac{b_1}{l}\right)^2\right]$$
$$+ \frac{1}{2} P_2 \cdot \frac{b_2}{l} \cdot \left[+1 + \frac{3}{2} \frac{a_2 \cdot b_2}{l^2} + \left(\frac{b_2}{l}\right)^2\right],$$

schließlich

$$N_3 = P_1 + P_2 - N_1 - N_2.$$

Diese Lösung ist erheblich einfacher und sicherer zu rechnen als die in Bd. IV, S. 123, für den allerdings unsymmetrischen Träger durchgeführte.

In derselben Weise kann die Untersuchung des nach Fig. 130 belasteten Trägers zerlegt werden in die beiden Teilaufgaben mit achsen- bzw. punktsymmetrischer Belastung nach den Fig. 131 und 132, die beide leicht zu lösen sind.

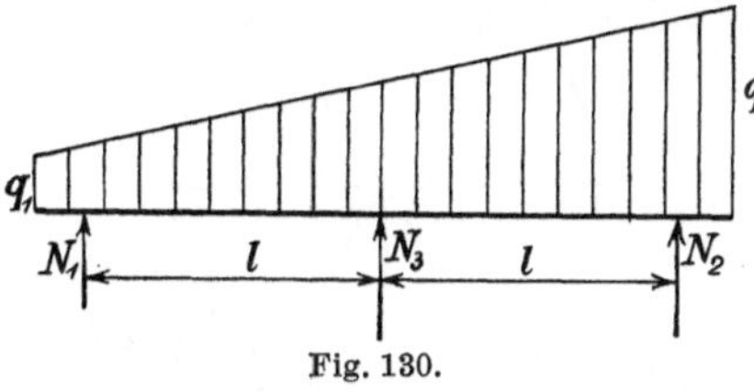

Fig. 130.

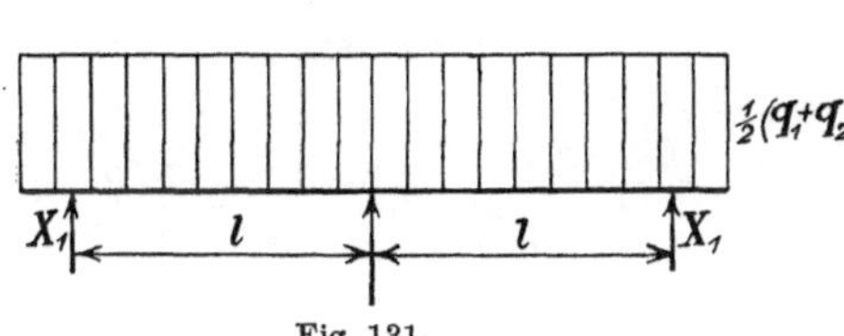

Fig. 131.

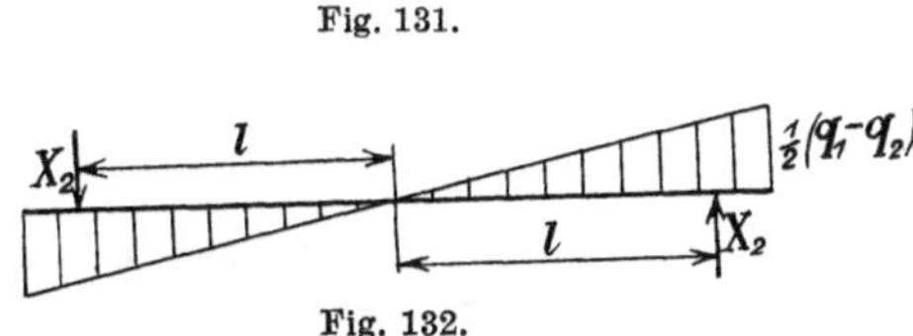

Fig. 132.

Beispiel 31. Zu berechnen ist die Beanspruchung des Druckringes eines Hammerdrehkranes unter den drei Raddrücken P_1, P_2, P_3 (Fig. 133), deren Wirkungslinien durch den Ringmittelpunkt gehen.

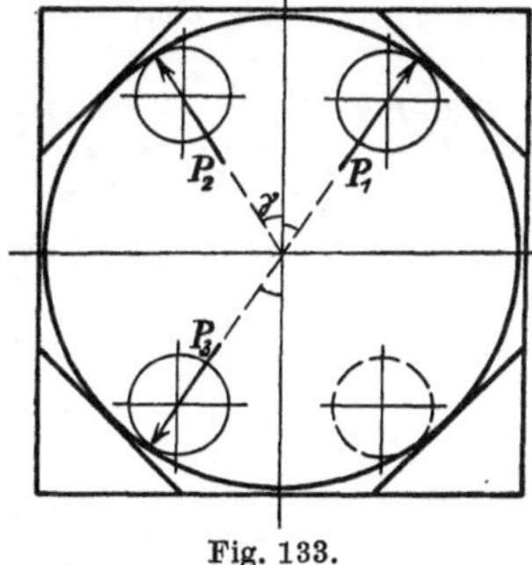

Fig. 133.

Die Aufgabe ist dreifach statisch unbestimmt, denn in jedem Ringquerschnitt ist unbekannt und mit Hilfe der Gleichgewichtsbedingungen allein nicht zu ermitteln das Biegungsmoment M, die Querkraft Q und die senkrecht zum Querschnitt wirkende Spannkraft S. Die Lösung mit Hilfe der Arbeitsgleichungen ist so umständlich und unübersichtlich, daß sie gar nicht gangbar ist[28]).

Die Belastung wird zuerst umgeordnet in die beiden Teilbelastungen der Fig. 134 und 135. Damit ist schon eine wesentliche Vereinfachung erzielt worden, denn bei beiden Teilbelastungen sind die Spannkräfte S in jedem Querschnitt der Ringhälfte sofort anzugeben und bei der Teilbelastung der Fig. 135 auch die Biegungsmomente.

Die Umordnung wird vorteilhaft noch weiter fortgeführt, indem man die Fig. 134 in die Fig. 136 und 137 umordnet und die Fig. 135 in 138 und 139, die je nur noch die Untersuchung eines Ringviertels erfordern. In Fig. 136 sind die Spannkräfte S und die Querkräfte Q statisch bestimmt, unbestimmt ist nur das Moment M_1 (Fig. 140). In Fig. 137 sind die Spannkräfte S und die Biegungsmomente M statisch

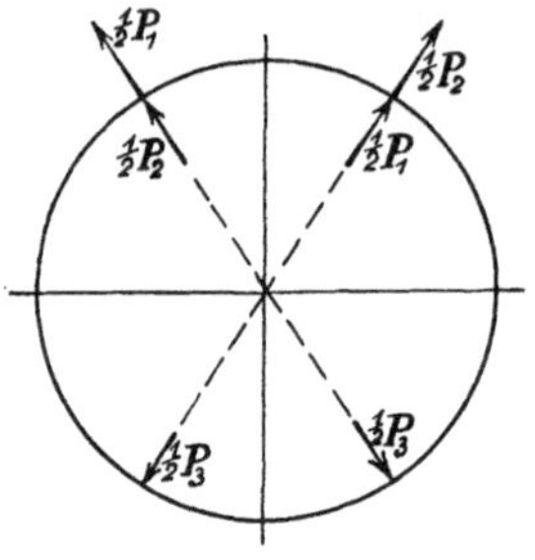

Fig. 134.

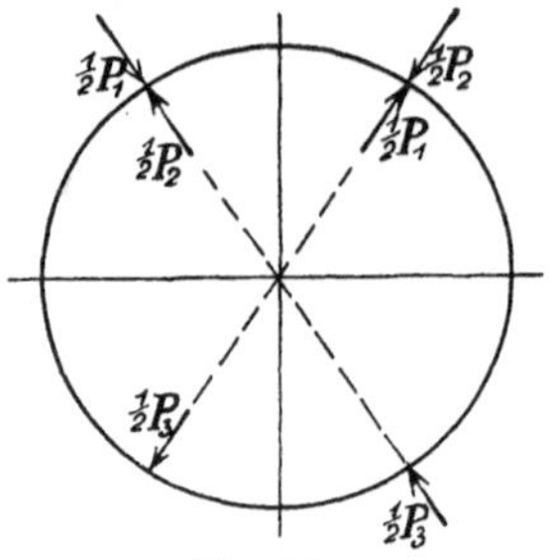

Fig. 135.

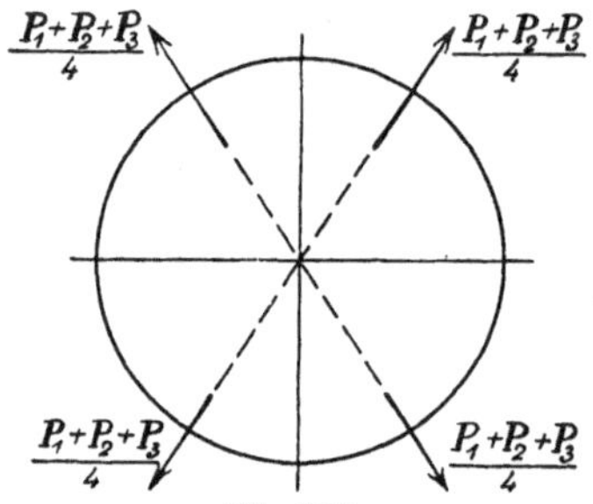

Fig. 136.

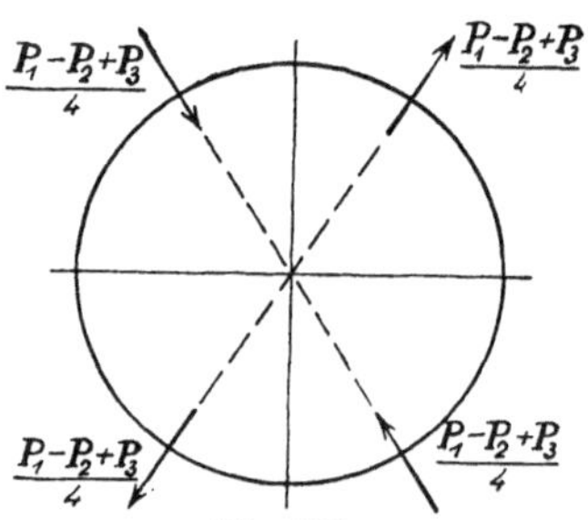

Fig. 137.

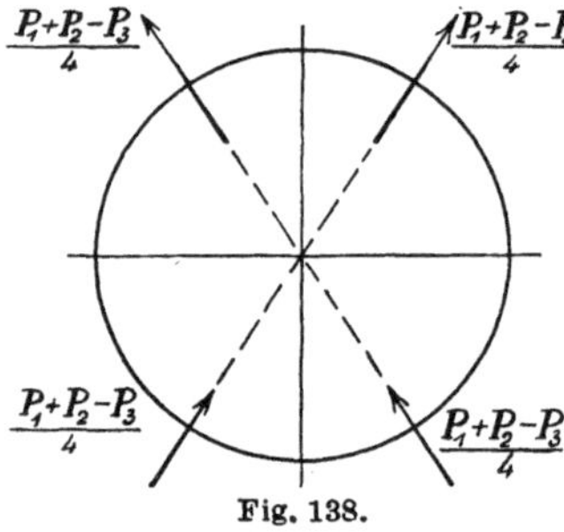

Fig. 138.

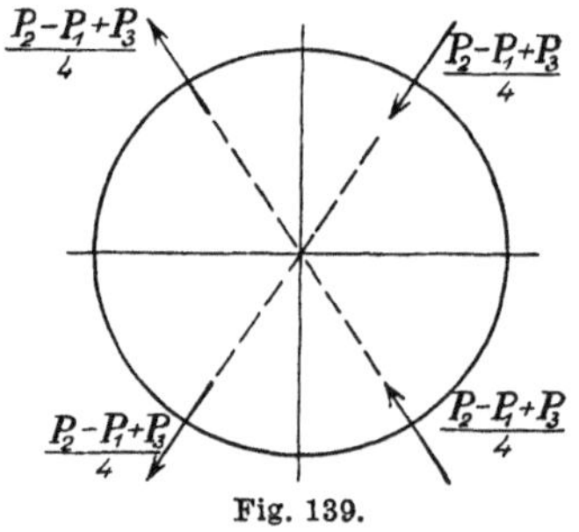

Fig. 139.

bestimmt, unbestimmt ist nur die Querkraft Q_1 (Fig. 141). In Fig. 138 sind die Spannkräfte S und die Biegungsmomente M statisch bestimmt, unbestimmt ist die Querkraft Q_2 (Fig. 142). In Fig. 139 sind die Spannkräfte, Biegungsmomente und die Querkraft statisch bestimmbar (Fig. 143).

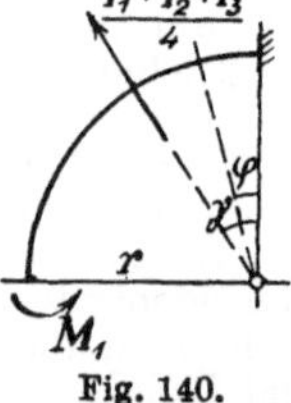

Fig. 140.

1. Belastung der Fig. 140: Das Biegungsmoment in dem um den Winkel φ von der Einspannungsstelle entfernten Querschnitt ist

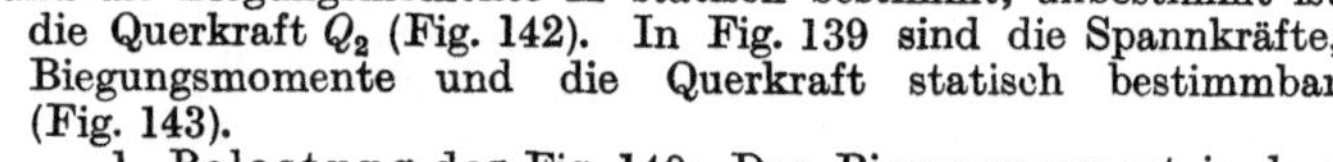

$$M_\varphi = -M_1 + \tfrac{1}{4}(P_1 + P_2 + P_3)\cdot r \cdot \sin(\gamma - \varphi)\,.$$

Die Bedingung, daß das Ende des Viertelringes an der Angriffsstelle von M_1 seine Neigung nicht ändert, lautet nach Gleichung (63)

$$0 = \frac{\alpha}{J} \cdot \int_0^{\frac{\pi}{2}} M_\varphi \cdot r \cdot d\varphi \cdot \frac{\partial M_\varphi}{\partial M_1},$$

$$= \frac{\alpha}{J} \cdot r \cdot \int_0^{\frac{\pi}{2}} \left[-M_1 + \frac{r}{4} \cdot (P_1 + P_2 + P_3) \cdot (\sin\gamma \cdot \cos\varphi - \cos\gamma \cdot \sin\varphi) \right] \cdot d\varphi \cdot (-1).$$

Hieraus ergibt sich sofort das Einspannungsmoment

$$M_1 = -\frac{r}{4} \cdot (P_1 + P_2 + P_3) \cdot \left(-\sin\gamma \cdot \sin\frac{\pi}{2} + \cos\gamma \cdot \cos 0 \right),$$

$$M_1 = -\frac{r}{4} \cdot (P_1 + P_2 + P_3) \cdot \sqrt{2} \cdot \sin\left(\frac{\pi}{4} - \gamma\right).$$

Die obige Ausgangsformel liefert damit das Biegungsmoment an jeder beliebigen Stelle.

2. Belastung der Fig. 141: Das Biegungsmoment in dem um den Winkel φ von der Einspannungsstelle entfernten Querschnitt ist

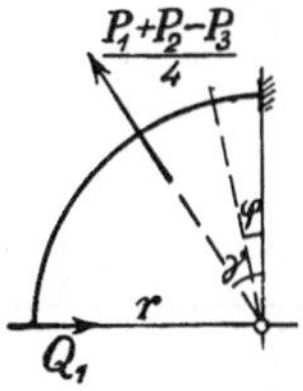

$$M_\varphi = -Q_1 \cdot r \cdot \sin\varphi + \tfrac{1}{4}(P_1 + P_2 - P_3) \cdot r \cdot \sin(\gamma - \varphi).$$

Fig. 141.

Dieselbe Bedingung wie unter 1. lautet hier:

$$0 = \frac{\alpha}{J} \cdot \int_0^{\frac{\pi}{2}} M_\varphi \cdot r \cdot d\varphi \cdot \frac{\partial M_\varphi}{\partial Q_1},$$

$$= \frac{\alpha}{J} \cdot r^2 \cdot \int_0^{\frac{\pi}{2}} \left[-Q_1 \cdot \sin\varphi + \frac{1}{4}(P_1 + P_2 - P_3) \cdot (\sin\gamma \cdot \cos\varphi - \cos\gamma \cdot \sin\varphi) \right] \cdot d\varphi \cdot (-r \sin\varphi),$$

$$= \frac{\alpha}{J} \cdot r^3 \cdot \left[-Q_1 \cdot \cos 0 + \frac{1}{4}(P_1 + P_2 - P_3) \right] \cdot \left[-\sin\gamma\,(\cos\pi - \cos 0) - \cos\gamma \cdot \left(+ \frac{1}{4}\sin 0 + \frac{\pi}{4} \right) \right].$$

Daraus erhält man die Querkraft

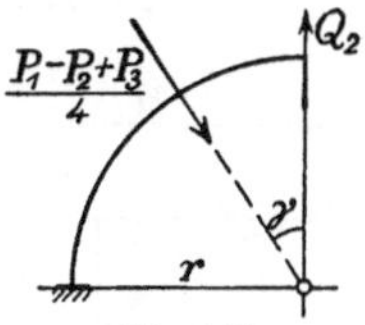

$$Q_1 = \frac{1}{4}(P_1 + P_2 - P_3) \cdot \left(2\sin\gamma - \frac{\pi}{4} \cdot \cos\gamma \right),$$

und die Ausgangsformel gibt das Biegungsmoment an jeder beliebigen Stelle an.

Fig. 142.

3. Belastung der Fig. 142: Die Anordnung ist im Grunde dieselbe wie bei Fig. 141. Man erhält so mit dem Neigungswinkel $\left(\frac{\pi}{2} - \gamma\right)$

$$Q_2 = -\frac{1}{4}(P_1 - P_2 + P_3) \cdot \left(2\cos\gamma - \frac{\pi}{4} \cdot \sin\gamma \right).$$

4. Belastung der Fig. 143: Das Biegungsmoment an dem um den Winkel φ gegen die Einspannungsstelle geneigten Querschnitt ist

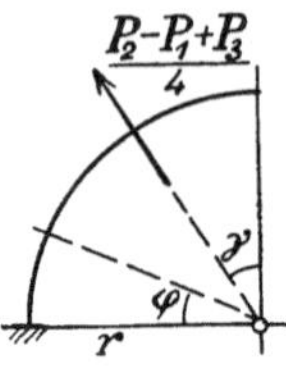
Fig. 143.

$$M_\varphi = \frac{1}{4}(P_2 - P_1 + P_3)\cdot r\cdot \sin\left(\frac{\pi}{2} - \gamma - \varphi\right)$$
$$= \frac{1}{4}(P_2 - P_1 + P_3)\cdot r\cdot \cos(\gamma + \varphi)\,.$$

Das Gesamtmoment wird durch Addition der vier Einzelmomente unter Beachtung der Fig. 136 bis 139 erhalten.

Beispiel 32. Anzugeben ist die Einflußlinie für das Biegungsmoment des beiderseits eingespannten prismatischen Trägers an der von der Mitte um die Strecke a entfernten Stelle A unter der sich darüber bewegenden senkrechten Last $P = 1$ t (Fig. 144).

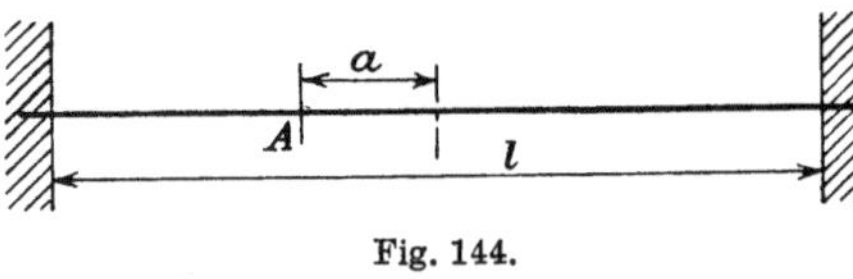
Fig. 144.

Die in allgemeiner Form recht umständliche Lösung wird verhältnismäßig einfach, wenn man an Stelle der beliebig stehenden Last P die beiden symmetrischen Belastungen nach den Fig. 145 und 146 einführt[28]). Bei der ersten ist das Biegungsmoment der Mitte M unbekannt, bei der zweiten die Querkraft in der Mitte Q.

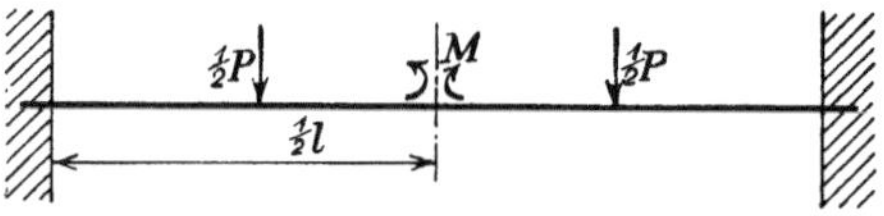

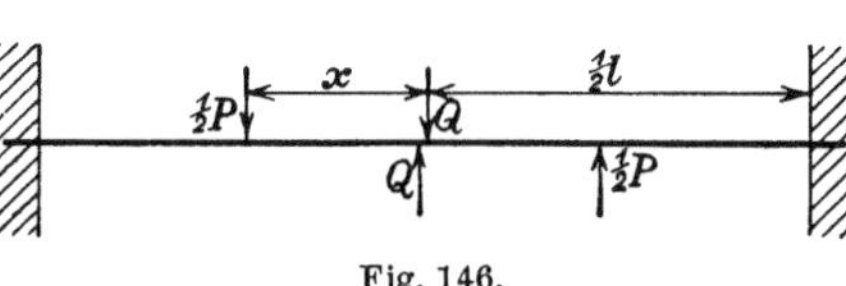
Fig. 145.

Fig. 146.

Die Fig. 147 stellt die Balkenhälfte mit der ersten Teilbelastung dar, die man am freien Ende zuerst allein durch das Moment -1 mt beansprucht annimmt. Die Biegungslinie dafür ist eine Parabel, deren Endhöhe nach Bd. IV, S. 86, beträgt

$$f'_m = +\frac{\alpha}{J}\cdot\left(1\cdot 100\,000\cdot\frac{l}{2}\right)\cdot\left(\frac{1}{2}\cdot\frac{l}{2}\right)\text{cm},$$

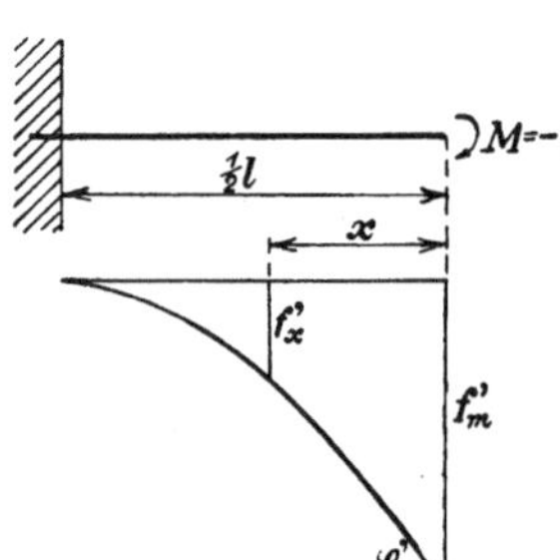
Fig. 147.

die etwa im Maßstab 2 cm $= 100\,000\cdot\frac{\alpha}{J}\cdot\frac{l^2}{8}$ cm aufgetragen wird (untere Fig. 147).

Im Abstand x von der Mitte hat die Durchbiegung den Wert

$$f'_x = \frac{\alpha}{J}\cdot 1\cdot 100\,000\cdot\left(\frac{l}{2} - x\right)^2\cdot\frac{1}{8}\,.$$

Die Neigung des Endquerschnittes beträgt

$$\varphi'_m = \frac{\alpha}{J}\cdot 1\cdot 100\,000\cdot\frac{l}{2}\,.$$

Ferner gilt nach dem Satz S. 84

$$M'_m\cdot\varphi'_m = \frac{P}{2}\cdot f'_x\,.$$

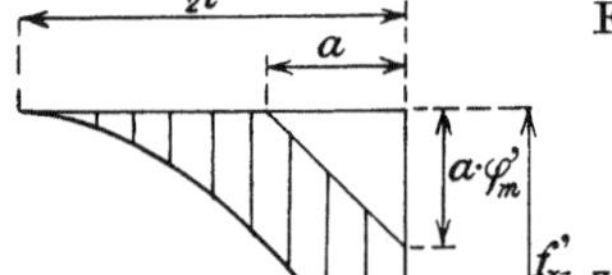
Fig. 148.

Läßt man jetzt das Lastenpaar wirken, und zwar bis zur Mitte zusammengerückt, dann ist das Moment an der Stelle A

$$M'_A = \frac{P}{2}\cdot a - M'_m$$

oder mit dem vorstehenden Wert von M'_m

$$M'_A = \frac{P}{2} \cdot \frac{1}{\varphi'_m} \cdot (a \cdot \varphi'_m - f'_x) \,.$$

Der Klammerausdruck wird durch die Fig. 148 dargestellt, und die schraffierte Fläche ist die halbe Momentenfläche für das symmetrisch wandernde Lastenpaar $\frac{1}{2}$ t.

Bei der zweiten Teilbelastung (Fig. 149) wird ähnlich verfahren. Die Biegungslinie des vorläufig allein am freien Ende durch $Q = -1$ t belasteten Freiträgers ist wieder eine Parabel mit der Endhöhe (Bd. IV, S. 86)

$$f''_m = +\frac{\alpha}{J} \cdot \left(\frac{1}{2} \cdot 1 \cdot 100\,000 \cdot l \cdot \frac{l}{2}\right) \cdot \left(\frac{2}{3} \cdot \frac{l}{2}\right).$$

Nach dem Satz von der Gegenseitigkeit der elastischen Verschiebungen (S. 84) gilt ferner

$$Q \cdot f''_m = \frac{P}{2} \cdot f''_x \,.$$

Läßt man jetzt wieder das Lastenpaar nach der Mitte zusammengerückt wirken, so ist für die Stelle A das Moment

$$M''_A = \frac{P}{2} \cdot a - Q \cdot a$$

oder mit dem vorstehenden Wert von Q

$$M''_A = \frac{P}{2} \cdot a - \frac{P}{2} \cdot \frac{f''_x}{f''_m} \cdot a \,.$$

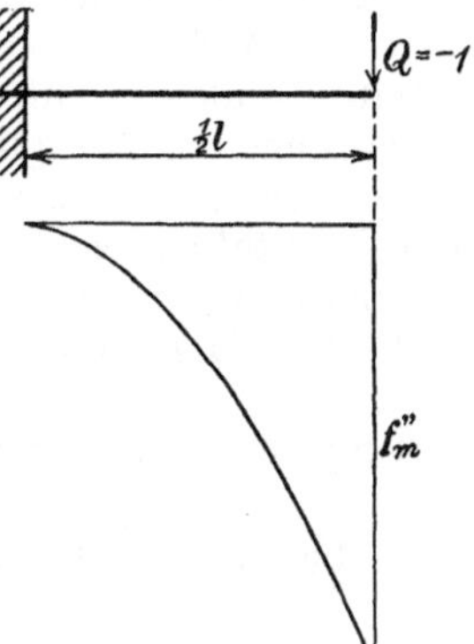

Fig. 149.

Da nachher die Werte M''_A und M'_A zu addieren sind, so schreibt man zweckmäßig beide mit demselben Hauptfaktor vor der Klammer, also

$$M''_A = \frac{P}{2} \cdot \frac{1}{\varphi'_m} \cdot \left(a \cdot \varphi'_m - f''_x \cdot \frac{\varphi'_m}{f''_m} \cdot a\right).$$

Das erste Glied der Klammer ist dasselbe wie bei der ersten Teilbelastung, und das zweite ist die mit dem unveränderlichen Faktor $a \cdot \frac{\varphi'_m}{f''_m}$ multiplizierte Biegungslinie des zweiten Belastungsfalles, die am einfachsten als Parabel mit der Endhöhe $a \cdot \varphi'_m$ gezeichnet wird (Fig. 150). Die schraffierte Fläche ist die halbe Momentenfläche für die eine Last $+\frac{1}{2}$ t; die für die andere Last $-\frac{1}{2}$ t ist dieselbe, aber negativ.

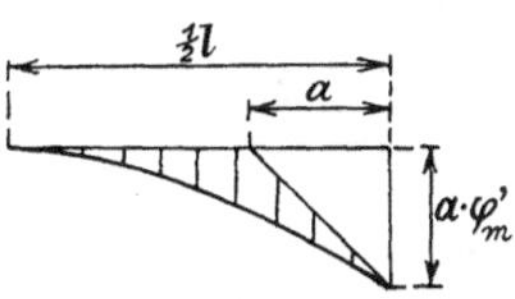

Fig. 150.

Die gezeichneten Einflußlinien sind einfach sinngemäß mit dem Zirkel zu addieren. Man erhält dann die ganze Momentenfläche im Maßstab

$$2\text{ cm} = \left(100\,000 \cdot \frac{\alpha}{J} \cdot \frac{l^2}{8} \cdot \frac{1}{2}\right) : \left(100\,000 \frac{\alpha}{J} \cdot \frac{l}{8}\right) = \frac{l}{8} \cdot 1\text{ mt},$$

deren Verlauf die Fig. 151 angibt.

Die Momentenflächen für andere Stellen werden einfach dadurch erhalten, daß man bei der ersten Teilbelastung die entsprechende andere schräge Gerade in die Fig. 148 einträgt und bei der zweiten Teilbelastung den Maßstab der Fig. 150 entsprechend ändert.

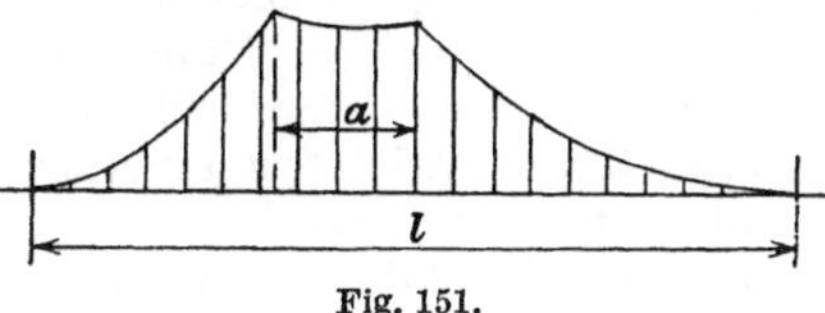

Fig. 151.

Ist der Träger nicht prismatisch, so daß sich sein Trägheitsmoment ändert, so sind die Höhen der Biegungslinien mit dem Verhältnis $\frac{J_m}{J_x}$ zu multiplizieren.

12. Die mechanische Lösung mit dem Nullpunktbestimmer.

Die günstigste Lösung wäre die, bei der das mehrfach statisch unbestimmte System in eine entsprechende Anzahl statisch bestimmter Teilsysteme zerlegt wird. Das kann auf rein mechanischem Wege mit dem „Nullpunktbestimmer“ geschehen[29]).

Aus den einzelnen Teilen des Apparates wird das zu untersuchende Tragwerk in verkleinertem Maßstab nach Form, Steifigkeitsverhältnissen, Knotenpunkts- und Auflagerbedingungen nachgebildet, die Auflager werden am Zeichenbrett befestigt und darauf die Kraftangriffsvorrichtung angebracht. Es entsteht dann eine naturgetreue Nachbildung der Biegungslinie, die auf die Papierunterlage übertragen wird. Daran werden, am einfachsten mit Hilfe eines durchsichtigen Lineals, die Wendepunkte bestimmt. Sie sind ja die Momentennullpunkte und haben die Wirkung von Gelenken. Sie zerlegen also das statisch unbestimmte Gebilde in eine Anzahl einfacher statisch bestimmter Systeme.

Die Lage der Nullpunkte ist unabhängig von der Größe der angreifenden Kraft, dem Trägheitsmoment der Stäbe und der Elastizitätsziffer des Stabmaterials. Nur das Verhältnis der Stabträgheitsmomente muß bei dem Aufbau des Modells innegehalten werden.

Die Genauigkeit des Verfahrens genügt für die Zwecke der Praxis immer.

Beispiele enthält die Gebrauchsanweisung des Apparates.

13. Die einfachen Rahmen mit steifen Ecken.

a) Die statische Unbestimmtheit.

Der in Fig. 152 dargestellte ebene, einfache Rahmen mit einem Gelenkfuß bei A und einem frei verschieblichen Fuß bei B ist statisch bestimmt, denn die drei Gleichgewichtsbedingungen reichen aus, um die drei Auflagerkräfte V_1, H_1, V_2 zu bestimmen.

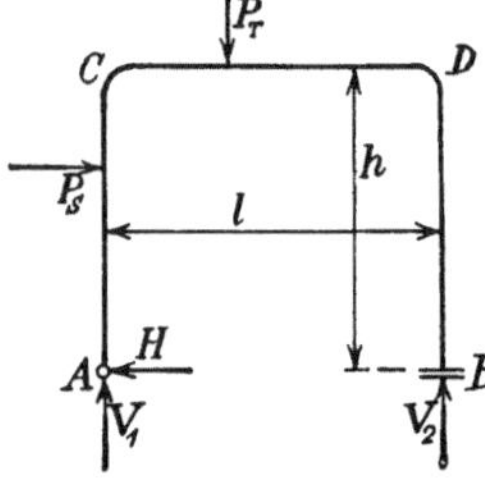

Fig. 152.

Der Rahmen ist einfach statisch unbestimmt, wenn entweder auch bei B ein Gelenk angeordnet ist, weil dann dort eine vierte Auflagerkraft H_2 hinzukommt, oder wenn der Stiel bei A fest eingespannt wird, weil dann dort ein Einspannungsmoment M_A hinzukommt.

Ohne weiteres ist hiernach klar, daß man zweifache statische Unbestimmtheit erhält, wenn der eine Rahmenstiel fest eingespannt ist und der andere durch ein Gelenk festgehalten wird.

Der einfache Rahmen ist dreifach statisch unbestimmt, wenn beide Stiele fest eingespannt sind, weil dann an jedem Stielfußpunkt zwei Auf-

[29]) Rieckhoff: Der Bauing. 1925. Der Apparat wird geliefert von der A.-G. für Baubedarf, Darmstadt.

lagerkräfte V und H und ein Einspannungsmoment M auftreten, so daß zu den drei Gleichgewichtsbedingungen noch drei Formänderungsgleichungen gebraucht werden.

Zu bemerken ist noch, daß, wenn die Ecken des Rahmens nicht ganz starr sind, sich die Verbiegungen der Rahmenseiten entsprechend den Winkeländerungen der Ecken verringern, also die Spannungen kleiner werden. Die Voraussetzung starrer Ecken enthält mithin den ungünstigsten Fall.

b) Der statisch bestimmte Rahmen.

Für das Portalkrangestell nach Fig. 153, allein mit der Belastung P_T auf dem oberen Träger, erhält man sogleich die Auflagerkräfte und Stieldrucke

$$V_2 = P_T \cdot \frac{x}{l}, \qquad V_1 = P_T \cdot \left(1 - \frac{x}{l}\right). \tag{67}$$

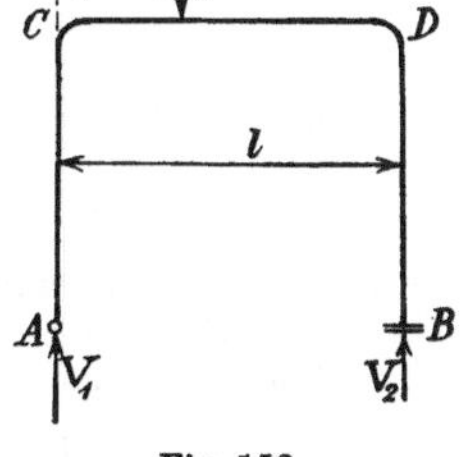

Fig. 153.

Den Verlauf des Biegungsmomentes für den oberen Träger zeigt die Fig. 154; sein Größtwert ist

$$M_T = P_T \cdot l \cdot \frac{x}{l} \cdot \left(1 - \frac{x}{l}\right). \tag{68}$$

Ist der obere Träger durch die gleichförmig über die Länge l verteilte Kraft Q_T belastet, so ist die zugehörige Momentenfläche die der Fig. 155 mit dem Höchstwert

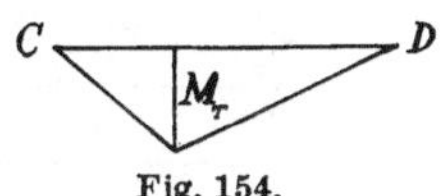

Fig. 154.

$$M_m = \tfrac{1}{8} \cdot Q_T \cdot l. \tag{69}$$

An der Stelle x ist das Biegungsmoment

$$M_x = M_m \cdot \frac{x \cdot (l - x)}{(\frac{1}{2} l)^2} = \frac{1}{2} \cdot Q_T \cdot l \cdot \frac{x}{l} \cdot \left(1 - \frac{x}{l}\right). \tag{70}$$

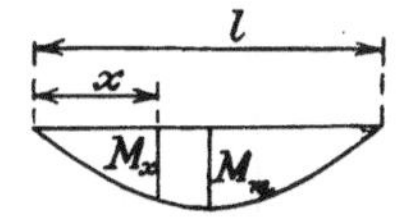

Fig. 155.

Für die Formänderungen liegt gewöhnlich kein Interesse vor.

Wirkt auf den festen Stiel oder auch in der Ebene CD (Fig. 156) eine wagerechte Kraft P_S, so ergibt die Momentengleichung für den Punkt A

$$V_2 = P_S \cdot \frac{y}{l}. \tag{71}$$

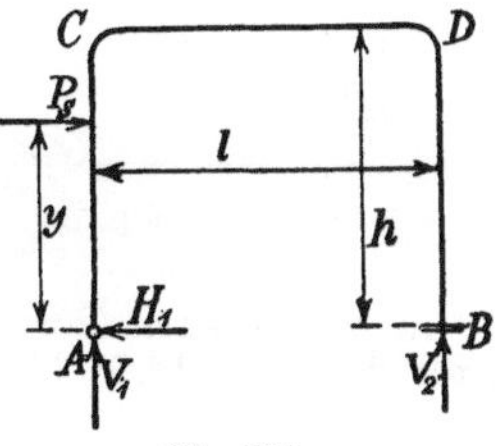

Fig. 156.

Damit wird

$$V_1 = -V_2,$$

da andere lotrechte Kräfte nicht vorhanden sind. Schließlich ist

$$H_1 = P_S.$$

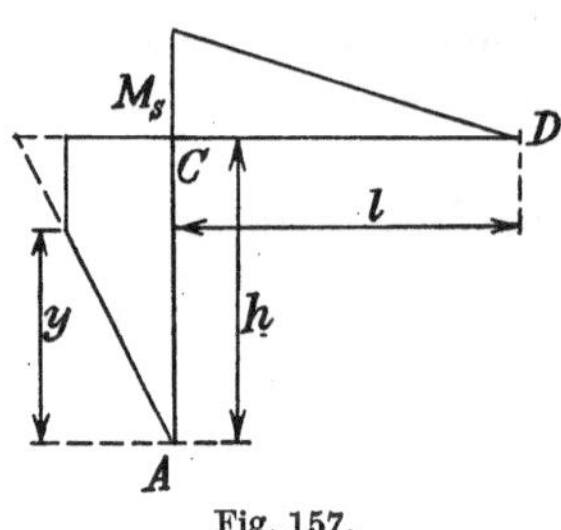

Fig. 157.

Den Verlauf des Biegungsmomentes für den Stiel AC und den Träger CD gibt die Fig. 157 an. Sein Größtwert ist

$$M_S = P_S \cdot h \cdot \frac{y}{h}. \tag{72}$$

Ist die Belastung Q_S gleichförmig über die Höhe h des Stieles A verteilt, so stellt die Fig. 158 die Momentenflächen dar mit

$$M_S = \tfrac{1}{2} \cdot Q_S \cdot h .$$

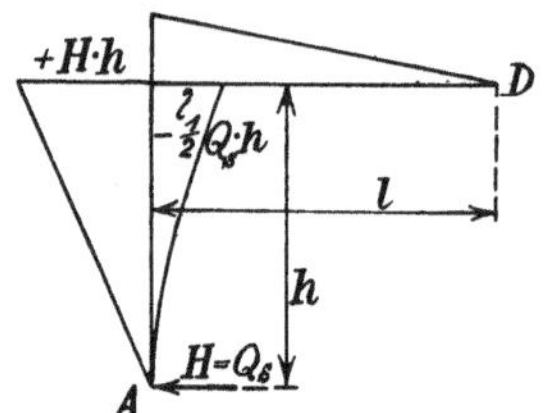

Fig. 158.

Ferner ist in dem Fall die Auflagerkraft bei B

$$V_2 = \frac{1}{2} Q_S \cdot \frac{h}{l}. \tag{73}$$

Beispiel 33. Die in Beispiel 27 festgestellten Rad- und Zahndrücke belasten das eine Portal des Portaldrehkranes gemäß Fig. 159 und das andere gemäß den Angaben der rechten Seite von Fig. 160. Dazu kommen beidemal die nur in die linke Hälfte der Fig. 160 eingetragenen Eigengewichte der Zwischenkonstruktion und des oberen Querträgers. Anzugeben sind die zur Aufnahme dieser Kräfte erforderlichen Querschnitte.

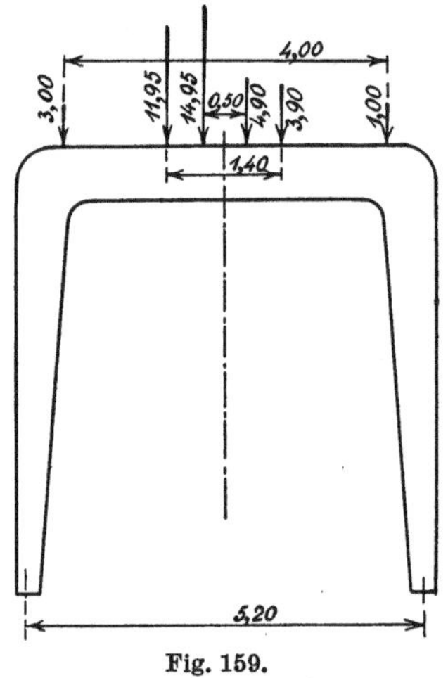

Fig. 159.

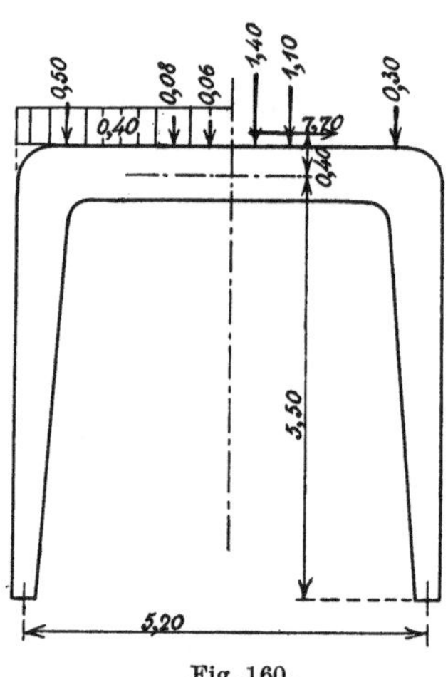

Fig. 160.

In dem oberen Portalträger der Fig. 159 tritt das größte Biegungsmoment unter der Last 14,95 t auf. Es setzt sich wie folgt zusammen:

$$(14{,}95 + 0{,}06) \cdot 2{,}35 \cdot 2{,}85 \cdot \frac{1}{520} = 19{,}33 \text{ mt},$$

$$(11{,}95 + 0{,}08) \cdot 1{,}90 \cdot \frac{3{,}30}{5{,}20} \cdot \frac{2{,}85}{3{,}30} = 12{,}53 \text{ mt},$$

Übertrag: 31,86 mt

$$\text{Übertrag: } 31{,}86 \text{ mt},$$

$$(3{,}00 + 0{,}50) \cdot 0{,}60 \cdot \frac{4{,}60}{5{,}20} \cdot \frac{2{,}85}{4{,}60} = 1{,}15 \text{ mt},$$

$$(4{,}90 + 0{,}06) \cdot 2{,}85 \cdot \frac{2{,}35}{5{,}20} \cdot \frac{2{,}35}{2{,}85} = 5{,}27 \text{ mt},$$

$$(3{,}90 + 0{,}08) \cdot 3{,}30 \cdot \frac{1{,}90}{5{,}20} \cdot \frac{2{,}35}{3{,}30} = 3{,}42 \text{ mt},$$

$$(1{,}00 + 0{,}50) \cdot 4{,}60 \cdot \frac{0{,}60}{5{,}20} \cdot \frac{2{,}35}{4{,}60} = 0{,}41 \text{ mt},$$

$$2 \cdot 0{,}40 \cdot \frac{2{,}35}{2} \cdot \frac{2{,}85}{5{,}20} = 0{,}52 \text{ mt},$$

$$M_{\max} = 42{,}63 \text{ mt}.$$

In dem Belastungssystem der Fig. 160 tritt das größte Moment in der Portalecke auf:

$$M_{\max} = 7{,}70 \cdot 5{,}90 = 45{,}76 \text{ mt}.$$

Hiermit ist also der Querschnitt zu berechnen. Man erhält das Widerstandsmoment

$$W = \frac{45{,}76 \cdot 100}{1{,}200} = 3813 \text{ cm}^3,$$

dem das Profil der Fig. 161 entspricht mit $W = 3845$ cm³.

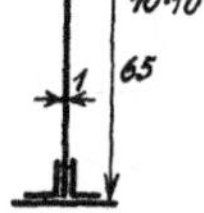

Fig. 161.

c) Der einfach statisch unbestimmte Rahmen.

Er kommt gewöhnlich nur in der Form der Fig. 162 mit zwei Fußgelenken vor. Bei der Belastung des Trägers durch die Einzellast P_T wird der Träger CD nach unten durchgebogen und die Stützenfüße A und B werden nach außen ausweichen, wenn nicht die Kräfte H der Befestigungen dagegen wirkten.

Hiernach ergeben die Gleichgewichtsbedingungen

$$H = H,$$

$$V_1 + V_2 = P_T$$

und in bezug auf den Angriffspunkt von P_T:

$$V_1 \cdot x = V_2 \cdot (l - x).$$

Hieraus folgt, wie bei dem statisch bestimmten Rahmen,

$$V_2 = P_T \cdot \frac{x}{l} \quad \text{und} \quad V_1 = P_T \cdot \left(1 - \frac{x}{l}\right). \tag{67a}$$

Die Kräfte H liefern in den Stielen die in Fig. 163 gezeichneten Biegungsmomente vom Größtwert $H \cdot h$ bei C und D, die sich über den Träger, ihn nach oben durchbiegend, in derselben Stärke erstrecken. Ferner ergibt die Trägerbelastung P_T die in Fig. 164 dargestellte Momentenfläche mit dem Größtwert

$$M_P = P_T \cdot l \cdot \frac{x}{l} \cdot \left(1 - \frac{x}{l}\right), \tag{68a}$$

die ihn nach unten durchbiegt.

Diese Momente verbiegen den Rahmen etwa nach Fig. 165 natürlich derart, daß die rechten Winkel der Pfostenecken unverändert bleiben. Werden die innerhalb der ursprünglichen Rahmenform liegenden Neigungswinkel φ, die an den Enden des Trägers CD auftreten, bzw. γ, die an den Einspannungsstellen der Stiele AC und BD auftreten, als positiv gerechnet und die außerhalb liegenden als negativ, so ist, da die Summe der Rahmenwinkel bei C und D 180° betragen muß[30]),

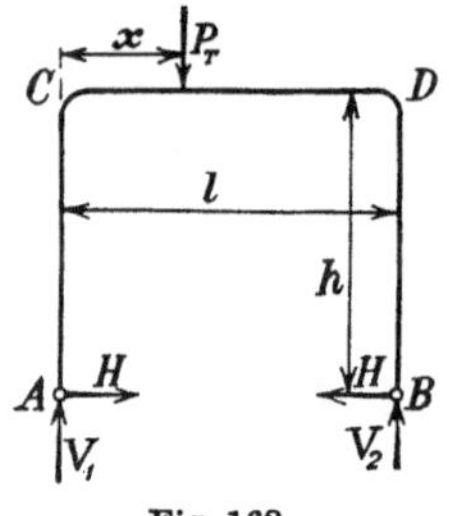

Fig. 162.

$$+\gamma_1 - \varphi_1 + \gamma_2 - \varphi_2 = 0$$

oder mit $\gamma = \frac{f}{h}$

$$+\varphi_1 + \varphi_2 - \frac{1}{h} \cdot (f_1 + f_2) = 0 . \tag{74}$$

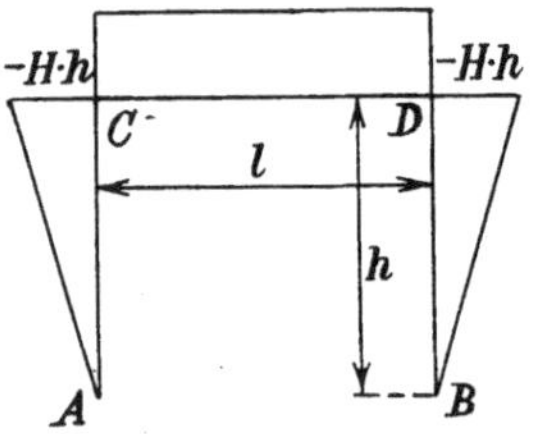

Fig. 163.

Bezeichnet nun

F_T den Flächeninhalt der Momentenfläche für den Träger,

S_S das statische Moment der Momentenfläche für den Stiel in bezug auf das freie Ende,

J_T das überall gleich vorausgesetzte Trägheitsmoment des Trägerquerschnittes,

J_S das überall gleich vorausgesetzte Trägheitsmoment des Stielquerschnittes,

so ergibt der Mohrsche Satz (Bd. IV, S. 85)

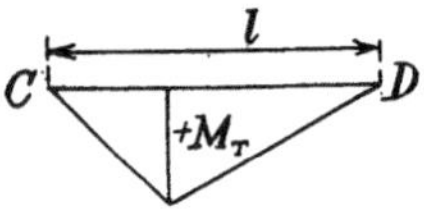

Fig. 164.

$$\left.\begin{aligned} + \varphi_1 + \varphi_2 &= \frac{\alpha}{J_T} \cdot F_T \\ \text{und} \qquad & \\ -f_1 - f_2 &= -\frac{\alpha}{J_S} \cdot 2 \cdot S_S . \end{aligned}\right\} \tag{74a}$$

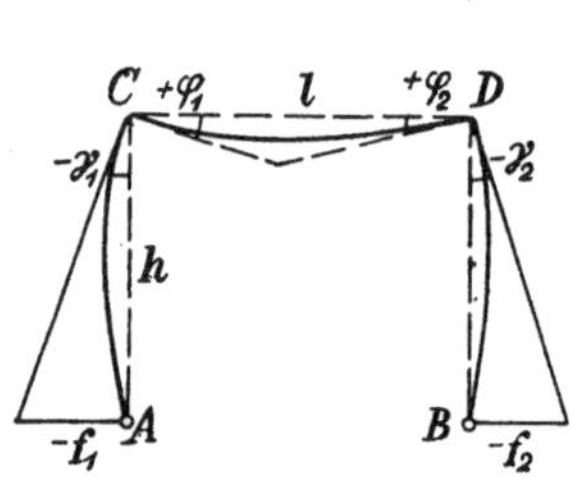

Fig. 165.

Da die Stablängen im Verhältnis zu den Querschnittsabmessungen groß sind, so haben die Querkräfte auf die Durchbiegungen keinen Einfluß.

Die Fig. 163 und 164 liefern jetzt

$$+F_T = +\tfrac{1}{2} M_P \cdot l - M_S \cdot l ,$$

$$-S_S = -\tfrac{1}{2} M_S \cdot h \cdot \tfrac{2}{3} h .$$

Damit folgt schließlich aus der Grundformel (74)

$$\frac{M_S}{M_P} = \frac{0{,}5}{1 + \frac{1}{3} \cdot \frac{J_T}{J_S} \cdot \frac{h}{l}} = \mu \tag{75}$$

[30]) Dieses Drehwinkelverfahren stammt von Reich, Beton u. Eisen 1908.

als Einspannungsgrad[31]), das Verhältnis des Eckmomentes zum größten Lastmoment auf dem statisch bestimmt gedachten Träger.

Damit beträgt das Biegungsmoment an der Lastangriffsstelle

$$M_P - M_S = M_P \cdot (1 - \mu)\,. \tag{76}$$

Sind die Trägheitsmomente J_T und J_S die Größtwerte der im übrigen veränderlichen Träger- bzw. Stielträgheitsmomente, so sind die Höhen der Momentenflächen an den betreffenden Stellen x bzw. y im Verhältnis $\frac{J_T}{J_x}$ bzw. $\frac{J_S}{J_y}$ zu vergrößern und dann in die Gleichung (74) die hiermit gewonnenen Werte von F_T bzw. S_S einzusetzen.

Entsprechend erhält man bei Belastung des Trägers durch die gleichförmig über die Länge verteilte Belastung Q_T, indem Fig. 164 durch Fig. 155 ersetzt wird,

$$\mu = \frac{0{,}667}{1 + \frac{1}{3} \cdot \frac{J_T}{J_S} \cdot \frac{h}{l}}\,. \tag{77}$$

Wird ein Stiel, z. B. AC mit der wagerechten Einzelkraft P_S belastet (Fig. 166), so folgt aus den Gleichgewichtsbedingungen

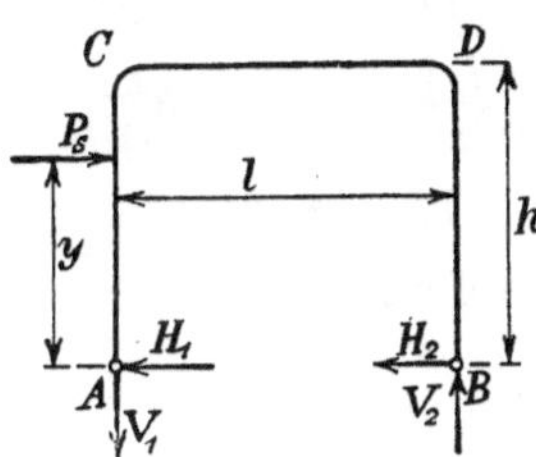

Fig. 166.

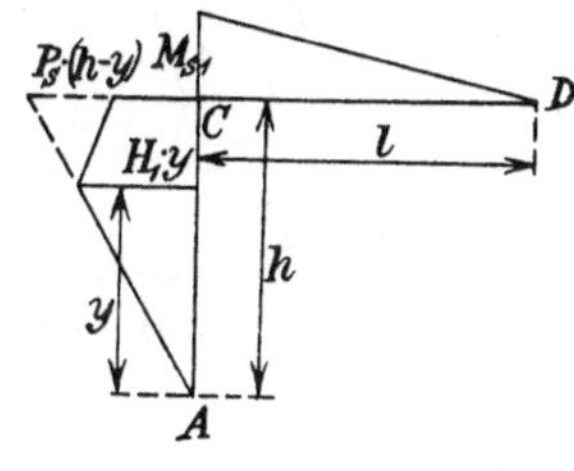

Fig. 167.

$$V_1 = -V_2$$

und

$$H_1 + H_2 = P_S\,, \tag{78}$$

ferner in bezug auf den Drehpunkt A

$$V_2 = P_S \cdot \frac{y}{l}\,. \tag{78a}$$

Hiernach ist es vorteilhaft, die Aufgabe zu zerlegen in die statisch bestimmte der Fig. 156 mit

$$M_{S_1} = H_1 \cdot h - P_S \cdot (h - y)\,,$$

wie Fig. 167 angibt, und die der Fig. 168 mit

$$M_{S_2} = H_2 \cdot h\,.$$

[31]) Gehler, Der Rahmen, 1913.

Beide Beanspruchungen zusammen liefern etwa die in Fig. 169 gezeichnete Verbiegung des Rahmens. Man entnimmt ihr die Beziehung für die Summe der Winkel bei C und D

$$\frac{\pi}{2} - \varphi_1 + \gamma_1 + \frac{\pi}{2} + \varphi_2 - \gamma_2 = \pi$$

und ferner

$$\gamma_1 = \gamma_0 - \frac{f_1}{h}, \qquad \gamma_2 = \gamma_0 - \frac{f_2}{h},$$

so daß die Grundbedingung lautet:

$$\varphi_1 - \varphi_2 + \frac{1}{h} \cdot (f_1 - f_2) = 0, \tag{79}$$

worin wieder die Vorzeichen positiv genommen sind, wenn die φ bzw. f innerhalb der ursprünglichen Rahmenform liegen.

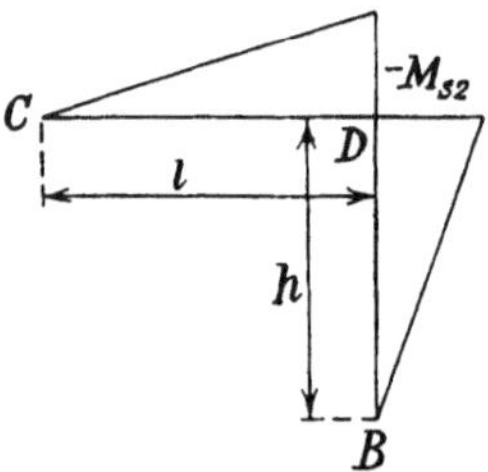

Fig. 168.

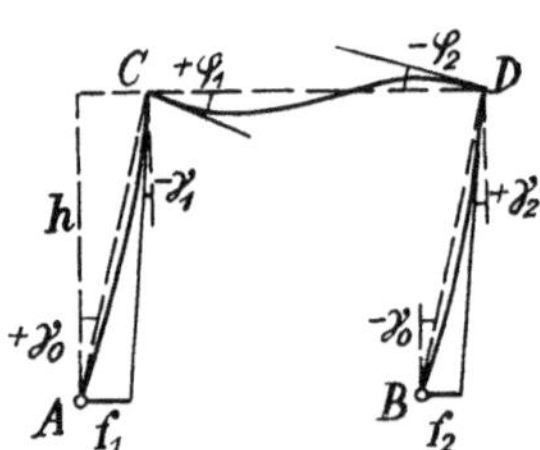

Fig. 169.

Aus den Fig. 167 und 168 erhält man sofort

$$\varphi_1 - \varphi_2 = \frac{\alpha}{J_T} \cdot F_T = \frac{\alpha}{J_T} \cdot \left(+ \frac{1}{2} M_{S_1} \cdot l - \frac{1}{2} M_{S_2} \cdot l \right),$$

$$f_1 - f_2 = \frac{\alpha}{J_S} \cdot (S_1 - S_2) = \frac{\alpha}{J_S} \left[+ \frac{1}{2} H_1 \cdot h^2 \cdot \frac{2}{3} h - \frac{1}{2} P_S \cdot (h - y)^2 \cdot \right.$$

$$\left. \cdot \left(y + \frac{2}{3} (h - y) \right) - \frac{1}{2} M_{S_2} \cdot h \cdot \frac{2}{3} h \right].$$

Setzt man hierin den obigen Wert von M_{S_1} ein, und gemäß Formel (78)

$$H_1 \cdot h = P_S \cdot h - H_2 \cdot h = P_S \cdot h - M_{S_2},$$

so ergibt sich leicht

$$\frac{M_{S_2}}{P_S \cdot y} = \frac{1 + \frac{J_T}{J_S} \cdot \frac{h}{l} \cdot \left(1 - \frac{1}{3} \frac{y^2}{h^2} \right)}{1 + \frac{2}{3} \cdot \frac{J_T}{J_S} \cdot \frac{h}{l}} = \mu_2 . \tag{80}$$

Damit wird

$$H_1 = P_S \cdot \left(1 - \mu_2 \cdot \frac{y}{h} \right). \tag{81$$

Wird dieser Wert in die Gleichung für M_{S_1} eingesetzt, so folgt der Einspannungsgrad

$$\mu_1 = \frac{M_{S_1}}{P_S \cdot y} = 1 - \mu_2 . \tag{82}$$

Wirkt auf den Stiel AC die gleichförmig über die Höhe h verteilte Belastung Q_S, so gelten die Momentenflächen der Fig. 168, 158 und 163, nur ist bei den letzteren statt H zu setzen $H_1 = Q_S - H_2$.

Mit dem Abstand des Schwerpunktes der von Q_S herrührenden Momentenfläche von dem Endpunkt A des Stieles $h_0 = 0{,}75\,h$ lautet die Grundformel (79)

$$\frac{\alpha}{J_T} \cdot \left[+\frac{1}{2} l \cdot \left(H_1 \cdot h - \frac{1}{2} Q_S \cdot h\right) - \frac{1}{2} M_{S_2} \cdot l\right]$$

$$+\frac{\alpha}{J_S} \cdot \frac{1}{h} \cdot \left[+\frac{1}{2} H_1 \cdot h^2 \cdot \frac{2}{3} h - \frac{1}{3} \cdot \frac{1}{2} Q_S \cdot h^2 \cdot \frac{3}{4} h - \frac{1}{2} \cdot M_{S_2} \cdot h \cdot \frac{2}{3} h\right] = 0.$$

Sie ergibt mit dem vorstehenden Wert von H_1

$$\frac{M_{S_2}}{\frac{1}{2} Q_S \cdot h} = \frac{1 + \frac{5}{6} \cdot \frac{J_T}{J_S} \cdot \frac{h}{l}}{1 + \frac{2}{3} \cdot \frac{J_T}{J_S} \cdot \frac{h}{l}} \cdot 0{,}5 = \mu_2 . \tag{83}$$

Hieraus folgt

$$H_1 = Q_S \cdot (1 - \tfrac{1}{2} \mu_2) \tag{84}$$

und

$$\mu_1 = \frac{M_{S_1}}{\frac{1}{2} Q_S \cdot h} = 2 - \mu_2 . \tag{85}$$

Zu untersuchen ist noch der Fall, daß der Rahmen von einem Biegungsmoment M beansprucht wird, das etwa an der Ecke bei C infolge der Außenbelastung des Kragträgers CD wirkt.

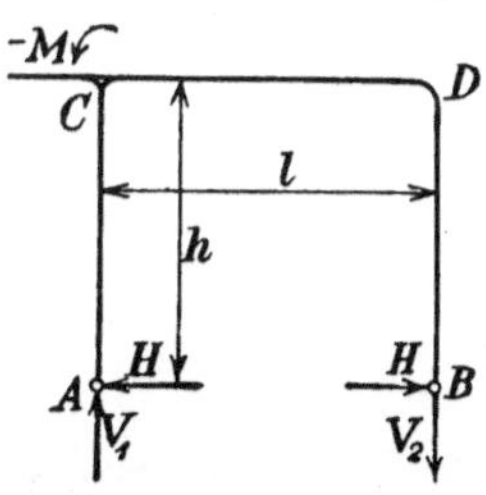

Fig. 170.

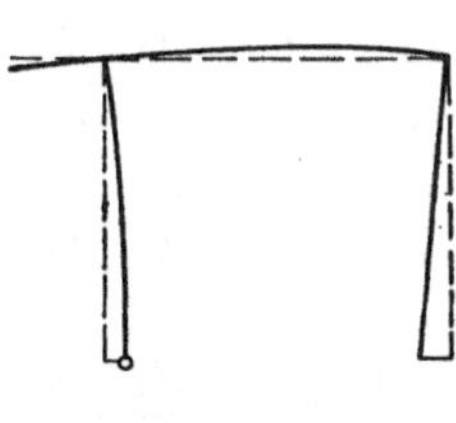
Fig. 171.

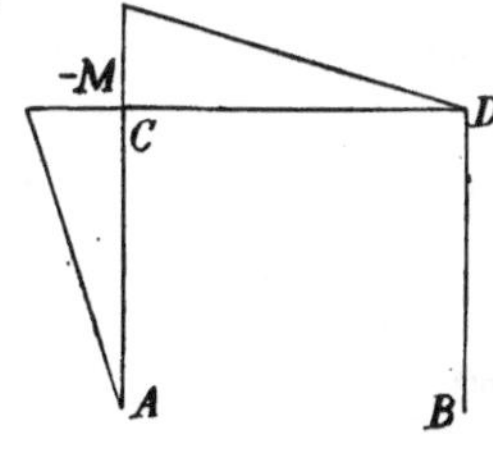

Fig. 172.

Die Gleichgewichtsbedingungen ergeben dann aus Fig. 170 nur

$$V_1 = V_2 = \frac{M}{l} .$$

Infolge des Momentes $-M$ erfährt das statisch bestimmte System die in Fig. 171 wiedergegebene Verbiegung, so daß daran die in Fig. 172 gezeichneten beiden Momentendreiecke entstehen.

Die statisch unbestimmten Kräfte H biegen nun den Stiel AC zurück und den Stiel BD nach außen, so daß die Gesamtverbiegung der Fig. 173 erfolgt. Die die zweite Formänderung hervorrufenden Biegungsmomente zeigt die Fig. 174.

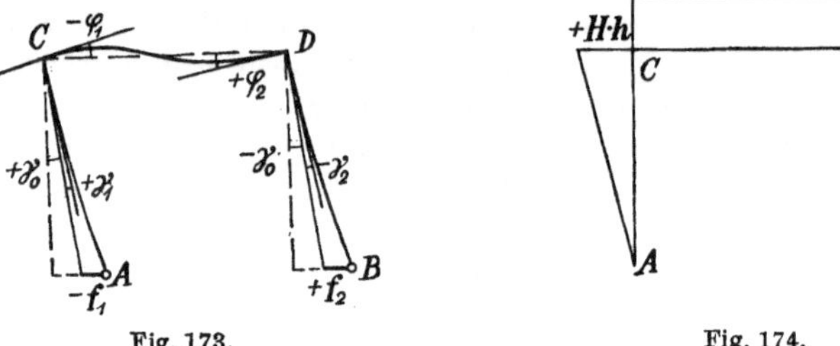

Fig. 173. Fig. 174.

Aus der Gleichung für die Summe der Winkel bei C und D:

$$\left(\frac{\pi}{2} + \varphi_1 - \gamma_0 - \gamma_1\right) + \left(\frac{\pi}{2} - \varphi_2 + \gamma_0 + \gamma_2\right) = \pi$$

erhält man sofort wieder die Grundformel

$$\varphi_1 - \varphi_2 - \frac{1}{h}\cdot(f_1 - f_2) = 0\,. \tag{74}$$

Man entnimmt nun den Fig. 172 und 174:

$$\varphi_1 - \varphi_2 = \frac{\alpha}{J_T}\cdot\left(-\frac{1}{2}M\cdot l + H\cdot h\cdot l\right),$$

$$-f_1 + f_2 = \frac{\alpha}{J_S}\cdot\left(-\frac{1}{2}M\cdot h\cdot\frac{2}{3}h + \frac{1}{2}H\cdot h^2\cdot\frac{2}{3}h + \frac{1}{2}H\cdot h^2\cdot\frac{2}{3}h\right).$$

Hiermit folgt

$$H = \frac{M}{h} = \frac{\frac{1}{2} + \frac{1}{3}\cdot\frac{J_T}{J_S}\cdot\frac{h}{l}}{1 + \frac{2}{3}\cdot\frac{J_T}{J_S}\cdot\frac{h}{l}},$$

also

$$\frac{M_{S_2}}{M} = \frac{\frac{1}{2} + \frac{1}{3}\cdot\frac{J_T}{J_S}\cdot\frac{h}{l}}{1 + \frac{2}{3}\cdot\frac{J_T}{J_S}\cdot\frac{h}{l}} = \mu_2 \tag{86}$$

und

$$\frac{M_{S_1}}{M} = \frac{H\cdot h - M}{M} = \mu_2 - 1 = \mu_1\,. \tag{87}$$

Freilich haben die vorstehenden einfachen Formeln nur Wert, wenn der Rahmen aus prismatischen Stäben besteht.

Beispiel 34. Die in den Beispielen 15 und 16 berechnete Verladebrücke wird auf der Kragseite von einem Portal getragen, dessen Hauptabmessungen und größte Belastungen die Fig. 175 angibt. Zu bestimmen sind die einzelnen Stabkräfte.

Man ermittelt zuerst die lotrechten Auflagerkräfte aus den Formeln (67a) und (78a). Der Abstand der Last P_1 von der näheren Auflagerstelle ist

$$x_1 = \frac{l}{2} + \frac{a}{2} = 9{,}40 - 2{,}10 = 7{,}30\ \mathrm{m};$$

entsprechend ergibt sich der Abstand der Last P_2 von derselben Stelle

$$x_2 - \frac{l}{2} + \frac{a}{2} = 9{,}40 + 2{,}10 = 11{,}50\ \mathrm{m}\,.$$

Damit erhält man

$$V_2 = P_1 \cdot \frac{x_1}{l} + P_2 \cdot \frac{x_2}{l} + q \cdot \frac{l_T}{2} + P_3 \cdot \frac{y}{l}\,,$$

also zahlenmäßig

$$V_2 = \frac{30{,}2 \cdot 7{,}3}{18{,}8} + \frac{28{,}4 \cdot 11{,}5}{18{,}8} + \frac{0{,}5 \cdot 21{,}5}{2} + \frac{1{,}6 \cdot 10{,}0}{18{,}8}$$

oder

$$V_2 = 11{,}73 + 17{,}37 + 5{,}38 + 0{,}85 = 35{,}33\ \mathrm{t}$$

und entsprechend

$$V_1 = \frac{30{,}2 \cdot 11{,}5}{18{,}8} + \frac{28{,}4 \cdot 7{,}3}{18{,}8} + \frac{0{,}5 \cdot 21{,}5}{2} - \frac{1{,}6 \cdot 10{,}0}{18{,}8}$$

oder

$$V_1 = 18{,}47 + 11{,}30 + 5{,}38 - 0{,}85 = 34{,}03\ \mathrm{t}\,.$$

Die weitere Rechnung wird wesentlich vereinfacht, wenn die äußeren und inneren Gurtungen des ganzen Rahmens durchweg denselben Querschnitt $2\,F$ haben. Dann ist ihr Trägheitsmoment bei dem Gurtungsabstand h_0 angenähert

$$J = 2 \cdot 2F \cdot \left(\frac{h_0}{2}\right)^2 = F \cdot h_0^2\,.$$

Für den oberen Träger ist in der Mitte $h_0 = h_2 = 3{,}60$ m und seitwärts davon $h_0' = 3{,}40$ m, also

$$\frac{J_T}{J_T'} = \left(\frac{3{,}6}{3{,}4}\right)^2 = 1{,}120\,.$$

Die einzelnen Momentenflächen des Trägers sind in Fig. 176 der Form nach zusammengestellt, neben jeder ist die Ursache angegeben. Ihr mittlerer Teil ist einfach in Rechnung zu stellen, die äußeren Flächenteile sind auf das 1,12fache zu vergrößern. Man erhält so den Gesamtflächeninhalt

$$\begin{aligned}
F_T = &+ \frac{P_1}{2} \cdot \frac{a_1 \cdot a_2}{2b} \cdot \left[2b + 0{,}120 \cdot a_1 \cdot \left(1 + \frac{a_1}{a_2}\right)\right] \\
&+ \frac{P_2}{2} \cdot \frac{a_2 \cdot a_1}{2b} \cdot \left[2b + 0{,}120 \cdot a_1 \cdot \left(\frac{a_1}{a_2} + 1\right)\right] \\
&+ \frac{2}{3}\, q \cdot \frac{(2\,b)^2}{8} \cdot \left[2b + 0{,}120 \cdot \frac{a_1 \cdot a_2}{b} \cdot 2\right] \\
&- P_3 \cdot \frac{h_1 - h}{2} \cdot a + 1{,}120 \cdot P_3 \cdot \frac{1}{2} \cdot \left(h_1 - h - \frac{h_2}{2}\right) \cdot a_1 \cdot 2 \\
&- M_S \cdot [2b \cdot 1{,}120 - 0{,}120 \cdot a]\,,
\end{aligned}$$

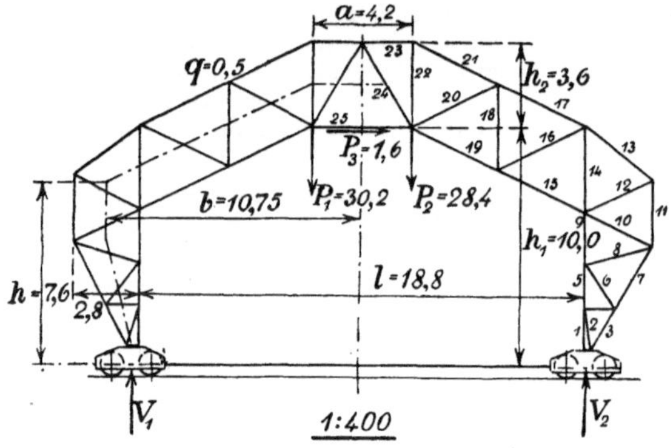

Fig. 175.

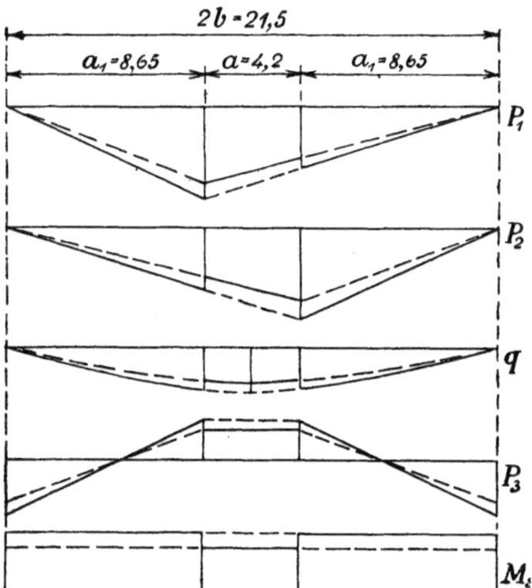

Fig. 176.

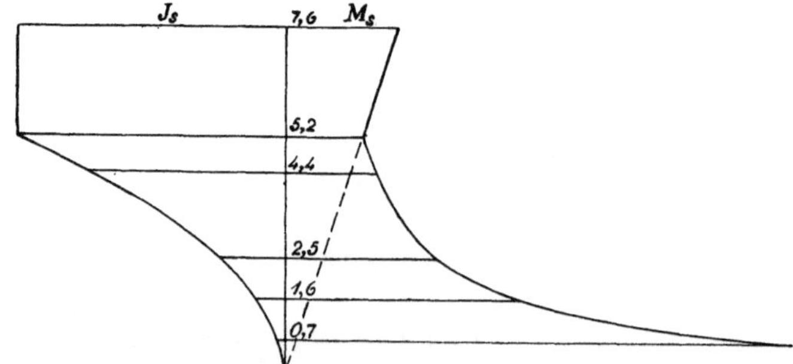

Fig. 177.

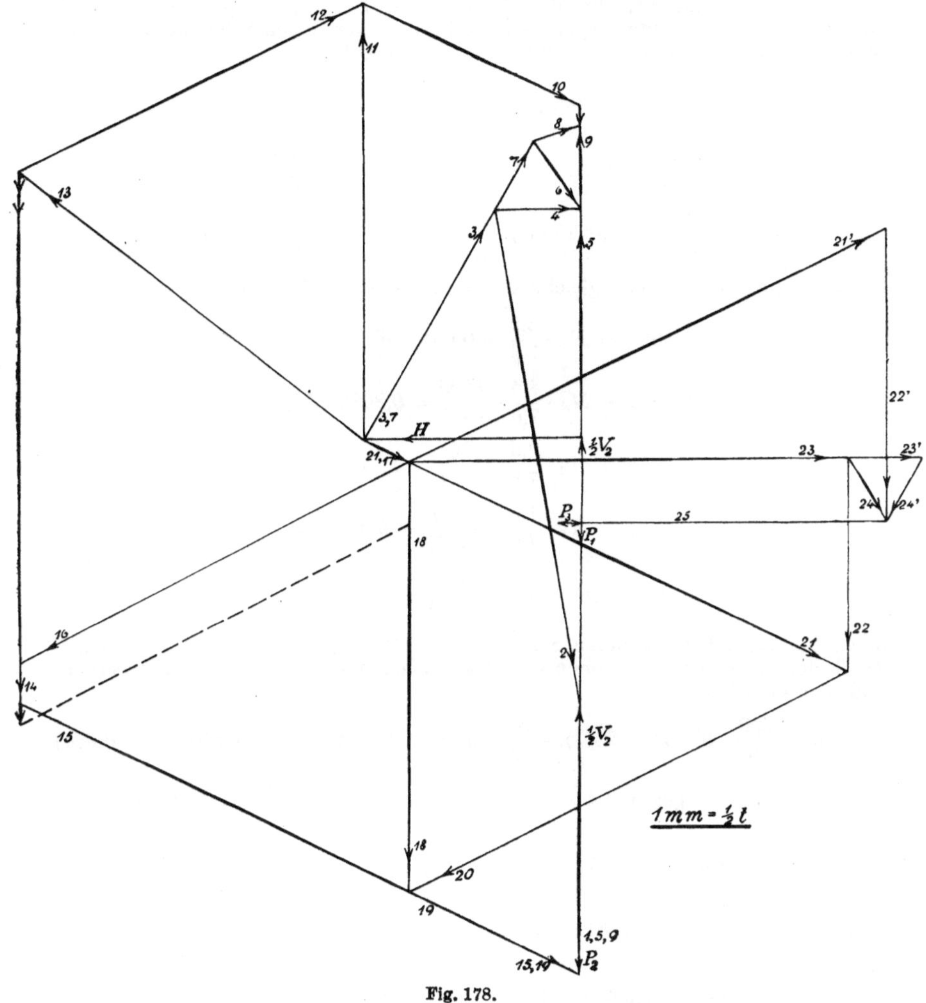

Fig. 178.

oder nach einigen einfachen Zusammenziehungen mit den gegebenen Zahlenwerten

$$F_T = \frac{1}{2} \cdot (30{,}2 + 28{,}4) \cdot 8{,}65 \cdot 12{,}85 \cdot \left[1 + 0{,}120 \cdot \frac{8{,}65}{21{,}5} \cdot \left(1 + \frac{8{,}65}{12{,}85}\right)\right]$$

$$+ \frac{1}{12} \cdot 0{,}5 \cdot 21{,}5^3 \cdot \left(1 + 0{,}120 \cdot \frac{8{,}65}{21{,}5} \cdot \frac{12{,}85}{21{,}5} \cdot 4\right)$$

$$- 1{,}6 \cdot [1{,}8 \cdot 4{,}2 - 1{,}120 \cdot (10{,}0 - 7{,}6 - 1{,}8) \cdot 8{,}65]$$

$$- M_1 \cdot (1{,}120 \cdot 21{,}5 - 0{,}120 \cdot 4{,}2)\,,$$

also

$$F_T = 3561 + 470 - 3 - 24{,}58 \cdot M_S = 4028 - 24{,}58\, M_S \ \mathrm{m^2t}\,.$$

In Fig. 177 sind lotrecht die Abstände der Hauptknotenpunkte der Stiele von den Radachsen aufgetragen, wagerecht nach der einen Seite die Trägheitsmomente, die sich aus der Stielbreite wie folgt ergeben:

$$J_S = J_T \cdot \left(\frac{2,8}{3,6}\right)^2 = 0,605 \cdot J_T, \qquad J_{5,2} = J_S,$$

$$J_{4,4} = J_T \cdot \left(\frac{2,4}{3,6}\right)^2 = 0,431 \cdot J_T, \qquad J_{2,5} = J_T \cdot \left(\frac{1,4}{3,6}\right)^2 = 0,151 \cdot J_T,$$

$$J_{1,6} = J_T \cdot \left(\frac{0,9}{3,6}\right)^2 = 0,0625 \cdot J_T, \qquad J_{0,7} = J_T \cdot \left(\frac{0,4}{3,6}\right)^2 = 0,0124 \cdot J_T.$$

Hiernach sind die auf das gleiche J_S umgerechneten Momente

$$M_{5,2} = M_S \cdot \frac{5,2}{7,6} = 0,684 \cdot M_S,$$

$$M_{4,4} = M_S \cdot \frac{4,4}{7,6} \cdot \frac{0,605}{0,431} = 0,8085 \cdot M_S,$$

$$M_{2,5} = M_S \cdot \frac{2,5}{7,6} \cdot \frac{0,605}{0,151} = 1,318 \cdot M_S,$$

$$M_{1,6} = M_S \cdot \frac{1,6}{7,6} \cdot \frac{0,605}{0,0625} = 2,038 \cdot M_S,$$

$$M_{0,7} - M_S \cdot \frac{0,7}{7,6} \cdot \frac{0,605}{0,0124} = 4,490 \cdot M_S,$$

deren Verlauf auf der anderen Seite der Fig. 177 aufgetragen ist. Die einzelnen Teilflächen können hiernach ohne wesentlichen Fehler als Trapeze angesehen werden, und man erhält so

$$S_S = M_S \cdot \left[\frac{2,4^2}{6} \cdot (0,684 + 2 \cdot 1) + \frac{2,4}{2} \cdot (0,684 + 1) \cdot 5,2 + \frac{0,8^2}{6} \cdot (0,8085 + 2 \cdot 0,684)\right.$$

$$+ \frac{0,8}{2} \cdot (0,8085 + 0,684) \cdot 4,4 + \frac{1,9^2}{6} \cdot (1,318 + 2 \cdot 0,8085) + \frac{1,9}{2} \cdot (1,318 + 0,8085) \cdot 2,5$$

$$+ \frac{0,9^2}{6} \cdot (2,038 + 2 \cdot 1,318) + \frac{0,9}{2} \cdot (2,038 + 1,318) \cdot 1,6$$

$$\left. + \frac{0,9^2}{6} \cdot (4,490 + 2 \cdot 2,038) + \frac{0,9}{2} \cdot (4,490 + 2,038) \cdot 0,7\right]$$

oder

$$S_S = M_S \cdot (2,578 + 10,509 + 0,232 + 2,627 + 1,766 + 5,050 + 0,631 + 2,415 + 1,156 + 2,054)$$

also

$$S_S = 29,02 \cdot M_S \text{ m}^3 \cdot \text{t}.$$

Durch Einsetzen in die Formel (74) folgt hiermit nach Hebung von $\frac{\alpha}{J_T}$:

$$F_T = \frac{1}{h} \cdot \frac{2}{0,605} \cdot S_S$$

oder

$$4028 - 24,58 \cdot M_S = \frac{2}{7,6 \cdot 0,605} \cdot 29,02 \cdot M_S.$$

Hieraus ergibt sich

$$M_S = \frac{4028}{24,58 + 12,62} = 108 \text{ mt},$$

und damit die größte Kraft in der Zugstange

$$H = \frac{M_S}{h} = \frac{108}{7,6} = 14,25\ \text{t}.$$

Jetzt können die einzelnen Stabkräfte bestimmt werden, was bei der nicht ganz einfachen Form des Rahmens am bequemsten mit Hilfe des Kräfteplanes der Fig. 178 geschieht. Ihm werden die folgenden Stabkräfte entnommen:

1) −17,7	2) −33,1	3) +17,3	4) + 5,6 t
5) −50,3	6) − 5,5	7) +22,5	8) + 3,2 t
9) −55,7	10) −15,8	11) +28,7	12) −25,2 t
15) −41,0	14) −32,3	13) −28,8	16) +28,9 t
19) +12,5	18) −24,3	17) − 3,3	20) +32,2 t
23) −36,2	22) +19,5	21) −34,7	t
	24) − 4,8	25) +21,6	t

Damit das ganze System, Brücke und Stützen, steif ist, muß der Rahmen der Fig. 175 doppelt ausgeführt werden, so daß sich die in der vorstehenden Zusammenstellung angegebenen Kräfte auf je zwei Profile verteilen (vgl. oben). Der Abstand wird oben gleich der Brückenteilung $t = 3,5$ m genommen, was die einfachste Verbindung mit der Brücke ergibt, am Fuß der Stiele laufen die beiden Systeme zusammen. Ihre Querverbindungen sind für die größte in der Brückenachse wirkende Kraft, den Winddruck $p = 150$ kg/m² zu berechnen. Wesentliche Zwängungen durch die etwaige Schiefstellung der Brücke bei verschiedenem Vorlaufen der beiden Stützen treten nicht auf, weil die äußere eine jeder seitlichen Kraft nachgebende Pendelstütze ist.

d) Der dreifach statisch unbestimmte Rahmen.

Er erfährt unter der gleichmäßig über den Träger verteilten Belastung Q_T (Fig. 179) die Verbiegung des Trägers durch die positive Momentenfläche der Fig. 180 mit dem Höchstwert $\frac{1}{8}\,Q_T \cdot l$. Die infolgedessen nach außen ausbiegenden Stiele werden am Fuß durch die Kräfte H zusammen-

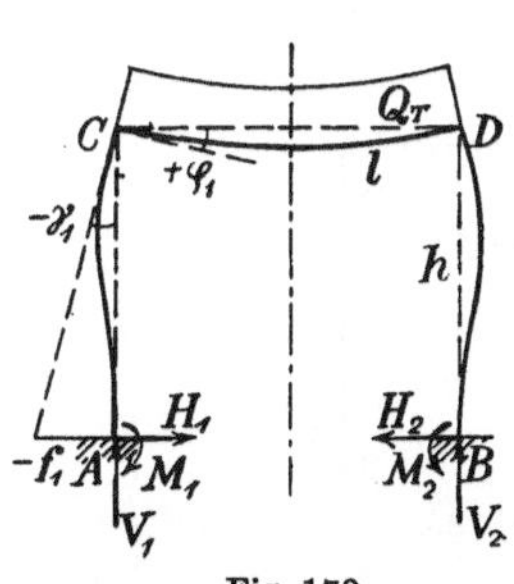

Fig. 179.

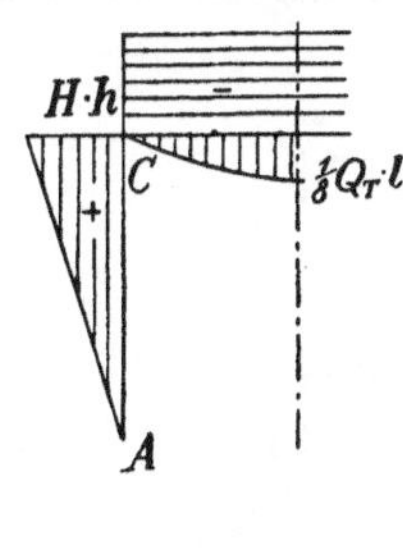

Fig. 180.

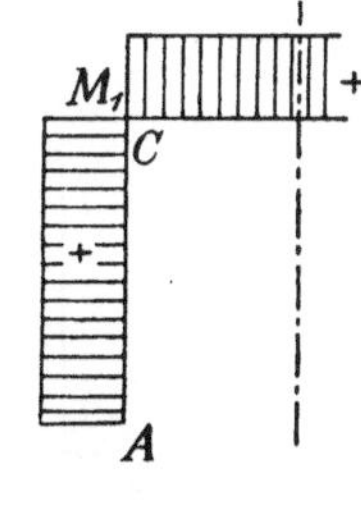

Fig. 181.

gezogen, die die negativen Momentenflächen der Fig. 180 ergeben. Hierzu treten noch die von den Einspannungsmomenten M herrührenden positiven Momentenflächen der Fig. 181.

Da die ganze Anordnung symmetrisch zur Mittelachse ist, so wird die Rechnung nur für eine Hälfte durchgeführt.

Aus den Gleichgewichtsbedingungen erhält man sogleich

$$V = \tfrac{1}{2}\,Q_T.$$

Die beiden anderen Gleichgewichtsbedingungen bestätigen nur die Symmetrie.

Die Grundbeziehung $\varphi_1 - \gamma_1 = 0$ ergibt

$$\frac{\alpha}{J_T} \cdot \left(+\frac{1}{8} Q_T \cdot l \cdot \frac{1}{2} l \cdot \frac{2}{3} - H \cdot h \cdot \frac{1}{2} l + M \cdot \frac{1}{2} l\right) + \frac{1}{h} \cdot \frac{\alpha}{J_S} \cdot$$
$$\cdot \left(-\frac{1}{2} H \cdot h^2 \cdot \frac{2}{3} h + M \cdot h \cdot \frac{1}{2} h\right) = 0 .$$

Den noch fehlenden Zusammenhang zwischen $H \cdot h$ und M liefert die Anschauung: Offenbar zerfällt die Biegungslinie der Stiele in je 3 gleiche Abschnitte, da die Winkel gegen die gerade Stielachse am Wendepunkt der Krümmung ebenfalls γ betragen. Es muß also rein zahlenmäßig sein

$$M = \tfrac{1}{3} H \cdot h , \tag{88}$$

damit der Wendepunkt auf $\frac{1}{3} h$ fällt.

Wird der hieraus folgende Wert von $H \cdot h$ in die Hauptgleichung eingesetzt, so ergibt sich

$$\frac{M}{\frac{1}{8} Q_T \cdot l} = \frac{0{,}333}{1 + \frac{1}{2} \frac{J_T}{J_S} \cdot \frac{h}{l}} = \mu' , \tag{89}$$

und damit erhält man

$$\frac{M_S}{\frac{1}{8} Q_T \cdot l} = \frac{\frac{2}{3} H \cdot h}{\frac{1}{8} Q_T \cdot l} = 2 \mu' = \mu . \tag{90}$$

Die entsprechende Aufgabe für die Belastung des Trägers durch eine im Abstande x vom Stiel 1 angreifende Einzellast P_T läßt sich ebenfalls

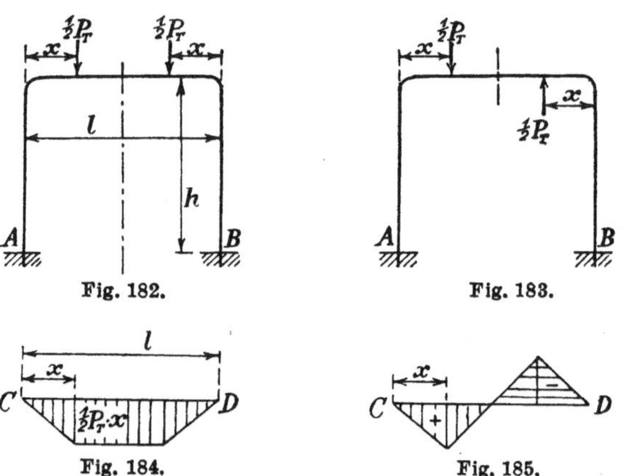

Fig. 182. Fig. 183.

Fig. 184. Fig. 185.

sehr einfach lösen, wenn man die Belastungsumordnung in die achsensymmetrische der Fig. 182 und die punktsymmetrische der Fig. 183 vornimmt.

Für die erstere Belastung gelten wieder die Fig. 180 und 181, wenn nur die Momentenfläche der Trägerbelastung durch die der Fig. 184 ersetzt wird. Man erhält so

$$V_1 = V_2 = \tfrac{1}{2} P_T,$$

ferner aus

$$\frac{\alpha}{J_T} \cdot \left[\frac{1}{2} P_T \cdot x \cdot \left(\frac{1}{2} l - x + \frac{1}{2} x\right) - H_1 \cdot h \cdot \frac{1}{2} l + M_1 \cdot \frac{1}{2} l\right]$$
$$+ \frac{1}{h} \cdot \frac{\alpha}{J_S} \cdot \left(-\frac{1}{2} H_1 \cdot h^2 \cdot \frac{2}{3} h + M_1 \cdot h \cdot \frac{1}{2} h\right) = 0$$

mit

$$M_1 = \tfrac{1}{3} H_1 \cdot h, \tag{88}$$

wie oben, die Einspannungsgrade

$$\frac{M_1}{\frac{1}{2} P_T \cdot x} = \frac{\left(1 - \frac{x}{l}\right) \cdot 0{,}5}{1 + \frac{1}{2} \cdot \frac{J_T}{J_S} \cdot \frac{h}{l}} = \mu' \tag{91}$$

bzw.

$$\frac{M_{S1}}{\frac{1}{2} P_T \cdot x} = 2\mu' = \mu_1. \tag{92}$$

Für die zweite Belastung nach Fig. 183 ergibt die Fig. 185 die Momentenkurve der Trägerlast. Damit erhalten die Verbiegungen die in Fig. 186 wiedergegebene Form. Alle Kräfte und Momente der einen

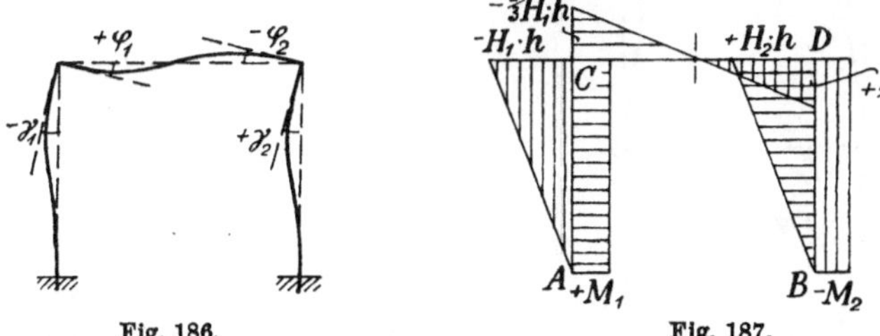

Fig. 186. Fig. 187.

Rahmenhälfte sind entgegengesetzt zu denen der anderen, so daß die Fig. 187 die zu der Fig. 185 noch hinzutretenden Momentenflächen darstellt. Selbstverständlich sind die Absolutwerte beider Seiten einander gleich:

$$H_1 = H_2, \qquad M_1 = M_2, \qquad +V_1 = -V_2 = \tfrac{1}{2} P_T.$$

Man erhält so aus der Grundgleichung für eine Hälfte:

$$\frac{\alpha}{J_T} \cdot \left(+\frac{1}{2} P_T \cdot x \cdot \frac{1}{2} l - \frac{2}{3} H_1 \cdot h \cdot \frac{1}{2} l\right)$$
$$+ \frac{1}{h} \cdot \frac{\alpha}{J_S} \cdot \left(-\frac{1}{2} H_1 \cdot h^2 \cdot \frac{2}{3} h + M_1 \cdot h \cdot \frac{1}{2} h\right) = 0,$$

$$\frac{H_1 \cdot h}{\frac{1}{2} P_T \cdot x} = \frac{1{,}5}{1 + \frac{1}{2} \frac{J_T}{J_S} \cdot \frac{h}{l}},$$

also die Einspannungsgrade

$$\frac{M_{S1}}{\frac{1}{2} P_T \cdot x} = \frac{1}{1 + \frac{1}{2} \frac{J_T}{J_S} \cdot \frac{h}{l}} = \mu_1 \tag{93}$$

und

$$\frac{M_1}{\frac{1}{2} P_T \cdot x} = \tfrac{1}{2} \mu_1 = \mu'. \tag{94}$$

Durch Addition der gleich bezeichneten Kräfte und Momente für beide Belastungssysteme ergibt sich die Lösung für den Belastungsfall

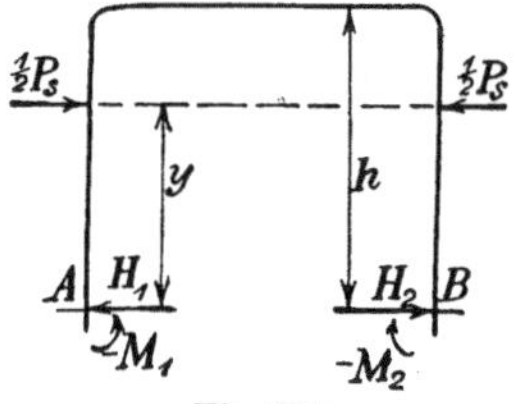

Fig. 188.

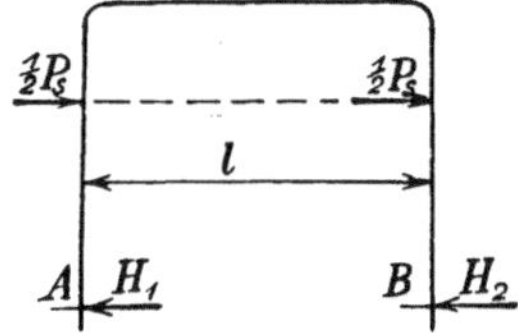

Fig. 189.

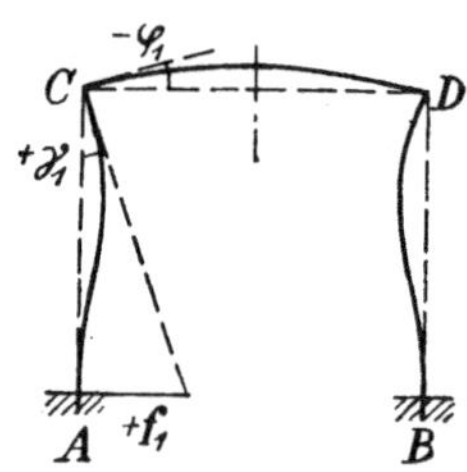

Fig. 190.

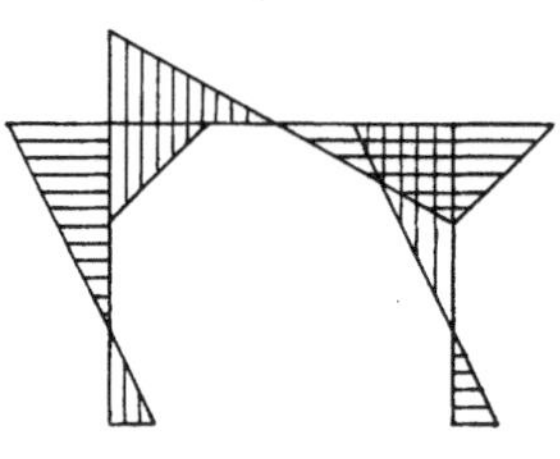
Fig. 192.

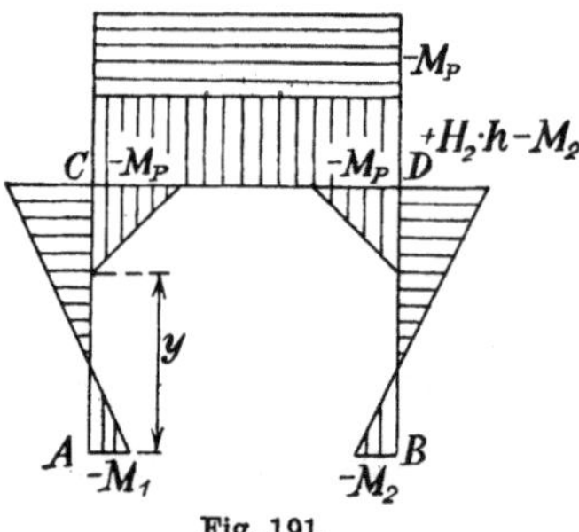

Fig. 191.

einer Einzellast auf dem Träger.

In gleicher Weise wird vorgegangen, wenn die Belastung durch eine auf einen Stiel wirkende Einzellast P_S erfolgt. Man zerlegt die Belastung in die achsen- und die punktsymmetrische der Fig. 188 und 189.

Für den ersteren Fall gibt die Fig. 190 das Bild der Verbiegungen und die Fig. 191 die Aufzeichnung der zugehörigen Momentenflächen mit

$$M_P = \frac{1}{2} P_S \cdot h \cdot \left(1 - \frac{y}{h}\right).$$

Die Gleichgewichtsbedingungen liefern sofort

$$V_1 = V_2 = 0\,, \qquad H_1 = H_2 = \tfrac{1}{2} P_S\,,$$

und die Grundbedingung für die Rahmenhälfte $-\varphi_1 + \frac{f_1}{h} = 0$ lautet

$$\frac{\alpha}{J_\tau}\cdot(-M_1 - M_P + H_1\cdot h)\cdot\frac{1}{2}l + \frac{1}{h}\cdot\frac{\alpha}{J_S}\cdot\Big[+H_1\cdot h\cdot\frac{1}{2}h\cdot\frac{2}{3}h$$

$$-M_1\cdot h\cdot\frac{1}{2}h - \frac{1}{2}M_P\cdot(h-y)\cdot\Big(y + \frac{2}{3}h - \frac{2}{3}y\Big)\Big] = 0\,.$$

Mit den obigen Werten für M_P und H_1 erhält man hieraus leicht

$$\frac{M_1}{\frac{1}{2}P_S\cdot h\cdot\frac{y}{h}} = \frac{1 + \Big(1 - \frac{1}{3}\frac{y^2}{h^2}\Big)\cdot\frac{J_T}{J_S}\cdot\frac{h}{l}}{1 + \frac{J_T}{J_S}\cdot\frac{h}{l}} = \mu'\,. \tag{95}$$

Nun ist

$$M_{S_1} = M_T = H_1\cdot h - M_1 - M_P\,,$$

also

$$\frac{M_{S_1}}{\frac{1}{2}P_S\cdot y} = \mu_1 = 1 - \mu'\,. \tag{96}$$

Für den Belastungsfall der Fig. 189 gilt entsprechend die Momentendarstellung der Fig. 192, und es ändert sich nur der Wert von φ_1 auf den halben Betrag der obigen Gleichung. Demnach wird

$$\frac{M_1}{\frac{1}{2}P_S\cdot y} = \frac{\frac{1}{2} + \Big(1 - \frac{1}{3}\frac{y^2}{h^2}\Big)\cdot\frac{J_T}{J_S}\cdot\frac{h}{l}}{\frac{1}{2} + \frac{J_T}{J_S}\cdot\frac{h}{l}} = \mu' \tag{97}$$

und wieder

$$\frac{M_{S_1}}{\frac{1}{2}P_S\cdot y} = \mu_1 = 1 - \mu'\,. \tag{96}$$

Durch Addition der gleich bezeichneten Kräfte und Momente erhält man die Gesamtlösung der Aufgabe.

Ist die Last Q_S gleichmäßig über die Länge h eines Stieles verteilt, so ändert sich nur das Momentendreieck der Fig. 191 und 192 mit dem Höchstwert M_P in die Parabel der Fig. 158 um mit dem Höchstwert $\frac{1}{4}Q_S\cdot h$. Durch Wiederholen der vorstehenden Rechnung erhält man für die achsensymmetrische Belastung des Rahmens

$$\frac{M_1}{\frac{1}{4}Q_S\cdot h} = \mu' = \frac{1 + \frac{13}{12}\frac{J_T}{J_S}\cdot\frac{h}{l}}{1 + \frac{J_T}{J_S}\cdot\frac{h}{l}} \tag{98}$$

und für die punktsymmetrische

$$\frac{M_1}{\frac{1}{2} Q_S \cdot h} = \mu' = \frac{\frac{1}{2} + \frac{13}{12} \cdot \frac{J_T}{J_S} \cdot \frac{h}{l}}{\frac{1}{2} + \frac{J_T}{J_S} \cdot \frac{h}{l}}. \tag{99}$$

Wird der Rahmen nur durch je ein in den Ecken C bzw. D angreifendes Biegungsmoment $\frac{1}{2} M$ achsensymmetrisch belastet, so liefert die gleiche Rechnung

$$\mu' = \frac{M_1}{\frac{1}{2} M} = \frac{0{,}5}{1 + \frac{1}{2} \frac{J_T}{J_S} \cdot \frac{h}{l}}. \tag{100}$$

Bei der entsprechenden punktsymmetrischen Belastung ist

$$\mu' = \frac{M_1}{\frac{1}{2} M} = \frac{0{,}5}{1 + \frac{J_T}{J_S} \cdot \frac{h}{l}}. \tag{101}$$

In beiden Fällen ist

$$\mu_1 = \frac{M_{S_1}}{\frac{1}{2} M} = 2 \mu'.$$

Der Zahlenwert $\frac{J_T}{J_S} \cdot \frac{h}{l} = s$ wird oft als Steifigkeitswert bezeichnet[32]).

14. Die Knickung gegliederter Stäbe.

Die in Bd. IV wiedergegebene Untersuchung gerader, auf Knickung beanspruchter Stäbe gilt nur für einheitliche, volle Querschnitte. Besteht der Stab aus Gurtungen und Füllungsgliedern, so erhält man den Fachwerkstab, der durch Dreiecke gebildete Ausfüllungen besitzt, bzw. den Rahmenstab, dessen Gurtungen durch Querstäbe mit steifen Eckanschlüssen verbunden sind.

Ihre Berechnung ist dadurch gekennzeichnet, daß der Einfluß der Querkräfte von Bedeutung wird, während sie bei vollen Querschnitten ohne Fehler vernachlässigt werden können. Sie wird dadurch auf bekannte Verfahren zurückgeführt, daß man eine senkrecht zur Stabachse wirkende Belastung sucht, die die gleiche Verbiegung des Stabes liefert wie die Knickkraft und infolgedessen auch die gleiche Beanspruchung der einzelnen Stabteile hervorbringt[33]).

[32]) Eine verhältnismäßig einfache Berechnung von mehrteiligen und mehrstöckigen Rahmen gibt Spiegel, Mehrteilige Rahmen, Berlin 1920.

[33]) Das Prinzip wurde aufgestellt von St. Venant, Mém. des Savants étrangers 1855, auf den vorliegenden Fall angewandt von Elwitz, Die Lehre von der Knickfestigkeit, 1920. Die folgenden Rechnungen wurden vom Verfasser bekanntgegeben im Z. d. B. 1923.

a) Der Fachwerkstab mit parallelen Gurtungen.

Untersucht wird ein Fachwerkstab nach Fig. 193 mit Gurtungen vom Querschnitt F_1, dem Trägheitsmoment J_1, der Teillänge t bei n Teilen und mit Füllungsschrägen vom überall gleichen Querschnitt F_2, dem Trägheitsmoment J_2 und der Länge d. Gurtungen und Füllungen seien so bemessen, daß sich der Stab im ganzen in der Ebene der Füllungsglieder gemäß der Nebenfigur 193 ausbiegt.

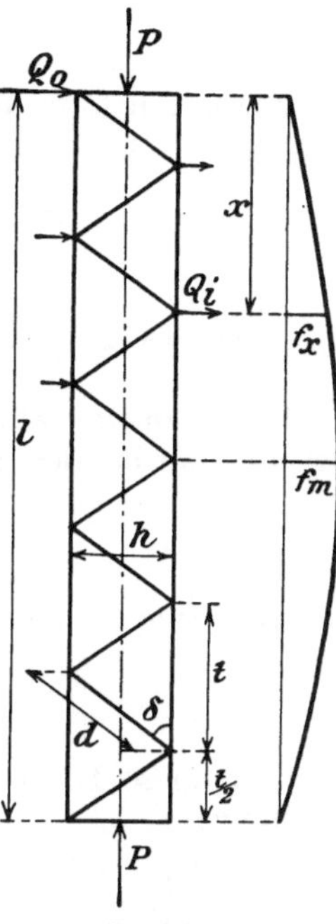

Fig. 193.

Die Biegungslinie ist dann wie beim vollwandigen Stab eine verkürzte Sinuslinie, und es gilt demnach (Bd. IV, S. 213)

$$f_x = f_m \cdot \sin \frac{\pi \cdot x}{l}.$$

Die an der Stelle x des verbogenen Stabes wirkende Querkraft ist (Bd. I, S. 67)

$$Q_x = \frac{d M_x}{d x}.$$

Mit dem der Fig. 193 entnommenen Wert

$$M_x = P \cdot f_x$$

geht die vorstehende Gleichung über in

$$Q_x = P \cdot \frac{d f_x}{d x} = P \cdot f_m \cdot \frac{d \sin \frac{\pi}{l} \cdot x}{d x} = P \cdot f_m \cdot \frac{\pi}{l} \cdot \cos \left(\pi \cdot \frac{x}{l}\right).$$

Durch nochmalige Differentiation erhält man die Belastung der Längeneinheit senkrecht zur Stabachse an der Stelle x:

$$q_x = \frac{d Q_x}{d x} = -P \cdot f_m \cdot \left(\frac{\pi}{l}\right)^2 \cdot \sin\left(\pi \cdot \frac{x}{l}\right),$$

worin das negative Vorzeichen nur angibt, daß diese Belastung entgegengesetzt zu den größten Querkräften wirkt (Fig. 193).

Für den i ten Knotenpunkt, vom Ende aus gerechnet, ist hiernach mit

$$x = i \cdot \frac{t}{2} = \frac{i}{n} \cdot l$$

die Querkraft

$$Q_i = P \cdot f_m \cdot \frac{\pi}{l} \cdot \cos\left(\frac{i}{n} \cdot \pi\right)$$

und entsprechend das Biegungsmoment

$$M_i = P \cdot f_m \cdot \sin\left(\frac{i}{n} \cdot \pi\right).$$

Hiermit liefern die Formeln (15), (16), (17) auf S. 9 und 10 die Spannkräfte in den Fachwerkstäben zu

$$O_i = -\frac{M_i}{h}, \qquad U_{i+1} = +\frac{M_{i+1}}{h},$$

$$D_i = -Q_{i-1} \cdot \sqrt{1 + \left(\frac{t}{2h}\right)^2}, \qquad D_{i+1} = +Q_i \cdot \sqrt{1 + \left(\frac{t}{2h}\right)^2}.$$

Die doppelte elastische Formänderungsarbeit der Stabkräfte S beträgt nun bei den Stablängen s nach S. 89

$$2A = \sum \frac{\alpha \cdot S^2 \cdot s}{F}.$$

Mit den obigen Werten der Stabkräfte und der Beziehung

$$d = h \cdot \sqrt{1 + \left(\frac{t}{2h}\right)^2}$$

erhält man so bei Vernachlässigung der beiden sehr starren Endverbindungen

$$2A = \frac{\alpha \cdot t}{F_1} \cdot \left(P \cdot \frac{f_m}{h}\right)^2 \cdot \left[\sin^2 0 + \sin^2\left(\pi \cdot \frac{1}{n}\right) + \sin^2\left(\pi \cdot \frac{2}{n}\right) + \cdots + \sin^2\left(\pi \cdot \frac{n}{n}\right)\right]$$
$$+ \frac{\alpha \cdot h}{F_2} \cdot \sqrt{1 + \left(\frac{t}{2h}\right)^2} \cdot \left(P \cdot f_m \cdot \frac{\pi}{l}\right)^2 \cdot \left[1 + \left(\frac{t}{2h}\right)^2\right] \cdot \left[\cos^2 0 + \cos^2\left(\pi \cdot \frac{1}{n}\right)\right.$$
$$\left. + \cos^2\left(\pi \cdot \frac{2}{n}\right) + \cdots + \cos^2\left(\pi \cdot \frac{n}{n}\right)\right].$$

Die Ausrechnung der beiden Summen für einige Werte von n ergibt leicht

$$\sum_0^n \sin^2\left(\pi \cdot \frac{i}{n}\right) = \frac{n}{2}, \qquad \sum_0^n \cos^2\left(\pi \cdot \frac{i}{n}\right) = \frac{n}{2} + 1,$$

und damit wird, wenn man noch $\frac{t}{2} = \frac{l}{n}$ gesetzt,

$$2A = \frac{\alpha \cdot l}{F_1} \cdot \left(P \cdot \frac{f_m}{h}\right)^2 \cdot \left[1 + \left(\frac{n}{2} + 1\right) \frac{F_1}{F_2} \cdot \pi^2 \cdot \left(\frac{h}{l}\right)^3 \cdot \left[1 + \left(\frac{l}{n \cdot h}\right)^2\right]^{\frac{2}{3}}\right].$$

Die doppelte Arbeit der äußeren Belastung ist nach den obigen Angaben

$$2A = \int_0^l q_x \cdot dx \cdot f_x = \int_0^l P \cdot f_m^2 \cdot \frac{\pi}{l} \cdot \sin^2\left(\pi \cdot \frac{x}{l}\right) \cdot d\left(\pi \cdot \frac{x}{l}\right).$$

Nun beträgt

$$\int \sin^2 z \cdot dz = \tfrac{1}{4} \cdot \sin 2z + \tfrac{1}{2} z + C\,,$$

also

$$2A = P \cdot f_m^2 \cdot \frac{\pi}{l} \cdot \frac{\pi}{2}\,.$$

Beim Gleichsetzen der inneren und äußeren Arbeit fällt die Ausbiegung f_m heraus, und man erhält so die **Knickkraft** aus

$$P_K \cdot \left[1 + \left(\frac{n}{2} + 1\right) \cdot \left[1 + \left(\frac{1}{n} \cdot \frac{l}{h}\right)^2\right]^{\frac{3}{2}} \cdot \frac{F_1}{F_2} \cdot \pi^2 \cdot \left(\frac{h}{l}\right)^3\right] = \frac{\pi^2}{\alpha \cdot l^2} \cdot \frac{F_1 \cdot h^2}{2}\,. \qquad (102)$$

Da der Ausdruck $\frac{1}{2} F_1 \cdot h^2 \backsim J$, das Trägheitsmoment des Gesamtquerschnittes, ist, solange die Abmessungen der Gurtungen in der Richtung von h klein im Verhältnis zur Breite h der ganzen Säule sind, so ist die Formel (102) wieder die um den Ausdruck in der eckigen Klammer vermehrte Grundformel der Knickungslehre. Die Verringerung der Knickbelastung gegenüber dem vollen Stab ist abhängig von der Anzahl der Füllungsglieder, dem Verhältnis der Querschnitte der Gurtungen und der Füllungsstäbe und dem Verhältnis der Breite zur Länge.

Man kann aber auch ganz von der üblichen Form der Knickgleichung abgehen und schreiben

$$\frac{P_K}{2F_1} = \sigma_K = \frac{1 : \alpha}{\left(\frac{2}{\pi} \cdot \frac{l}{h}\right)^2 + 4 \cdot \left(\frac{n}{2} + 1\right) \cdot \frac{F_1}{F_2} \cdot \frac{h}{l} \cdot \left[1 + \left(\frac{1}{n} \cdot \frac{l}{h}\right)^2\right]^{\frac{3}{2}}}\,. \qquad (103)$$

Das Material wird am besten ausgenutzt, wenn für jedes Gurtungsstück die Gleichung besteht

$$\frac{P_K}{2} = \frac{\pi^2 \cdot J_{\min}}{\alpha \cdot t^2}$$

oder

$$\frac{P_K}{2F_1} = \sigma_K = \frac{1}{\alpha} \cdot \frac{J_{\min}}{F_1} \cdot \left(\frac{n}{2} \cdot \frac{\pi}{l}\right)^2\,. \qquad (104)$$

Die wirkliche Beanspruchung darf bei $\mathfrak{S}$facher Sicherheit nur $\sigma_{\max} = \frac{\sigma_K}{\mathfrak{S}}$ betragen.

Bei Ausführung der Säule nach Fig. 193 sind die Füllungsglieder knickfest zu machen. Gewöhnlich setzt man aber Gegenschrägen ein, die nur zugfest sind. Da in diesem Fall immer nur eine Schräge jedes Paares zur Wirkung kommt, so wird ihr Querschnitt auch nur einfach in die Rechnung eingestellt. Bringt man dagegen in jedem Feld zwei knickfeste Schrägen an, so muß auch F_2 doppelt gerechnet werden.

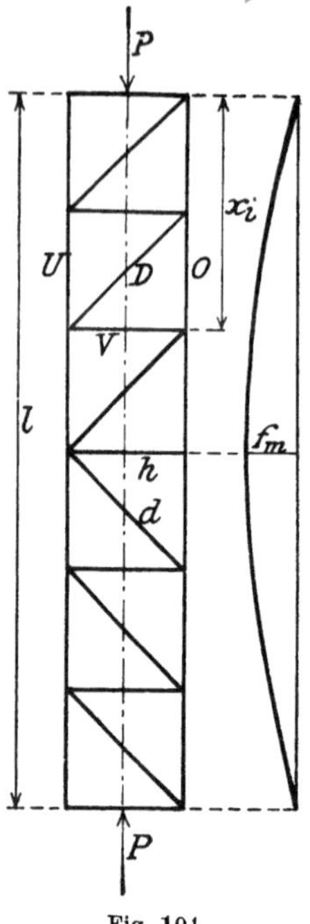

Fig. 194.

Bei einer Säule nach Fig. 194 mit Querstäben vom Querschnitt F_3 wählt man vorteilhaft eine gerade Feldzahl n, damit ein Querstab in die Säulenmitte kommt (S. 8). Man erhält dann aus den Formeln (4), (5), (6), (7) als Stabkräfte

$$O_i = -\frac{M_i}{h},$$

$$U_i = +\frac{M_{i-1}}{h},$$

$$D_i = \pm Q_i \cdot \sqrt{1 + \left(\frac{t}{h}\right)^2},$$

$$V_i = \mp \frac{1}{2}(Q_i + Q_{i-1}),$$

die letztere, weil die Ersatzbelastung q sinngemäß auf beide Gurtungen gleichmäßig verteilt anzunehmen ist. Gleichgültig ist natürlich für die vorliegende Untersuchung, ob die Schrägen von der Mitte aus nach der einen oder anderen Seite verlaufen.

Hiermit ergibt sich entsprechend der vorigen Rechnung

$$P \cdot f_m \cdot \frac{\pi}{l} \cdot \frac{\pi}{2} = \frac{\alpha \cdot t}{F_1} \cdot \left(P \cdot \frac{f_m}{h}\right)^2 \cdot \left[\sin^2 0 + 2 \cdot \sin^2\left(\frac{1}{n} \cdot \pi\right)\right.$$
$$\left. + 2 \cdot \sin^2\left(\frac{2}{n} \cdot \pi\right) + \cdots + \sin^2\left(\frac{n}{n} \cdot \pi\right)\right]$$
$$+ \frac{\alpha \cdot d}{F_2} \cdot \left(P \cdot \frac{f_m}{l} \cdot \pi\right)^2 \cdot \left(1 + \frac{t^2}{h^2}\right) \cdot \left[\cos^2 0 + \cos^2\left(\frac{1}{n} \cdot \pi\right)\right.$$
$$\left. + \cos^2\left(\frac{2}{n} \cdot \pi\right) + \cdots + \cos^2\left(\frac{n}{n} \cdot \pi\right)\right]$$
$$+ \frac{\alpha \cdot h}{F_3} \cdot \left(\frac{P}{2} \cdot \frac{f_m}{l} \cdot \pi\right)^2 \cdot \left[\cos^2 0 + 2 \cdot \cos^2\left(\frac{1}{n} \cdot \pi\right)\right.$$
$$+ 2 \cdot \cos^2\left(\frac{2}{n} \cdot \pi\right) + \cdots + \cos^2\left(\frac{n}{n} \cdot \pi\right)$$
$$+ 2 \cdot \cos 0 \cdot \cos\left(\frac{1}{n} \cdot \pi\right) + 2 \cdot \cos\left(\frac{1}{n} \cdot \pi\right) \cdot \cos\left(\frac{2}{n} \cdot \pi\right) + \cdots$$
$$\left. + 2 \cdot \cos\left(\frac{n-1}{n} \cdot \pi\right) \cdot \cos\left(\frac{n}{n} \cdot \pi\right)\right].$$

Hierin ist entsprechend wie oben

$$\sum_0^n 2\cdot\sin^2\left(\frac{i}{n}\cdot\pi\right) = 2\cdot\frac{n}{2}, \qquad \sum_0^n \cos^2\left(\frac{i}{n}\cdot\pi\right) = \frac{n}{2}+1,$$

$$\sum_0^n (2)\cdot\cos^2\left(\frac{i}{n}\cdot\pi\right) = 2\left(\frac{n}{2}+1\right)+2 = n+4,$$

$$\sum_0^n 2\cos\left(\frac{i-1}{n}\cdot\pi\right)\cdot\cos\left(\frac{i}{n}\cdot\pi\right) = 0, \qquad d = h\cdot\sqrt{1+\left(\frac{t}{h}\right)^2},$$

so daß man schließlich mit $t = \frac{l}{n}$ erhält:

$$\left.\begin{aligned} P_K\cdot\Big[1+\left(\frac{n}{2}+1\right)\cdot\left[1+\left(\frac{1}{n}\cdot\frac{l}{h}\right)^2\right]^{\frac{3}{2}}\cdot\frac{F_1}{F_2}\cdot\pi^2\cdot\left(\frac{h}{l}\right)^3 \\ +(n+4)\cdot\frac{F_1}{F_3}\cdot\left(\frac{\pi}{2}\right)^2\cdot\left(\frac{h}{l}\right)^3\Big] = \frac{\pi^2}{\alpha\cdot l^2}\cdot\frac{F_1\cdot h^2}{2}. \end{aligned}\right\} \quad (105)$$

Ein Vergleich mit der Formel (103) zeigt, daß die Knickkraft hierbei der etwas ungünstigeren Übertragung der Querkräfte nach den Trägerenden, unter sonst gleichen Verhältnissen noch etwas kleiner ausfällt, als wenn die Querstäbe fehlen.

Man kann auch hier wieder ausrechnen

$$\left.\begin{aligned} \sigma_K &= \frac{P_K}{2F_1} \\ &= \frac{1:\alpha}{\left(\frac{2}{\pi}\cdot\frac{l}{h}\right)^2+4\cdot\left(\frac{n}{2}+1\right)\cdot\left[1+\left(\frac{1}{n}\cdot\frac{l}{h}\right)^2\right]^{\frac{3}{2}}\cdot\frac{h}{l}\cdot\frac{F_1}{F_2}+4\cdot\left(\frac{n}{4}+1\right)\cdot\frac{h}{l}\cdot\frac{F_1}{F_3}}. \end{aligned}\right\} (106)$$

Die Kurvenzüge der Fig. 195 enthalten in Abhängigkeit von $\frac{l}{h}$ als I das erste Glied des Nenners im Maßstab 1 : 2 bzw. 1 : 5, als II das zweite Glied für die verschiedenen Felderzahlen n und das Verhältnis $\frac{F_1}{F_2} = 10$, als III das letzte Glied für das Verhältnis $\frac{F_1}{F_3} = 10$. Bei anderen Querschnittsverhältnissen, etwa $\frac{F_1}{F} = v$, sind die abgegriffenen Werte mit $\frac{v}{10}$ zu multiplizieren.

Beispiel 35. Zu berechnen ist die Tragfähigkeit einer Druckstrebe von der in Fig. 196 skizzierten Anordnung bei $l = 12{,}52$ m Länge, die in $n = 22$ gleiche Felder zerfällt.

Aus der Profiltafel ergibt sich $h = 48{,}0 - 2\cdot 2{,}9 = 42{,}2$ cm. Damit wird das Verhältnis

$$\frac{l}{h} = \frac{12{,}52}{0{,}422} = 29{,}68\,.$$

Ferner sind, ebenfalls nach der Profiltafel, die Verhältnisse

$$\frac{F_1}{F_3} = \frac{2 \cdot 22{,}7}{2 \cdot 6{,}56} = 3{,}46 \quad \text{und} \quad \frac{F_1}{F_2} = \frac{2 \cdot 22{,}7}{2 \cdot 4{,}8} = 4{,}73\,.$$

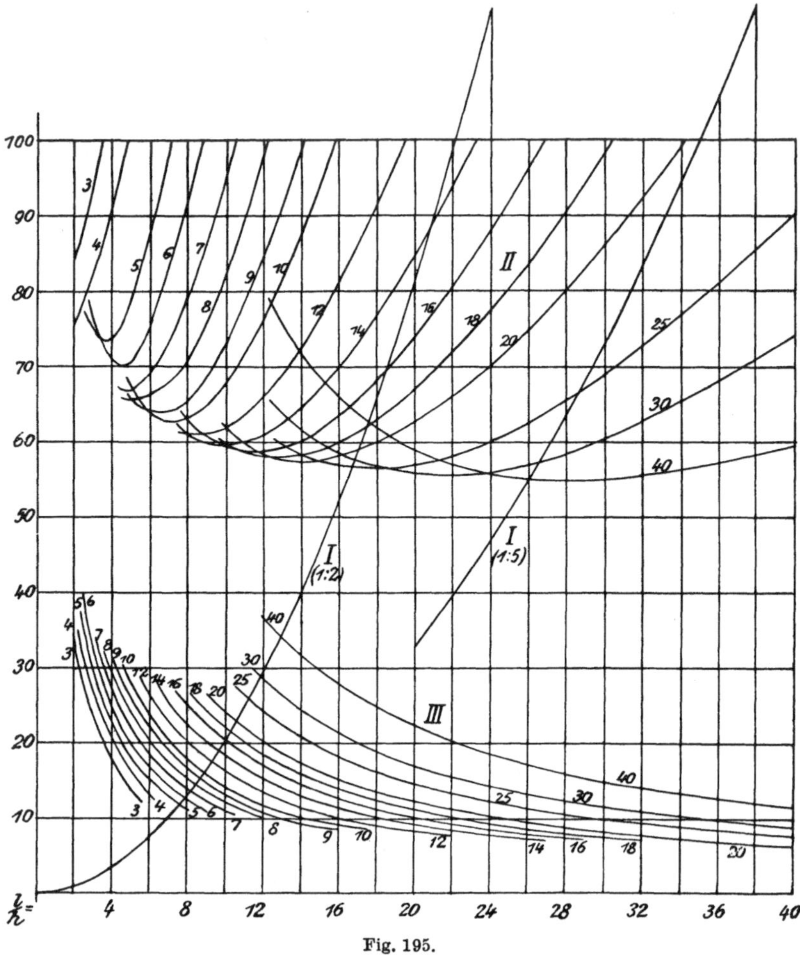

Fig. 195.

Damit ergeben sich die einzelnen Summanden des Nenners der Formel (106) zu

$$357{,}2 + 36{,}2 + 3{,}0\,,$$

so daß man erhält

$$\sigma_K = \frac{2\,100\,000}{396{,}4} = 5300 \text{ kg/cm}^2\,.$$

Hiermit wird bei $\mathfrak{S} = 5$facher Sicherheit die zulässige Tragkraft

$$P = \frac{4 \cdot F_1 \cdot \sigma_K}{\mathfrak{S}} = \frac{4 \cdot 22{,}7 \cdot 5300}{5 \cdot 1000} = 96{,}3 \text{ t}\,.$$

Läßt man die Querstäbe weg, so wird

$$\sigma_K = \frac{2\,100\,000}{357{,}2 + 36{,}2} = 5340 \text{ kg/cm}^2,$$

also die Tragkraft

$$P = \frac{4 \cdot 22{,}7 \cdot 5340}{5 \cdot 1000} = 98{,}8 \text{ t},$$

nur wenig größer als im ersteren Fall.

Bei der noch vielfach gebräuchlichen Berechnung ohne Berücksichtigung der Ausfachung bestimmt man zuerst das Trägheitsmoment des Gesamtgurtungsquerschnittes

$$J = 4J_1 + 4F_1 \cdot \left(\frac{h}{2}\right)^2 = 4 \cdot 207 + 22{,}7 \cdot 42{,}2^2 = 41\,150 \text{ cm}^4$$

und erhält dann als größte zulässige Tragkraft

$$P = \frac{\pi^2 \cdot J}{\mathfrak{S} \cdot \alpha \cdot l^2} = \frac{\pi^2 \cdot 41\,150 \cdot 2\,100\,000}{5 \cdot 1252^2 \cdot 1000} = 108{,}9 \text{ t},$$

um das 1,13fache gegenüber 96,3 t zu groß, wobei die reine Druckbeanspruchung eben den zulässigen Wert

$$\sigma = \frac{P}{4 \cdot F} = \frac{108\,900}{4 \cdot 22{,}7} = 1200 \text{ kg/cm}^2$$

erreicht.

Bei der Anordnung ohne Querstäbe entsteht, da eine Schräge jedes Faches unter Druck schlaff wird, das Bild der Fig. 193, und es ist stets nachzuprüfen, ob die Knicksicherheit $\mathfrak{S}'$ der einzelnen Gurtungsstücke von der Länge $t = \frac{l}{\frac{1}{2}n}$ ausreicht.

Man erhält aus Formel (104)

$$\mathfrak{S}' = \mathfrak{S} \cdot \frac{1}{\alpha \cdot \sigma_K} \cdot \frac{J_{\min}}{F_1} \cdot \left(\frac{n}{2} \cdot \frac{\pi}{l}\right)^2$$

$$= \frac{5 \cdot 2\,100\,000 \cdot 2 \cdot 86{,}2}{5300 \cdot 2 \cdot 22{,}7} \cdot \left(\frac{22 \cdot \pi}{2 \cdot 1252}\right)^2 = 5{,}73,$$

also ausreichend. Bei Einfügung der Querstäbe fällt die 2 im Nenner der Klammer weg, so daß $\mathfrak{S}' = 4 \cdot 5{,}73$ wird. Hierin liegt der Grund für die am häufigsten vorkommende Anordnung mit Querstäben.

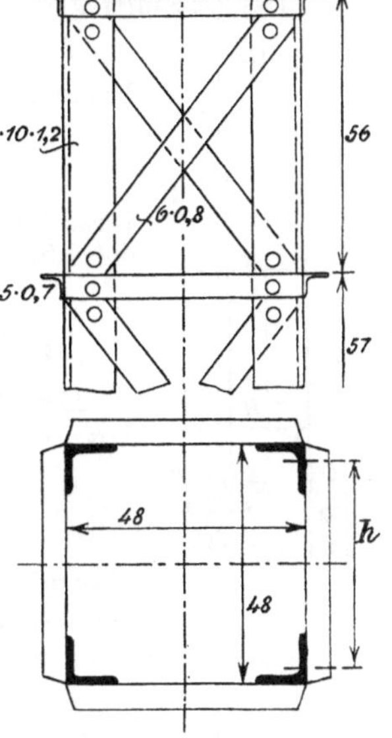

Fig. 196.

Beispiel 36. Zu berechnen sind die günstigsten Abmessungen einer Druckstrebe, die bei $l = 18{,}70$ m Länge $P = 28{,}5$ t als größte zentrische Belastung aufzunehmen hat.

Man bestimmt zuerst den unbedingt erforderlichen Querschnitt der Gurtungen:

$$2F_1 = \frac{P}{\sigma} = \frac{28\,500}{1200} = 23{,}74 \text{ cm}^2.$$

Bei Ausführung nach Fig. 196 wird die Strebe aus 4 ∟ 8 · 8 · 0,8 mit $F_1 = 2 \cdot 12{,}3$ cm² zusammengesetzt.

Mit $\sigma_K = \mathfrak{S} \cdot \sigma_{zul} = 5 \cdot 1200 = 6000$ kg/cm² wird der Nenner in Formel (107)

$$N = \frac{2\,100\,000}{6000} = 350.$$

Man wählt jetzt die Füllungsstäbe. Die Querstäbe seien ∟ 5 · 5 · 0,7 mit $F_3 = 2 \cdot 6{,}56$ cm², die Schrägen | 5 · 0,7 mit $F_2 = 2 \cdot 3{,}5$ cm². Dann ist

$$\frac{F_1}{F_2} = \frac{12{,}3}{3{,}5} = 3{,}51 \qquad \text{und} \qquad \frac{F_1}{F_3} = \frac{12{,}3}{6{,}56} = 1{,}98.$$

Ferner wird angenommen die Anzahl der Felder $n = 25$.

Dann ergibt die Fig. 195 leicht

$$\text{bei } \frac{l}{h} = 28 : N = 5 \cdot 65{,}4 + 0{,}351 \cdot 65{,}7 + 0{,}198 \cdot 10{,}7 = 352{,}2\,,$$

was genau genug mit dem verlangten Wert übereinstimmt. Damit wird der Schwerpunktsabstand der Gurtungen

$$h = \frac{1870}{28} = 66{,}8 \text{ cm}$$

und mit dem Schwerpunktsabstand $x_0 = 2{,}26$ des ∟-Profils die äußere Breite der Strebe

$$h' = h + 2\,x_0 = 66{,}8 + 2 \cdot 2{,}26 = 71{,}3 \text{ cm}.$$

Man kann hiernach unbedenklich $n = 24$ festsetzen mit $t = \frac{1870}{24} \backsim 78$ cm.

Das Gesamtträgheitsmoment des Querschnittes ist

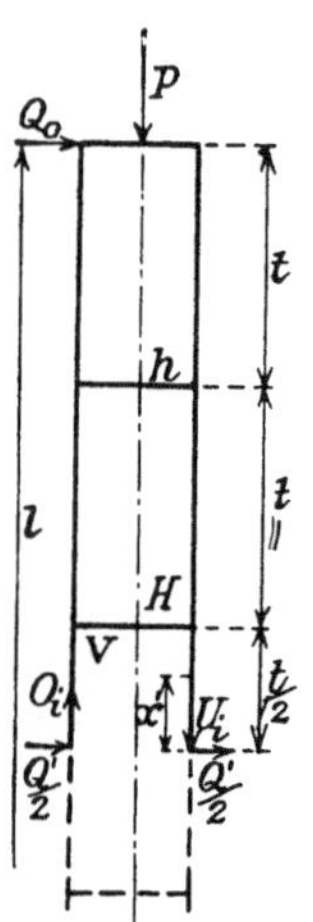

Fig. 197.

$$J = 4 \cdot 73{,}3 + 12{,}3 \cdot 66{,}8^2 = 293 + 54\,900 \backsim 55\,200 \text{ cm}^4.$$

Es ergibt nach der älteren Berechnung die Tragfähigkeit der Strebe

$$P = \frac{\pi^2 \cdot 2\,100\,000 \cdot 55\,200}{5 \cdot 1870^2 \cdot 1000} = 65{,}4 \text{ t}.$$

Diese Berechnung ist also irreführend. Überschlägig kann man das 1,5fache der danach erhaltenen Breite als passend ansetzen.

b) Der Rahmenstab mit parallelen Gurtungen.

Bei dem Rahmenstab nach Fig. 197 erhält man als Spannkräfte

$$-O_i = +U_i = \frac{M_i}{h}, \qquad -V_i = \frac{1}{2} Q_i.$$

Hiermit beträgt die doppelte Formänderungsarbeit in den Gurtungsstäben, entsprechend den Rechnungen für die Fachwerkstäbe,

$$2A_1 = \sum_0^n 2 \cdot \left(\frac{M_i}{h}\right)^2 \cdot \frac{\alpha}{F_1} = \frac{2\,\alpha}{F_1} \cdot \left(P \cdot \frac{f_m}{h}\right)^2 \cdot \frac{1}{n} \cdot \sum_0^n \sin^2\left(\frac{i}{n} \cdot \pi\right)$$

oder mit dem Summenwert $\frac{n}{2}$

$$2A_1 = \frac{\alpha}{F_1} \cdot \left(P \cdot \frac{f_m}{h}\right)^2.$$

Ebenso ist die doppelte Formänderungsarbeit in den Querstäben

$$2A_2 = \sum_0^n \frac{Q_i^2 \cdot h \cdot \alpha}{4 \cdot F_2} = \frac{\alpha \cdot h}{4 \cdot F_2} \cdot \left(P \cdot \frac{f_m}{l} \cdot \pi\right)^2 \cdot \sum_0^n \cos^2\left(\frac{i}{n} \cdot \pi\right)$$

oder mit dem Summenwert $\frac{n}{2} + 1$

$$2A_2 = \frac{\alpha \cdot h}{F_2} \cdot \left(\frac{P}{2} \cdot \frac{f_m}{l} \cdot \pi\right)^2 \cdot \left(\frac{n}{2} + 1\right).$$

Außer den angegebenen Normalspannkräften erfahren die Rahmenstäbe noch Biegungen. Bei der symmetrischen Anordnung ist das Biegungsmoment in der Mitte jedes Stabes 0 und die Querkraft in der Mitte des *i*ten Gurtungsstabes $\frac{1}{2}Q_i'$, also das Biegungsmoment an irgendeiner Stelle im Abstande x' von der Mitte (Fig. 197) $M_x' = \frac{1}{2}Q_i' \cdot x'$, das am größten am Stabende wird.

Nun ist nach der früheren Rechnung die Querkraft

$$Q_i' = P \cdot f_m \cdot \frac{\pi}{l} \cdot \cos\left[\pi \cdot \frac{t}{l} \cdot \left(i - \frac{1}{2}\right)\right].$$

Damit wird die doppelte Biegungsarbeit in den Gurtungsstäben

$$2A_3 = \frac{\alpha}{J_1} \cdot \sum_0^n 2 \cdot \left(\frac{Q_i'}{2}\right)^2 \cdot 2\int_0^{\frac{t}{2}} x'^2 \cdot dx'$$

$$= \frac{\alpha}{J_1} \cdot 2 \cdot \left(\frac{P}{2} \cdot \frac{f_m}{l} \cdot \pi\right)^2 \cdot \sum_0^n \cos^2\left(\frac{i - \frac{1}{2}}{n} \cdot \pi\right) \cdot 2 \cdot \frac{1}{3} \cdot \left(\frac{t}{2}\right)^3$$

oder mit dem Summenwert $\frac{n}{2}$

$$2A_3 = \frac{\alpha}{48 J_1} \cdot \left(P \cdot f_m \cdot \frac{\pi}{n}\right)^2.$$

Aus der Momentengleichung für die Ecke des Feldes erhält man die Querkraft in der Mitte des Querstabes zu

$$H_i' = Q_i' \cdot \frac{t}{h}$$

und durch eine der vorstehenden genau entsprechende Summierung die doppelte Biegungsarbeit

$$2A_4 = \frac{\alpha}{24 \cdot J_2} \cdot (P \cdot f_m \cdot \pi)^2 \cdot \frac{1}{n}.$$

Schließlich rufen die Querkräfte $\frac{1}{2}Q_i'$ bzw. $\frac{1}{2}H_i'$ noch Verschiebungen hervor. Ihre Arbeiten sind bei den langen Gurtungsstäben von großem Querschnitt verschwindend klein, können dagegen bei kurzen Querstäben verhältnismäßig groß werden. Man erhält dafür

$$2A_5 = \sum_0^n 2\beta \cdot \frac{H_i'^2}{F_2} \cdot \frac{h}{2}$$

oder mit der Schubziffer $\beta = 2{,}6 \cdot \alpha$ bei Eisen

$$2A_5 = \frac{1{,}3 \cdot \alpha}{F_2 \cdot h} \cdot (P \cdot f_m \cdot \pi)^2 \cdot \frac{1}{n}.$$

Setzt man wieder die Summe dieser 5 Arbeiten gleich der doppelten Summe der äußeren Belastungsarbeiten, so ergibt sich leicht

$$\sigma_K = \frac{1:\alpha}{\left(\frac{2}{\pi}\cdot\frac{l}{h}\right)^2 + \frac{F_1}{F_2}\cdot\left[\frac{h}{l}\cdot\left(\frac{n}{2}+1\right)+\frac{l}{h}\cdot\frac{5,2}{n}\right]+\frac{F_1\cdot l^2}{J_1}\cdot\frac{1}{6n}\cdot\left(\frac{1}{2n}+\frac{J_1}{J_2}\cdot\frac{h}{l}\right)}. \quad (107)$$

Beispiel 37. Nachzurechnen ist der Druckstab, der 1910 den Zusammenbruch des Gasbehälters in Hamburg herbeiführte. Er bestand bei $l = 3{,}40$ m Länge aus 2]-Eisen Nr. 16, die mit den Stegen gegeneinander in 26 mm Abstand durch die Endverbindungen und 2 Paar Querlaschen von je 10 mm Stärke und 10 cm Höhe zu einem Stab vereinigt waren.

Nach der Profiltafel ist

$$J_1 = 85{,}4 \text{ cm}^4, \quad F_1 = 24{,}0 \text{ cm}^2, \quad h = 2{,}6 + 2\cdot 1{,}84 = 6{,}28 \text{ cm}.$$

Das Gesamtträgheitsmoment des Stabquerschnittes ist hiermit

$$J = 2J_1 + 2\cdot F_1\cdot\left(\frac{h}{2}\right)^2 = 2\cdot(85{,}4 + 24{,}0\cdot 3{,}14^2) = 644{,}6 \text{ cm}^4.$$

Damit liefert die oft noch angewandte einfache Knickformel die Knickkraft

$$P_K = \frac{\pi^2\cdot J}{\alpha\cdot l^2} = \left(\frac{\pi}{340}\right)^2\cdot 644{,}6\cdot\frac{2100000}{1000} = 115{,}6 \text{ t}.$$

Dagegen ergibt Formel (107) mit

$$F_2 = 2\cdot 10\cdot 1 = 20{,}0 \text{ cm}^2, \quad J_2 = \frac{1}{12}\cdot 2\cdot 1\cdot 10^3 = 166{,}7 \text{ cm}^4$$

$$P_K = \frac{2\cdot 24{,}0\cdot 2\,100\,000}{\left(\frac{2}{\pi}\cdot\frac{340}{6{,}28}\right)^2 + \frac{24}{20}\cdot\left(\frac{6{,}28}{340}\cdot 2{,}5 + \frac{340}{6{,}28}\cdot\frac{5{,}2}{3}\right) + \frac{24\cdot 340^2}{6\cdot 3\cdot 85{,}3}\cdot\left(\frac{1}{2\cdot 3}+\frac{85{,}3\cdot 6{,}28}{166{,}7\cdot 340}\right)}$$

$$= \frac{100800}{1188 + 112{,}6 + 318{,}3} = 62{,}3 \text{ t},$$

das 0,538fache des vorstehenden Wertes.

Die statische Nachrechnung mit den im Augenblick des Zusammenbruches wirkenden Kräften ergab, daß der Stab dabei nur wenig über 60 t belastet sein konnte, was dem errechneten Wert entspricht.

Läßt man bei der Berechnung der Knickkraft die beiden letzten Glieder des Nenners weg, die von den Nebenbeanspruchungen der Stücke herrühren, so folgt der um das 1,26fache zu große Wert

$$P_K = \frac{100\,800}{1188} = 84{,}8 \text{ t}.$$

Auf dem Versuchsstand ergaben drei gleich ausgeführte Stäbe:

$$P_K = 81{,}0 \text{ bzw. } 89{,}4 \text{ bzw. } 83{,}5, \text{ i. M. } 84{,}6 \text{ t}.$$

Die gute Übereinstimmung dieses Mittelwertes mit dem unrichtig errechneten lehrt, daß die sorgfältige Einstellung der Stäbe auf dem Prüfstand derart, daß keine größeren Verbiegungen vorzeitig eintreten, die man häufig auf eine ungleiche Verteilung der Druckkraft über beide Gurtungen zurückführt, den in der Praxis stets auftretenden Einfluß der Nebenbeanspruchungen ausschalten kann.

c) Knickstäbe mit wenig geneigten Gurtungen.

Die recht langwierige Durchrechnung in Anlehnung an die Überlegungen der vorhergehenden Erörterungen ist unnötig, weil die praktisch vorkommenden geringen Neigungen der Gurtungen das Ergebnis nur wenig beeinflussen. Nur die Ausbiegung wird etwas, auch nicht erheblich, größer als die eines entsprechenden Stabes mit parallelen Gurtungen.

Die Berechnung von ebenen Gitterträgern, die auf Knickung beansprucht werden und deren Form etwa die Fig. 198 angibt, gestaltet sich ebenfalls sehr einfach. Bei der dargestellten gebräuchlichsten Anordnung des Lastengriffes wird der obere Querträger auf Biegung beansprucht und wird am richtigsten als durchlaufender Träger auf drei gleich hohen Stützen berechnet (Bd. IV, S. 123). Für die Gurtungen wird durchweg die Knickkraft angesetzt, die sich aus den Stützkräften bestimmt. Die genaue Berechnung, etwa nach Bd. IV, S. 234, ist für die vorliegenden Zwecke viel zu umständlich. Die meisten Füllungsglieder bleiben hierbei spannungslos und werden einfach ebenso ausgeführt wie die oberen Schrägen bzw. so, daß sie Zufallslasten ohne Schaden tragen können. Denn die Rückwirkung der etwa ausbiegenden Gurtungen darauf ist äußerst klein; selbst recht schwache Füllungsstäbe verhalten sich schon wie starre seitliche Abstützungen der Gurtungen[34]).

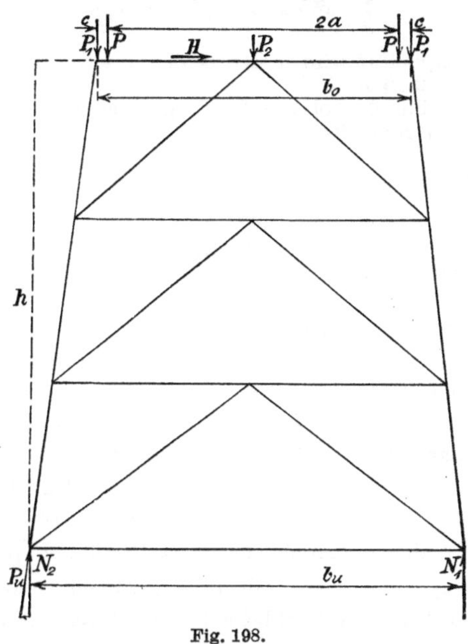

Fig. 198.

Beispiel 38. Zu berechnen sind die Abmessungen der Hauptstäbe der Pendelstütze einer Verladebrücke, deren Gesamtanordnung und Belastung die Fig. 198 zeigt. Es sei $P = 16{,}5$ t, $H = 1{,}0$ t, ihr Eigengewicht werde zu $G = 1{,}4$ t geschätzt; ferner ist $h = 6{,}20$ m, $a = 2{,}1$ m und $b_u = 6{,}0$ m, $b_0 = 4{,}5$ m.

Dann ist die größere Auflagerkraft

$$N_1 = P + \frac{1}{2} G + H \cdot \frac{h}{b_u} = 16{,}5 + 0{,}7 + 1{,}03 = 18{,}23 \text{ t}.$$

Aus der Fig. 198 ergibt sich die Länge des Knickstabes zu

$$l = h \cdot \sqrt{1 + \left(\frac{b_u - b_0}{2h}\right)^2}$$

und ebenso die darauf knickend wirkende Kraft

$$P_u = N_1 \cdot \sqrt{1 + \left(\frac{b_u - b_0}{2h}\right)^2}.$$

Infolgedessen ist das erforderliche Trägheitsmoment nach der Eulerschen Formel

$$J = \frac{P_u \cdot \mathfrak{S} \cdot l^2}{\pi^2 \cdot \frac{1}{\alpha}} = \frac{18230 \cdot 5 \cdot 620^2}{\pi^2 \cdot 2100000} \cdot \left[1 + \left(\frac{0{,}75}{6{,}20}\right)^2\right]^{\frac{3}{2}} = 1728 \text{ cm}^4.$$

[34]) Unold, Z. d. B. 1916.

Dem entspricht ⅃ 22 mit $J_{max} = 1971$ cm^4 und $J_{min} = 197$ cm^4.

Die kleinste zulässige Teillänge bestimmt sich aus derselben Formel zu

$$t = \pi \cdot \sqrt{\frac{J_{\min}}{\mathfrak{S} \cdot \alpha \cdot P_u \cdot \left[1 + \left(\frac{b_u - b_0}{2h}\right)^2\right]^{\frac{3}{2}}}} = \pi \cdot \sqrt{\frac{197 \cdot 2\,100\,000}{5 \cdot 18\,230 \cdot 1{,}0223}} = 211 \text{ cm}.$$

Ausgeführt wird in den beiden unteren Geschossen $t = 2{,}10$ m und in den oberen $t = 2{,}00$ m.

Für den oberen Querträger liefert die Formel (160) in Bd. IV die äußeren Auflagerkräfte

$$P_1 = \frac{P}{\frac{1}{2} b_0 \cdot b_0} \cdot \frac{a}{\frac{1}{2} b_0} \cdot 2 \cdot (a^2 + 1{,}5 \cdot a \cdot c)$$

$$= \frac{16{,}5 \cdot 2{,}1 \cdot 2}{\frac{1}{4} \cdot 4{,}5^3} \cdot (2{,}1^2 + 1{,}5 \cdot 2{,}1 \cdot 0{,}15) = 14{,}85 \text{ t}.$$

Damit wird

$$P_2 = 2P - 2P_1 = 2 \cdot (16{,}5 - 14{,}85) = 3{,}3 \text{ t}.$$

Das Biegungsmoment unter der Last P ist dann

$$M_P = P_1 \cdot e = 14{,}85 \cdot 0{,}15 = 2{,}228 \text{ mt},$$

und das in der Mitte

$$M_{P2} = P_1 \cdot \tfrac{1}{2} b_0 - P \cdot a = 14{,}85 \cdot 2{,}25 - 16{,}5 \cdot 2{,}1 = -1{,}238 \text{ mt}.$$

Man erhält so das erforderliche Widerstandsmoment

$$W = \frac{M_P}{\sigma_b} = \frac{222\,800}{1200} = 186 \text{ cm}^3.$$

Ihm entspricht nach der Profiltafel ⅃[16

$$\text{mit } W = 2 \cdot 116 \text{ cm}^3 \text{ und } F = 2 \cdot 24{,}0 \text{ cm}^2,$$

so daß die tatsächliche Biegungsbeanspruchung beträgt

$$\sigma_b = 1200 \cdot \frac{186}{2 \cdot 116} = 964 \text{ kg/cm}^2.$$

Hierzu kommt noch eine geringe Druckbeanspruchung, die bei der Zerlegung der Kraft P_1 in die Knickkraft P_0 und eine wagerechte Seitenkraft entsteht,

$$\sigma_1 = \frac{P_1}{F} \cdot \frac{b_u - b_0}{2h} = \frac{14\,850}{2 \cdot 24} \cdot \frac{0{,}75}{4{,}2} = 37 \text{ kg/cm}^2,$$

und schließlich die von der wagerechten Kraft H herrührende

$$\sigma_2 = \frac{H}{F} = \frac{1000}{2 \cdot 24} = 21 \text{ kg/cm}^2.$$

Die Gesamtbeanspruchung ist hiernach

$$\sigma_b + \sigma_1 + \sigma_2 = 1022 \text{ kg/cm}^2.$$

Die Kraft P_2 liefert in den beiden darunter angreifenden Schrägen die Druckkraft $D_0 = 2{,}65$ t, die am bequemsten durch Zeichnen des Kräftedreiecks bestimmt wird. Bei $d = 3{,}20$ m Länge ist das Trägheitsmoment erforderlich

$$J_{\min} = \frac{D_0 \cdot \mathfrak{S} \cdot d^2 \cdot \alpha}{\pi^2} = \frac{2650 \cdot 4 \cdot 320^2}{\pi^2 \cdot 2\,100\,000} = 52{,}4 \text{ cm}^4.$$

Ihm entspricht das Profil ⅂⎾ 6 · 6 · 0,8 mit

$$J = 2 \cdot 29{,}1 \text{ cm}^4 \quad \text{und} \quad J_{\min} = 12{,}1 \text{ cm}^4,$$

so daß eine Verlaschung in der Mitte genügt.

Die übrigen Schrägen und Wagerechten werden in derselben Stärke ausgeführt; sie sind dann zufälligen Belastungen gegenüber fest genug.

Sachverzeichnis.

L.

M.

N.

O.

P.

Q.

R.

S.

T.

U.

V.

W.

X.

Y.

Z.

Lehrbuch der technischen Mechanik für Ingenieure und Studierende. Zum Gebrauche bei Vorlesungen an Technischen Hochschulen und zum Selbststudium. Von Professor Dr.-Ing. **Theodor Pöschl,** Prag. Mit 206 Abbildungen. (269 S.) 1923. RM 6.—; gebunden RM 7.25

Aufgaben aus der technischen Mechanik. Von Professor **Ferdinand Wittenbauer,** Graz.

Erster Band: **Allgemeiner Teil.** 839 Aufgaben nebst Lösungen. Fünfte, verbesserte Auflage bearbeitet von Professor Dr. **Theodor Pöschl,** Prag. Mit 640 Textabbildungen. (289 S.) 1924. Gebunden RM 8.—

Zweiter Band: **Festigkeitslehre.** 611 Aufgaben nebst Lösungen und einer Formelsammlung. Dritte, verbesserte Auflage. Mit 505 Textfiguren. (408 S.) 1918. Unveränderter Neudruck. 1922. Gebunden RM 8.—

Dritter Band: **Flüssigkeiten und Gase.** 634 Aufgaben nebst Lösungen und einer Formelsammlung. Dritte, vermehrte und verbesserte Auflage. Mit 433 Textfiguren. (398 S.) 1921. Unveränderter Neudruck. 1922. Gebunden RM 8.—

Graphische Dynamik. Ein Lehrbuch für Studierende und Ingenieure. Mit zahlreichen Anwendungen und Aufgaben. Von Professor **Ferdinand Wittenbauer †,** Graz. Mit 745 Textfiguren. (813 S.) 1923. Gebunden RM 30.—

Ingenieur-Mechanik. Lehrbuch der technischen Mechanik in vorwiegend graphischer Behandlung. Von Dr.-Ing., Dr. phil. **Heinz Egerer,** Dipl.-Ingenieur, vorm. Professor für Ingenieur-Mechanik und Materialprüfung an der Technischen Hochschule Drontheim.

Erster Band: **Graphische Statik starrer Körper.** Mit 624 Textabbildungen sowie 238 Beispielen und 145 vollständig gelösten Aufgaben. (388 S.) 1919. Unveränderter Neudruck 1923. Gebunden RM 11.—

Lehrbuch der technischen Mechanik. Von **M. Grübler,** Professor an der Technischen Hochschule in Dresden.

Erster Band: **Bewegungslehre.** Zweite, verbesserte Auflage. Mit 144 Textfiguren. (150 S.) 1921. RM 4.20

Zweiter Band: **Statik der starren Körper.** Zweite, berichtigte Auflage. (Neudruck.) Mit 222 Textfiguren. (290 S.) 1922. RM 7.50

Dritter Band: **Dynamik starrer Körper.** Mit 77 Textfiguren. (163 S.) 1921. RM 4.20

Leitfaden der Mechanik für Maschinenbauer. Mit zahlreichen Beispielen für den Selbstunterricht. Von Professor Dr.-Ing. **Karl Laudien,** Breslau. Mit 229 Textfiguren. (178 S.) 1921. RM 4.—

Technische Elementar-Mechanik. Grundsätze mit Beispielen aus dem Maschinenbau. Von Regierungsbaumeister a. D. Professor Dipl.-Ing. **Rudolf Vogdt,** Aachen. Zweite, verbesserte und erweiterte Auflage. Mit 197 Textfiguren. (164 S.) 1922. RM 2.50

Hundert Versuche aus der Mechanik. Von Professor **Georg von Hanffstengel,** Charlottenburg. Mit 100 Abbildungen im Text. (54 S.) 1925. RM 3.30

Autenrieth - Ensslin, Technische Mechanik. Ein Lehrbuch der Statik und Dynamik für Ingenieure. Neu bearbeitet von Dr.-Ing. **Max Ensslin,** Eßlingen. Dritte, verbesserte Auflage. Mit 295 Textabbildungen. (580 S.) 1922. Gebunden RM 15.—

Theoretische Mechanik. Eine einleitende Abhandlung über die Prinzipien der Mechanik. Mit erläuternden Beispielen und zahlreichen Übungsaufgaben. Von **A. E. H. Love,** ordentlicher Professor der Naturwissenschaft an der Universität Oxford. Autorisierte deutsche Übersetzung der zweiten Auflage von Dr.-Ing. **Hans Polster.** Mit 88 Textfiguren. (438 S.) 1920. RM 12.—; gebunden RM 14.—

Mechanik. Von Dr.-Ing. **Fritz Rabbow,** Hannover. („Handbibliothek für Bauingenieure, 1. Teil: Hilfswissenschaften, 2. Band.) Mit 237 Textfiguren. (212 S.) 1922. Gebunden RM 6.40

Kompendium der Statik der Baukonstruktionen. Von Privatdozent Dr.-Ing. **I. Pirlet,** Aachen. In zwei Bänden.

Zuerst erschien:

Zweiter Band: **Die statisch unbestimmten Systeme.** In vier Teilen.

I. Teil: **Die allgemeinen Grundlagen zur Berechnung statisch unbestimmter Systeme.** Die Untersuchung elastischer Formänderungen. Die Elastizitätsgleichungen und deren Auflösung. Mit 136 Textfiguren. (218 S.) 1921. RM 6.50; gebunden RM 8.50

II. Teil: **Berechnung der einfacheren statisch unbestimmten Systeme:** Grade Balken mit Endeinspannungen und mehr als zwei Stützen. — Einfache Rahmengebilde. — Zweigelenkbogen. — Gewölbe. — Armierte Balken. Mit 298 Textfiguren. (322 S.) 1923. RM 8.50; gebunden RM 10.—

In Vorbereitung befinden sich:

III. Teil: **Die hochgradig statisch unbestimmten Systeme.** Durchlaufende Träger auf starren und elastischen Stützen. Fachwerke mit starren Knotenpunktverbindungen. — Stockwerkrahmen. — Vierendeelträger und verwandte Rahmengebilde.

IV. Teil: **Das statisch unbestimmte Fachwerk.** Aufgaben des Brücken- und Eisenhochbaues.

Erster Band: **Die statisch bestimmten Systeme.** Vollwandige Systeme und Fachwerke.

Die Eisenkonstruktionen. Ein Lehrbuch für Schule und Zeichentisch nebst einem Anhang mit Zahlentafeln zum Gebrauch beim Berechnen und Entwerfen eiserner Bauwerke. Von Professor Dipl.-Ing. **L. Geusen,** Dortmund. Vierte, vermehrte und verbesserte Auflage. Mit 529 Abbildungen im Text und auf 2 farbigen Tafeln. (317 S.) 1925. Gebunden RM 21.—

Leitfaden für den Unterricht in Stein-, Holz- und Eisenkonstruktionen an maschinentechnischen Fachschulen. Von Prof. Dipl.-Ing. **L. Geusen,** Dortmund. Zweite, vermehrte und verbesserte Auflage. Mit 173 Textabbildungen. (61 S.) 1923. RM 2.40

Die Knickfestigkeit. Von Dr.-Ing. **Rudolf Mayer,** Privatdozent an der Technischen Hochschule in Karlsruhe. Mit 280 Textabbildungen und 87 Tabellen. (510 S.) 1921. RM 20.—

Die Deformationsmethode. Von Dr. techn. h. c. **A. Ostenfeld,** Professor an der Technischen Hochschule Kopenhagen. Mit 42 Abbildungen. (124 S.) 1926. RM 10.—

Mehrteilige Rahmen. Verfahren zur einfachen Berechnung von mehrstieligen, mehrstöckigen und mehrteiligen geschlossenen Rahmen (Rahmenbalkenträgern). Von Ingenieur **Gustav Spiegel.** Mit 107 Textabbildungen. (198 S.) 1920. RM 7.—

Statik für den Eisen- und Maschinenbau. Von Professor Dr.-Ing. **Georg Unold,** Chemnitz. Mit 606 Textabbildungen. (350 S.) 1925. Gebunden RM 22.50

Die Statik des ebenen Tragwerkes. Von Professor **Martin Grüning,** Hannover. Mit 434 Textabbildungen. (714 S.) 1925. Gebunden RM 45.—

Eisen im Hochbau. Ein Taschenbuch mit Zeichnungen, Zusammenstellungen, technischen Vorschriften und Angaben über die Anwendung von Eisen im Hochbau. Herausgegeben vom **Stahlwerks-Verband A.-G.,** Abteilung Technisches Büro, Düsseldorf. Sechste, umgearbeitete und erweiterte Auflage. (605 S.) 1924. Gebunden RM 9.—

Lieferwerke und Gewichtstafeln in Form- und Stabformeisen nach den Profilangaben des Taschenbuches „Eisen im Hochbau", 6. Auflage. Herausgegeben vom **Stahlwerks-Verband A.-G.,** Abteilung Technisches Büro, Düsseldorf. (12 S. und 8 Tafeln.) 1924. RM 3.60

Kran- und Transportanlagen für Hütten-, Hafen-, Werft- und Werkstatt-Betriebe von Obering. Dipl.-Ing. **C. Michenfelder.** Zweite, umgearbeitete und vermehrte Auflage. Mit 1097 Abbildungen. Erscheint im Juni 1926

Hebe- und Förderanlagen. Ein Lehrbuch für Studierende und Ingenieure. Von Professor Dr.-Ing. e. h. **H. Aumund,** Berlin. Zweite, vermehrte Auflage.

Band I: Allgemeine Anordnung und Verwendung. Mit 414 Abbildungen im Text. (464 S.) 1926. Gebunden RM 33.—

Band II: Anordnung und Verwendung für Sonderzwecke. Ergänzung zu Band I. Mit 306 Abbildungen im Text. Erscheint im Juni 1926

Band III: Kräftelehre einschließlich der Mechanik und Statik der Hebezeuge und Förderanlagen. In Vorbereitung

Band IV: Maschinenelemente der Hebezeuge. In Vorbereitung

Die Förderung von Massengütern. Von Professor **Georg von Hanffstengel,** Charlottenburg.

Erster Band: **Bau und Berechnung der stetig arbeitenden Förderer.** Dritte, umgearbeitete und vermehrte Auflage. Mit 531 Textfiguren. (314 S.) Unveränderter Neudruck. 1922. Gebunden RM 11.—

Zweiter Band: **Förderer für Einzellasten.** Dritte, umgearbeitete und vermehrte Auflage. Zunächst wird erscheinen Teil I: **Bahnen.**

Deutsches Kranbuch. Im Auftrage des Deutschen Kran-Verbandes (e. V.) bearbeitet von **A. Meves.** (104 S.) 1923. RM 2.—; gebunden RM 3.—